高等职业教育软件技术专业新形态教材

MySQL 数据库项目化教程

（第二版）

主　编　郑小蓉
副主编　廖清科　谢先伟　段萍　王海洋

中国水利水电出版社
www.waterpub.com.cn
·北京·

内 容 提 要

本书是一本介绍 MySQL 数据库基础知识的入门教材，全书围绕软件项目“图书管理系统”构建了 7 个单元：Windows 下 MySQL 的安装与配置、数据库的创建、数据表的操作、索引和视图的创建、存储过程和触发器的创建、数据库的管理以及图书管理系统的实现。

本书可作为高等院校计算机相关专业的教材，也可供程序开发人员学习 MySQL 数据库基础知识使用。

在中国大学 MOOC 网站上有本书配套的在线课程“MySQL 数据库技术”，可以下载与本书配套的电子教案、源代码以及需要安装的工具。

图书在版编目（CIP）数据

MySQL数据库项目化教程 / 郑小蓉主编. -- 2版. -- 北京 : 中国水利水电出版社, 2021.7（2023.1 重印）
高等职业教育软件技术专业新形态教材
ISBN 978-7-5170-9749-5

Ⅰ. ①M… Ⅱ. ①郑… Ⅲ. ①SQL语言－程序设计－高等职业教育－教材 Ⅳ. ①TP311.132.3

中国版本图书馆CIP数据核字(2021)第137514号

策划编辑：石永峰　　责任编辑：赵佳琦　　封面设计：李　佳

书　名	高等职业教育软件技术专业新形态教材 MySQL 数据库项目化教程（第二版） MySQL SHUJUKU XIANGMUHUA JIAOCHENG
作　者	主　编　郑小蓉 副主编　廖清科　谢先伟　段萍　王海洋
出版发行	中国水利水电出版社 （北京市海淀区玉渊潭南路 1 号 D 座　100038） 网址：www.waterpub.com.cn E-mail：mchannel@263.net（答疑） sales@mwr.gov.cn 电话：（010）68545888（营销中心）、82562819（组稿）
经　售	北京科水图书销售有限公司 电话：（010）68545874、63202643 全国各地新华书店和相关出版物销售网点
排　版	北京万水电子信息有限公司
印　刷	三河市德贤弘印务有限公司
规　格	184mm×260mm　16 开本　17 印张　382 千字
版　次	2019 年 4 月第 1 版　2019 年 4 月第 1 次印刷 2021 年 7 月第 2 版　2023 年 1 月第 3 次印刷
印　数	6001—10000 册
定　价	49.00 元

第二版前言

由于 MySQL 开源、免费的特点，越来越多高职院校的计算机相关专业逐渐由 SQL Server 数据库转为 MySQL 数据库的教学。本书的第一版在近两年的使用过程中，收到广大读者的反馈，他们提出了很多宝贵意见，因此编者在第一版的基础上进行了修改与完善。

本书主要有 7 个单元：Windows 下 MySQL 的安装与配置、数据库的创建、数据表的操作、索引和视图的创建、存储过程和触发器的创建、数据库的管理以及图书管理系统的实现。7 个单元的教学紧紧围绕软件项目“图书管理系统”展开，可以将 7 个单元概括地分成 4 个模块的教学：数据库环境的部署、数据库的操作、数据库的管理和数据库的连接。在本书中，将事务管理、权限的管理、数据库的备份与恢复、日志的管理等内容概括成一个单元“数据库的管理”；增加了一个单元“图书管理系统的实现”，完整地给读者呈现了数据库在软件项目中的应用，同时，本单元融入了 PHP 的一些基础知识，结合了 1+X 证书“Web 前端开发”对课程的基本要求。本书的项目实训贯穿了另一个软件项目“学生信息管理系统”，可对读者能力进行拓展，达到使读者举一反三、融会贯通的目的。

《高等学校课程思政建设指导纲要》明确指出，要将课程思政融入课堂教学建设全过程，做到水到渠成、润物无声。因此，本书结合数据库学习的特点，有机融入了一些革命导师和伟大领袖的语录、名人名言、传统国学经典中的语句、日常生活中的俗语谚语，以期加深读者对数据库内容的理解，鼓励读者养成不畏艰难、勇于攀登、持续学习的优秀品质。

本书由重庆工程职业技术学院郑小蓉统筹编写，廖清科、谢先伟、段萍、王海洋参与教材编写与数字资源的建设，上海电气集团数字科技有限公司唐妮参与软件项目的联合编写。

本书可以扫码观看视频进行学习，也可以登录中国大学 MOOC 网找到在线课程“MySQL 数据库技术”进行学习。在线课程配套了单元测验、单元作业以及期末考试，学习完成之后可以获得相应的成绩等级。在线课程还提供了可下载的课程资源：电子教案可供教师教学使用，源代码可供读者验证结果，所有的工具可提供下载，在单元 7 中配套了一个完整的图书管理系统，可供读者下载并根据其环境进行安装与使用。

由于编者水平有限，书中难免有不妥与疏漏之处，欢迎广大读者批评指正，编者邮箱：104861244@qq.com。

编　者
2021 年 3 月

第一版前言

近年来，MySQL 以其开源、支持多平台、卓越的性能而备受开发者的青睐。它是真正多用户多任务的数据库系统，可运行于 Windows、Windows NT、Linux、UNIX 等操作系统。可以用 DOS 命令方式操作，也可用 Workbench 客户端以图形界面方式操作，还有一些第三方的客户端软件，如 Navicat、MySqlYog、EMS MySQL Manager、MySQL-Front、MySQL Browser 等。正是基于 MySQL 以上的优点，曾经或正在教授数据库技术相关课程的老师编写了此书。

本书最大的特点是基于项目化教学。全书分为 7 个项目，每个项目用具体的任务来驱动。每个任务由任务分析、任务实施、相关知识和课后拓展四个模块构成。在任务的开始首先对本节的任务进行分析，引入在任务实施中会用到的相关知识，再具体实施本节的任务，最后给出课后练习。项目 1 主要介绍 Windows 系统下 MySQL 的安装、MySQL 服务的启动与停止。项目 2 至项目 7 用两个常用系统的数据库贯穿于 6 个知识模块的讲解。在任务实施中从前至后分析了图书馆系统中数据库的创建，数据表的创建与查询，在数据表中插入、修改、删除数据，索引与视图的创建，存储过程与触发器的创建，事务的创建以及数据库的管理等。在课后拓展中用学生信息管理系统的数据库作为学生课后练习之用，使读者达到举一反三、融会贯通的目的。本书的内容相互之间联系密切，2 个信息系统的数据库架构构建了读者对 MySQL 数据库知识的完整性与完备性。

本书由郑小蓉组织并主持编写，郑小蓉、段萍任主编。具体分工为：项目 1 和项目 2 由郑小蓉编写，项目 3 由段萍和任亮编写，项目 4 由王海洋编写，项目 5 由谢先伟编写，项目 6 和 7 由廖清科编写。

本书既可作为软件开发人员的参考书，也可选为高等院校计算机相关专业的教材，本书有配套的课件资源、授课计划、课程标准和源代码可供下载，也提供了慕课资源供读者使用，如果需要请发邮件至 104861244@qq.com 索取。

由于编者水平有限，书中难免有不妥与疏漏之处，欢迎广大读者批评指正。

编　者

2018 年 12 月

目　录

单元 0　课程导学

单元导读

本单元主要是对 MySQL 进行总体概述，并对书中要用到的数据库专业术语以及即将用到的数据库表进行简要介绍。

教学目标

- 了解 MySQL 的发展历史与主要特点
- 了解 MySQL 的主要界面管理工具
- 了解 MySQL 会用到的专业术语以及数据库表

导学 1　MySQL 数据库概述

MySQL 数据库概述

0.1.1　MySQL 数据库的由来

1. MySQL 与开源文化

所谓“开源”，就是开放资源（Open Source）的意思，不过在程序界更多人习惯理解为“开放码”。开放源代码运动起源于自由软件和黑客文化，最早来自于 1997 年在加州召开的一个研讨会，参加研讨会的有黑客和程序员，也有来自 Linux 国际协会的人员，在此会议上出现一个新的术语，即“开源”。1998 年 2 月，网景公司正式发布 Navigator 浏览器的源代码，这一事件成为开源软件发展的转折点。

开源即是自由的化身，提倡一种公开的、自由的精神。软件开源的发展历程为软件行业及非软件行业带来了巨大的参考价值。虽然获取开放软件的源码是免费的，但是对源码的使用、修改却要遵循开源软件所作的许可声明。开源软件常用的许可证方式包括 BSD（Berkeley Software Distribution）、Apache License、GPL（General Public License）等，其中 GNU 的 GPL 为最常见的许可证，为许多开源软件所采用。

在计算机发展的早期阶段，软件几乎都是开放的，任何人使用软件的同时都可以查看软件的源码，或者根据自己的需要去修改它。在程序员的社团中大家互相分享软件，共同提高知识水平。这种自由的风气给大家带来了欢乐，也带来了进步。在开源文化的强力带动下，产生了强大的操作系统 Linux，以及 Apache 服务器、Perl 程序语言、MySQL 数据库、Mozilla Firefox 浏览器等。

2. MySQL 的发展历史

MySQL 的历史最早可以追溯到 1979 年。Michael Monty Widenius 用 BASIC 设计了一个报表工具，之后又使用 C 语言重写此工具，并将其移植到 UNIX 平台。当时这个工具只是一个底层的面向报表的存储引擎，叫作 Unireg。

1985 年，三个瑞典人 David Axmark、Allan Larsson 和 Michael Monty Widenius 成立了一家公司，这就是 MySQL AB 的前身。这个公司最初并不是为了开发数据库产品，而是在产品开发的过程中需要一个数据库并希望能够使用开源的产品，但在当时并没有一个合适的选择。因此自己设计了一个利用索引顺序存取数据的方法，也就是 ISAM（Indexed Sequential Access Method）存储引擎核心算法的前身。此软件以创始人之一 Michael Monty Widenius 女儿 My 的名字命名。MySQL 的 Logo 为海豚标志，如图 0.1.1 所示，海豚代表了速度、动力、精确等 MySQL 所拥有的特性。Logo 中海豚名字叫 Sakila，是由来自非洲斯威士兰的开源软件开发者 Ambrose Twebaze 提供的。根据 Ambrose 所说，Sakila 来自一种叫 Siswat 的斯威士兰方言，也是在 Ambrose 的家乡乌干达附近坦桑尼亚的 Arusha 的一个小镇的名字。

图 0.1.1　MySQL 的 Logo 标志

MySQL 数据库是一款免费开源、小型、关系型数据库管理系统。随着该数据库功能不断完善、性能不断提高，可靠性不断增强，2000 年 4 月，MySQL 对旧的存储引擎进行了整理，命名为 MyISAM。2001 年，支持事务处理和行级锁的存储引擎 InnoDB 被集成到 MySQL 发行版中，该版本集成了 MyISAM 与 InnoDB 存储引擎，MySQL 与 InnoDB 的正式结合版本是 4.0。2004 年 10 月，发布了经典的 4.1 版本。2005 年 10 月，发布了里程碑的一个版本 MySQL 5.0，在 5.0 中加入了游标、存储过程、触发器、视图和事务的支持。在 5.0 之后的版本中，MySQL 明确地迈出高性能数据库的发展步伐，MySQL 公司于 2008 年 1 月 16 号被 SUN 公司收购，而在 2009 年 SUN 又被 Oracle 收购。MySQL 的发展前途一片光明，现在最新的版本是 8.0。

MySQL 社区版与其他商业数据库一样，具有数据库系统的通用性，提供了数据的存取、增加、修改、删除或更加复杂的数据操作。MySQL 是关系型数据库管理系统，支持标准的结构化查询语言，同时 MySQL 为客户端提供了适合不同语言的程序接口和链接库，如 C、C++、Java、PHP 等。目前，MySQL 由于其体积小、速度快、总体拥有成本低，尤其是开放源码这一特点，而被广泛地应用在 Internet 上的中小型网站中。

3. MySQL 在全球数据库的排行

如图 0.1.2 所示是全球十大通用数据库，排在前 10 位的主要是关系型数据库，如 Oracle、MySQL、Microsoft SQL Server、PostgreSQL、IBM Db2、SQLite 等。MySQL 位于第二位，仅次于大型的关系型数据库 Oracle，超过了 SQL Server，这足以体现 MySQL 在数据库王国中的重要地位。

358 systems in ranking, July 2020

Rank			DBMS	Database Model	Score		
Jul 2020	Jun 2020	Jul 2019			Jul 2020	Jun 2020	Jul 2019
1.	1.	1.	Oracle	Relational, Multi-model	1340.26	-3.33	+19.00
2.	2.	2.	MySQL	Relational, Multi-model	1268.51	-9.38	+38.99
3.	3.	3.	Microsoft SQL Server	Relational, Multi-model	1059.72	-7.59	-31.11
4.	4.	4.	PostgreSQL	Relational, Multi-model	527.00	+4.02	+43.73
5.	5.	5.	MongoDB	Document, Multi-model	443.48	+6.40	+33.55
6.	6.	6.	IBM Db2	Relational, Multi-model	163.17	+1.36	-10.97
7.	7.	7.	Elasticsearch	Search engine, Multi-model	151.59	+1.90	+2.77
8.	8.	8.	Redis	Key-value, Multi-model	150.05	+4.40	+5.78
9.	9.	↑ 11.	SQLite	Relational	127.45	+2.64	+2.82
10.	10.	10.	Cassandra	Wide column	121.09	+2.08	-5.91

图 0.1.2　全球十大通用数据库

0.1.2 MySQL 数据库的简介

1. 主要特点

MySQL 是一款真正的多用户、多线程的关系型数据库服务器。它具有如下特点：

（1）使用 C 和 C++ 编写，并使用了多种编译器进行测试，保证了源代码的可移植性。

（2）支持 AIX、FreeBSD、HP-UX、Linux、Mac OS、OpenBSD、OS/2 Warp、Solaris、Windows 等多种操作系统。

（3）为多种编程语言提供 API，包括 C、C++、Python、Java、Perl、PHP、Eiffle、Ruby 和 Tcl 等。

（4）支持多线程，充分利用 CPU 资源。

（5）优化了 SQL 查询算法，有效地提高了查询速度。

（6）既能够作为一个单独的应用程序应用在客户端服务器网络环境中，也能够作为一个库存入到它的软件中以提供多语言支持，常见的编码如中文的 GB 2312、BG5 等都可以用作数据表名和数据列名。

（7）提供了 TCP/IP、ODBC 和 JDBC 等多种数据库连接途径。

（8）提供了用于管理、检查、优化数据库操作的管理工具。

（9）可以处理拥有上千万条记录的数据库。

2. 逻辑结构

MySQL 的逻辑结构如图 0.1.3 所示。首先是连接层，主要功能是完成连接处理、授权认证及相关的安全方案。其次是处理层，主要功能是完成缓存的查询，SQL 的分析、优化以及部分内置函数的操作。再次是引擎层，主要功能是负责数据的存储和提取。最后是存储层，主要功能是将数据存储在运行于裸设备的文件系统之上，并完成与存储引擎的交互。

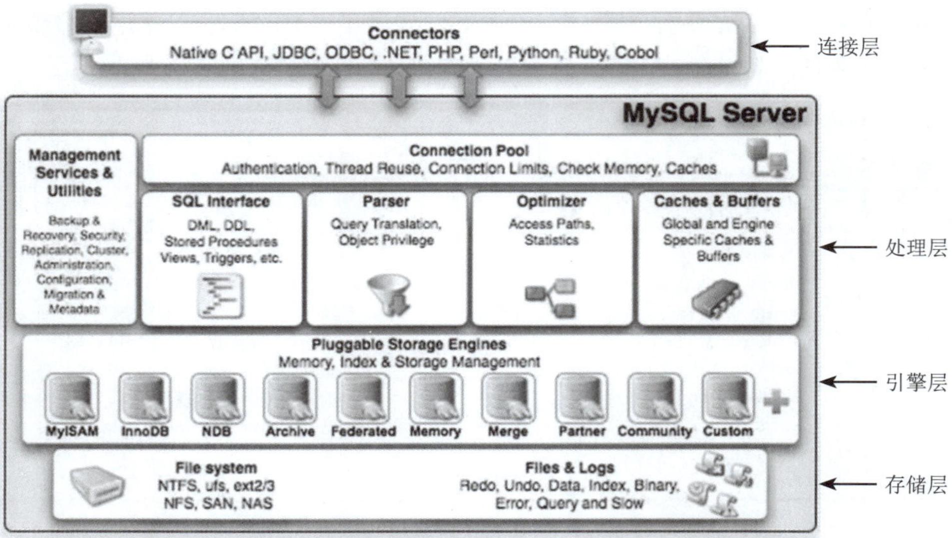

图 0.1.3　MySQL 的逻辑结构

0.1.3　MySQL 数据库的界面管理工具

要实现 MySQL 数据库的操作，就要熟悉各种界面管理工具，可以使用 COMMAND 窗口进行命令操作，也可以使用 MySQL 自带的图形管理工具 Workbench 进行操作，还有一些第三方的管理工具，如 Navicat、PhpMyAdmin、SQLyog 等。下面简要介绍几款比较常用的管理工具。

1. COMMAND 窗口

COMMAND 窗口如图 0.1.4 所示，是 MySQL 自带的黑白界面管理工具，可以在 COMMAND 窗口中输入简单的 SQL 语句，也可以在 COMMAND 窗口中直接执行文件，比如输入 Source d:\ demo.sql，就表示执行 d 盘下的 demo 文件。

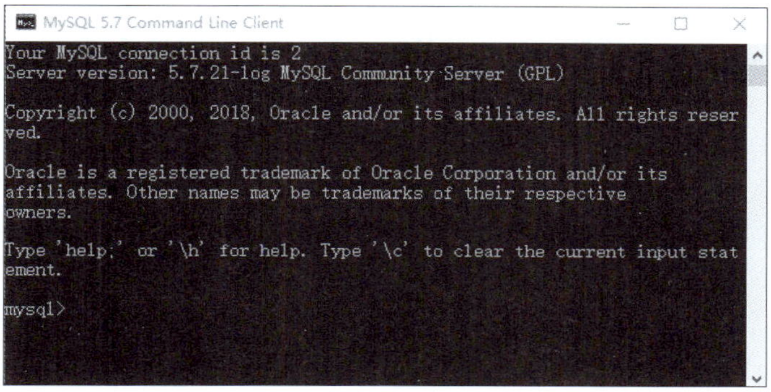

图 0.1.4　COMMAND 窗口

COMMAND 命令窗口默认是黑色的背景、白色的字体。根据需要你也可以修改为白色的背景，黑色的字体。

具体操作为：

（1）在 COMMAND 窗口中右击，选择“属性”命令，如图 0.1.5 所示。

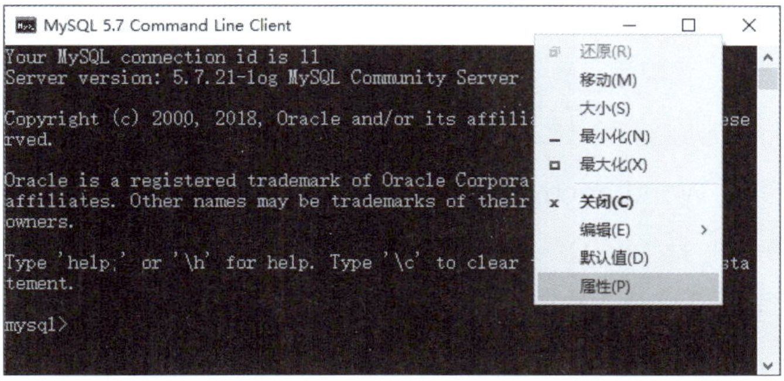

图 0.1.5　选择“属性”命令

（2）打开“属性”对话框，选择“颜色”标签，将“屏幕文字”颜色的 RGL 设置为 0,0,0（黑色），“屏幕背景”颜色的 RGL 设置为 255,255,255（白色），如图 0.1.6 所示，即可得到如图 0.1.7 所示的操作窗口。

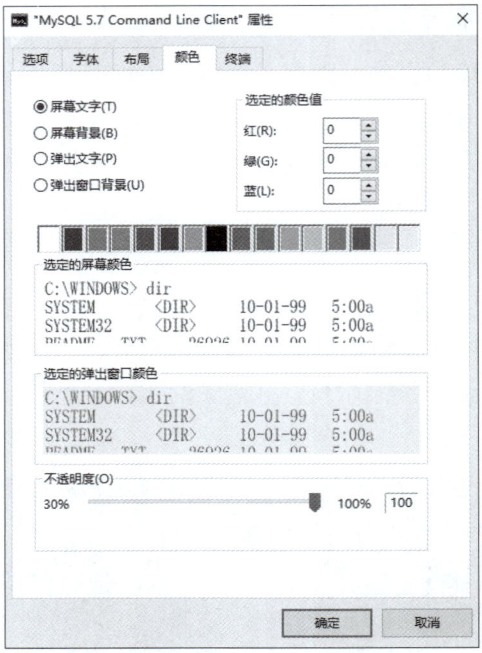

图 0.1.6 修改颜色

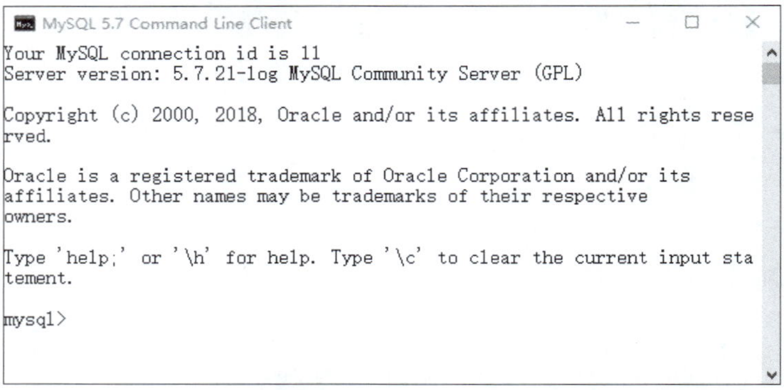

图 0.1.7 白色背景黑色文字的窗口

2. 图形管理工具 Workbench

MySQL Workbench 是 MySQL AB 发布的可视化的数据库设计软件，界面是全英文的，如图 0.1.8 所示。它的前身是 FabForce 公司的 DDesigner 4。MySQL Workbench 为数据库管理员、程序开发者和系统规划师提供可视化设计、模型建立以及数据库管理功能。它可用于创建复杂的 E-R 模型、正向和逆向数据库工程，也可用于执行难以变更和管理的文档任务。MySQL 工作台可在 Windows、Linux 和 Mac 上使用。

Workbench 最大的特点是有语法错误提示，如图 0.1.9 所示，在第 3 行有一个符号“×”，表示出现了语法错误，当用鼠标指针指向错误的地方，会出现错误提示文字“Syntax error: unexpected 'reader_id'(identifier)”。

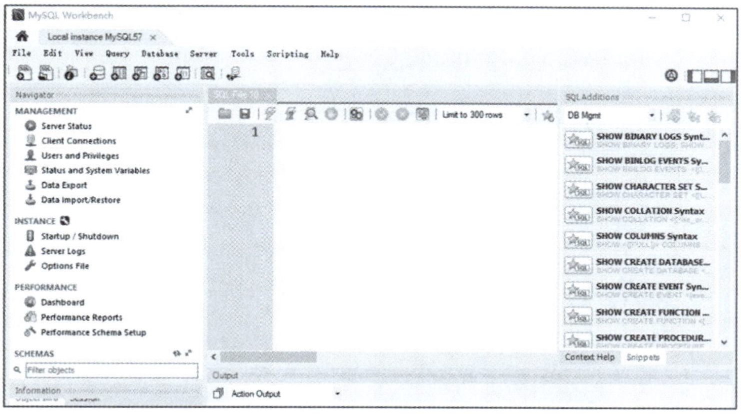

图 0.1.8　Workbench 界面

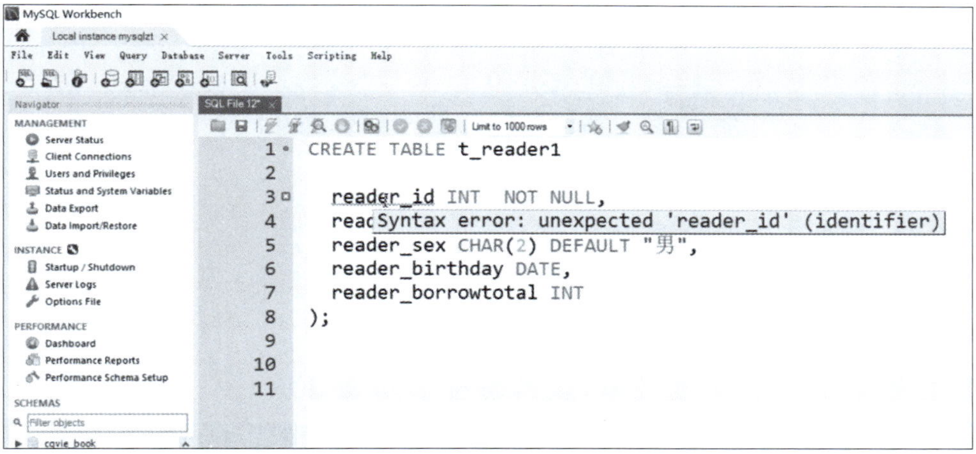

图 0.1.9　语法错误提示

3. 图形管理工具 Navicat

Navicat 是一个桌面版 MySQL 数据库管理和开发工具，和微软 SQL Server 的管理器很像，易学易用。Navicat 使用图形化的用户界面，可以让用户的使用和管理更为轻松；支持中文，有免费版本提供；可同时连接 MySQL 和 MariaDB；支持 MySQL 大部分最新功能，包括表、视图、函数、过程、事件等；操作直观、功能强大。界面如图 0.1.10 所示。

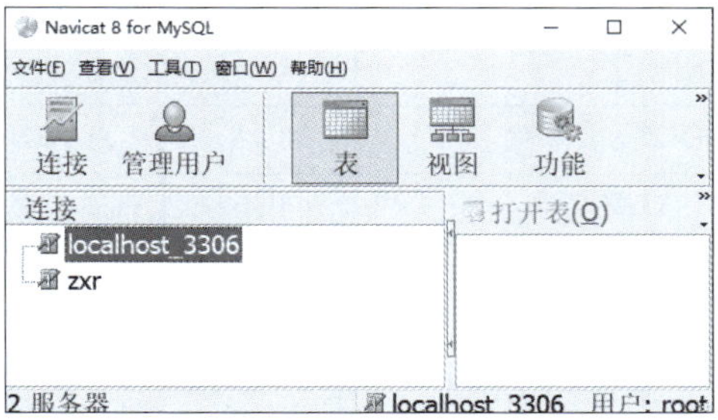

图 0.1.10　Navicat 界面

4. 图形管理工具 phpMyAdmin

第三方图形管理工具 phpMyAdmin 支持中文，界面如图 0.1.11 所示。phpMyAdmin 是由 PHP 语言开发，以 Web 形式控制和操作的。phpMyAdmin 是 LAMP（Linux、Apache、

MySQL、PHP）软件包集成的工具软件。phpMyAdmin 是 PHP 开发最佳的数据库管理工具，灵活方便、功能强大。phpMyAdmin 的不足之处在于对大数据库的备份和恢复不方便。

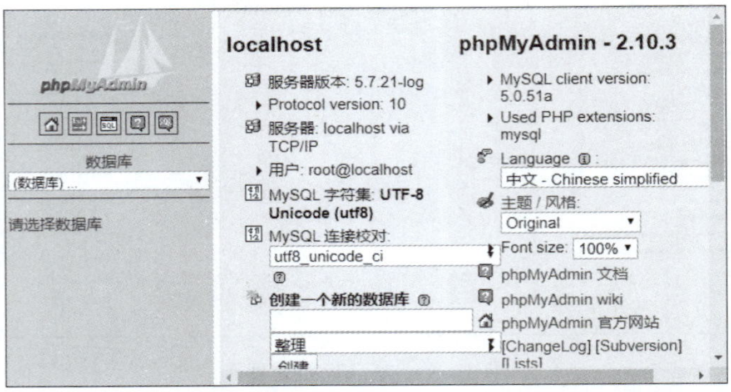

图 0.1.11　phpMyAdmin 界面

导学 2　MySQL 数据库参照表

0.2.1　数据库专业术语

本书主要用到的数据库专业术语总计 66 个，见表 0.2.1。本书中所有的数据库专业术语（关键字）均用大写表示，以和自己定义的内容进行区别。

表 0.2.1　MySQL 专业术语

英文	中文	英文	中文	英文	中文
CREATE	创建	DATABASE	数据库	TABLE	数据表
SHOW	显示	SCHEMA	数据库	DESCRIBE	查看、描述
DROP	删除	IF	假如	FIRST	首行
EXISTS	存在	USE	使用	AFTER	在……后
ADD	增加	NOT NULL	不为空	DEFAULT	默认
DISTINCT	不同的	AS	当作	BETWEEN AND	在……之间
SUM	总和	MAX	最大	MIN	最小
HAVING	筛选	ORDER BY	排序	INNER JOIN	内连接
DELETE	删除	ALL	所有的	ANY	任何
CASE	如果是	INDEX	索引	VIEW	视图
ROLLBACK	回滚	WHILE	当……时候	REPEAT	重复
AUTO_INCREMENT	自增	GROUP BY	分组	OLD	旧的
PRIMARY KEY	主键	RIGHT JOIN	右连接	NEW	新的

续表

英文	中文	英文	中文	英文	中文
FOREIGN KEY	外键	UPDATE	更新	OUT	输出
REFERENCES	参照	VARIABLES	变量	INOUT	输入输出
CONSTRAINT	约束	TRIGGER	触发器	TRANSACTION	事务
AVG	平均值	RENAME	重命名	PRIVILEGES	权限
ALTER	更改	UNIQUE	唯一的	COUNT	计数
MODIFY	修改	IN	输入	LEFT JOIN	左连接
CHANGE	改变	PROCEDURE	存储过程	INSERT	插入
REVOKE	收回	LOOP	循环	MYSQLDUMP	备份数据库
COMMIT	提交	LOG	日志	GRANT	授权

0.2.2　数据库表

本书使用的数据库是 db_library，数据库下有 5 个主要的数据表：读者表 t_reader、图书表 t_book、出版社表 t_press、借阅表 t_borrow_record、归还表 t_return_record。

（1）读者数据表 t_reader 见表 0.2.2。

表 0.2.2　t_reader

读者编号	读者姓名	读者性别	读者出生日期	借阅总量
101101	肖华	女	1993/3/1	Null
101102	王明峰	男	1987/5/10	Null
101103	钟汉生	男	1976/10/10	Null
101104	秦飞飞	男	1967/12/11	Null
101105	郑琴	女	1994/7/1	Null
101106	张楚楚	女	1983/4/23	Null
101107	王汉	男	1972/1/12	Null
101108	肖之瑜	男	1984/3/12	Null
101109	张芸	女	1991/9/4	Null
101110	朱强	男	1982/4/15	Null
101111	王中磊	男	1991/10/31	Null
101112	明道	男	1992/5/25	Null
101113	钟双双	女	2000/12/18	Null
101114	杜晓云	女	2001/9/10	Null
101115	王芝	女	2000/6/10	Null
101116	肖明明	男	1993/4/12	Null

（2）图书数据表 t_book 见表 0.2.3。

表 0.2.3　t_book

图书编号	图书名称	作者	价格	出版社编号	复本量	库存量
978-7-04-034745-6	3DSMAX2012+VRAY 室内效果图案例教程	刘刚	76	103	2	1
978-7-04-035413-3	Premiere Pro CS5.5 案例教程	李涛	71	103	5	2
978-7-04-043916-8	Illustrator CC 中文版标准教程	郑国栋	56	103	6	2
978-7-04-048617-9	计算机网络安全的理论与实践	王杰	52	103	6	1
978-7-113-15131-7	MySQL 数据库应用从入门到精通	王飞飞	59.8	105	7	5
978-7-302-29239-6	数据结构	邵增珍	43	101	4	3
978-7-302-39346-7	SQL Server 教程	郑阿奇	49.9	101	3	2
978-7-302-48586-5	大数据分析与计算	汤羽	89	101	5	2
978-7-5106-4661-4	云计算应用技术	张宇	56	104	9	4
978-7-5611-8921-4	通信工程设计及概预算	于正永	34	106	8	3
978-7-5677-3957-4	MySQL 数据库教程	王晶晶	38	102	4	1

（3）出版社数据表 t_press 见表 0.2.4。

表 0.2.4　t_press

出版社编号	出版社名称	网址	联系电话	邮箱	联系地址	邮编
101	清华大学出版社	http://www.tup.com.cn	010-62770175	c-service@tup.tsing.edu.cn	清华大学学研大厦 A 座读	100084
102	吉林大学出版社	http://www.jlup.com.cn	0431-8499825	jlup@mail.jlu.edu.cn	吉林省长春朝阳区明德路 421 号	130021
103	高等教育出版社	http://www.hep.com.cn/	010-58581118	gjdzfwb@pub.hep.cn	北京市西城区德外大街 4 号	100120
104	现代教育出版社	http://xdjycbs.show.imosi.com/	010-64423901	mepwtg@yahoo.com.cn	北京市朝阳区安华里 504 号 E 座	100029
105	中国铁道出版社	http://www.crphdm.com/	010-51873052	service@crphdm.com	北京市西城区右安门西街 8 号	100054
106	大连理工大学出版社	http://dutp.dlut.edu.cn/	0411-84708943	dutp@dutp.cn	大连凌水街道软件园路 80 号	116024

（4）借阅记录数据表 t_borrow_record 见表 0.2.5。

表 0.2.5 t_borrow_record

借阅流水号	读者编号	书籍编号	借阅日期
170101	101101	978-7-5677-3957-4	2017/1/1
170102	101101	978-7-04-035413-3	2017/2/10
170103	101103	978-7-5611-8921-4	2017/3/13
170104	101103	978-7-5106-4661-4	2017/3/13
170105	101106	978-7-302-39346-7	2017/4/12
170106	101106	978-7-302-29239-6	2017/4/12
180101	101107	978-7-5106-4661-4	2018/1/5
180102	101107	978-7-113-15131-7	2018/1/5
180103	101109	978-7-5611-8921-4	2018/2/14
180104	101109	978-7-5106-4661-4	2018/2/14
180105	101109	978-7-113-15131-7	2018/2/14
180106	101112	978-7-5106-4661-4	2018/2/20
180107	101113	978-7-302-39346-7	2018/2/20
180108	101114	978-7-302-29239-6	2018/2/20
180109	101115	978-7-5106-4661-4	2018/2/20

（5）归还记录数据表 t_return_record 见表 0.2.6。

表 0.2.6 t_return_record

归还流水号	借阅流水号	归还日期
170302001	170101	2017/3/2
170302002	170102	2017/3/2
170503001	170103	2017/5/3
170503002	170104	2017/5/3
170612001	170105	2017/6/12
170613001	170106	2017/6/13
180226001	180101	2018/2/26
180226002	180102	2018/2/26
180314001	180103	2018/3/14
180314002	180104	2018/3/14
180314003	180105	2018/3/14
180320001	180106	2018/3/20
180321001	180107	2018/3/21

续表

归还流水号	借阅流水号	归还日期
180322001	180108	2018/3/22
180323001	180109	2018/3/23

迈出学习 MySQL 的第一步

千里之行，
始于足下！
——老子

老子说："千里之行，始于足下。"意思是如果想取得成功，必须从眼前的小事做起，必须从现在做起。同学们也拿出实际行动，迈出学习 MySQL 数据库的第一步吧，比如学一学 66 个专业术语的意思，然后在自己的计算机中安装 MySQL。

单元1 Windows下MySQL的安装与配置

单元导读

在学习MySQL数据库之前，首先应进行MySQL的安装与配置。在MySQL官网上下载与自己计算机配置匹配的版本进行安装，安装的过程中如果出现问题一定要将MySQL卸载干净才能再安装。安装完成之后，只有进行正确的配置才能使用，如端口、字符集、存储引擎的设置等。

教学目标

- 掌握MySQL的安装与卸载
- 掌握MySQL的配置
- 掌握MySQL服务的启动与停止

任务 1　安装 MySQL

任务描述

MySQL 数据库是一款开源的产品，可以从官网上下载软件并进行安装，下载时一定要检查自己计算机的配置，确定是 64 位还是 32 位，一般不建议下载最新版本，因为往往会有一些不兼容的内容。如果在安装的过程中出现问题，无法完全卸载也无法再安装，要仔细查看相关知识中如何卸载 MySQL 的具体内容。

任务要求

能根据自己计算机中 Windows 操作系统的版本从官网上免费下载和安装服务器端软件 MySQL Server 和官方客户端软件 MySQL Workbench。

相关知识

MySQL 是一款开源的软件，任何人都可以从其网站上下载并安装。它为不同的操作系统提供了相应的版本。本任务将详细介绍基于 Windows 操作系统的 MySQL 软件的下载、安装和配置等过程。本书的测试环境是 64 位的 Windows 10 系统。

1.1.1　MySQL 的各种版本

目前 MySQL 数据库按照用户群分为社区版（Community）和企业版（Enterprise）。这两个版本的重要区别为：社区版可以自由下载且完全免费，但是官方不提供任何技术支持，适用于大多数普通用户；企业版不仅不能自由下载而且还收费，但是该版本提供了更多的功能，可以享受完备的技术支持，适用于对数据库功能和可靠性要求比较高的企业客户。

MySQL 版本更新非常快，本书采用的版本为 MySQL 5.7.33。5.7 之后的版本就是 8.0 版本，现在最新的版本是 8.0.11。从 MySQL 5.0 版本开始支持触发器、视图、存储过程等数据库对象。

1.1.2　卸载 MySQL 软件

如果要卸载 MySQL 软件，以下 4 项缺一不可。缺少其中一项，重新安装 MySQL 的时候就会报错，无法完成。

（1）单击“控制面板”→“卸载程序”，卸载所有相关的 MySQL 软件。

（2）删除目录 C:\Program Files 下的 MySQL 文件夹。

（3）删除目录 C:\ProgramData 下的 MySQL 文件夹。

（4）删除注册表中 HKEY_LOCAL_MACHINE\SYSTEM\ControlSet001\Services\EventLog\Application 下的 MySQL 文件夹（按 Win+R 组合键后输入 regedit 打开注册表）。

注意：ProgramData 是一个隐藏文件夹，如果找不到，勾选“查看”中的“隐藏的项目”复选框就能显示出来。

任务实施

MySQL 的安装

1. 下载 MySQL 软件

MySQL 软件是完全网络化的跨平台关系型数据库系统，可通过下面的步骤下载，具体如下。

（1）访问 MySQL 的官方网站，如图 1.1.1 所示。

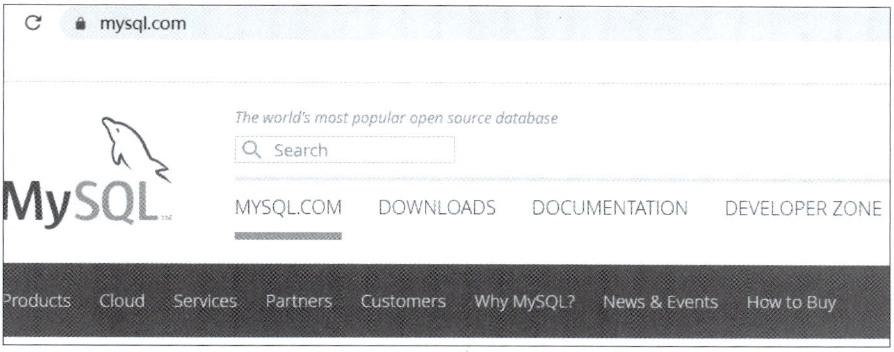

图 1.1.1　打开 MySQL 的官方网站

（2）打开 MySQL 首页后，单击 DOWNLOADS 选项，然后单击 MySQL Community(GPL) Downloads 选项，就可以看到下载页面，如图 1.1.2 所示。

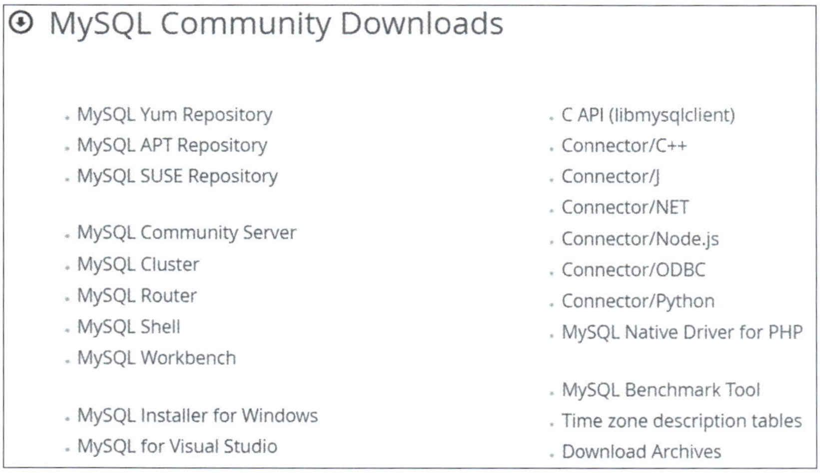

图 1.1.2　下载页面

（3）单击 MySQL Community Server，如图 1.1.3 所示，最新的版本是 8.0.23，可以选择以前的版本，单击“Looking for previous GA versions?”。

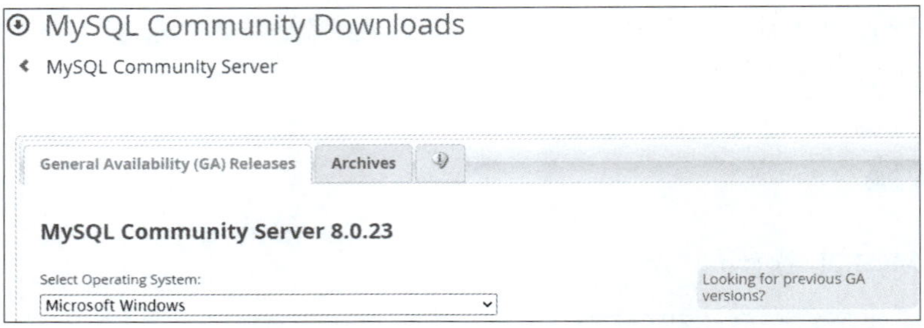

图 1.1.3　选择 MySQL 以前的版本

（4）如选择版本 5.7.33，单击“Windows(x86,32-bit),MSI Installer”，再单击 Download 按钮进行下载，如图 1.1.4 所示。

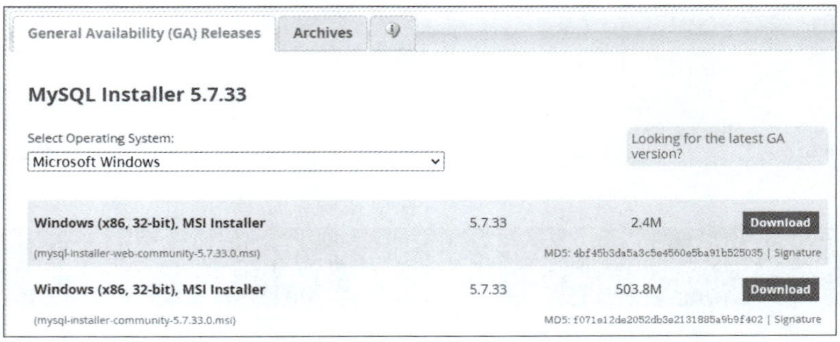

图 1.1.4　单击下载“Windows(x86,32-bit),MSI Installer”

（5）如果有注册的用户，可以选择登录（Login）。如果没有，也可以注册一个新用户（Sign Up）。如果既不想注册也不想登录，就单击“No thanks, just start my download.”开始下载，如图 1.1.5 所示。

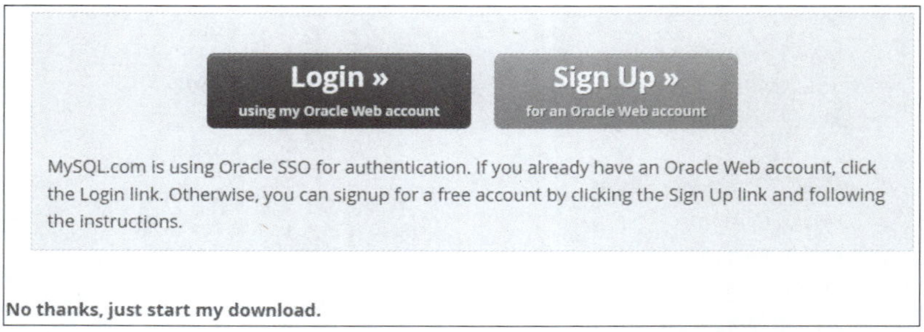

图 1.1.5　开始下载 MySQL

2. 安装 MySQL 软件

（1）双击 MySQL 安装程序（mysql-installer-community-5.7.33.msi）进入安装界面，有 5 种安装类型：Developer Default（开发者默认）、Server only（仅服务器）、Client only（仅客户端）、Full（完全）和 Custom（自定义），这里选择 Custom，如图 1.1.6 所示。

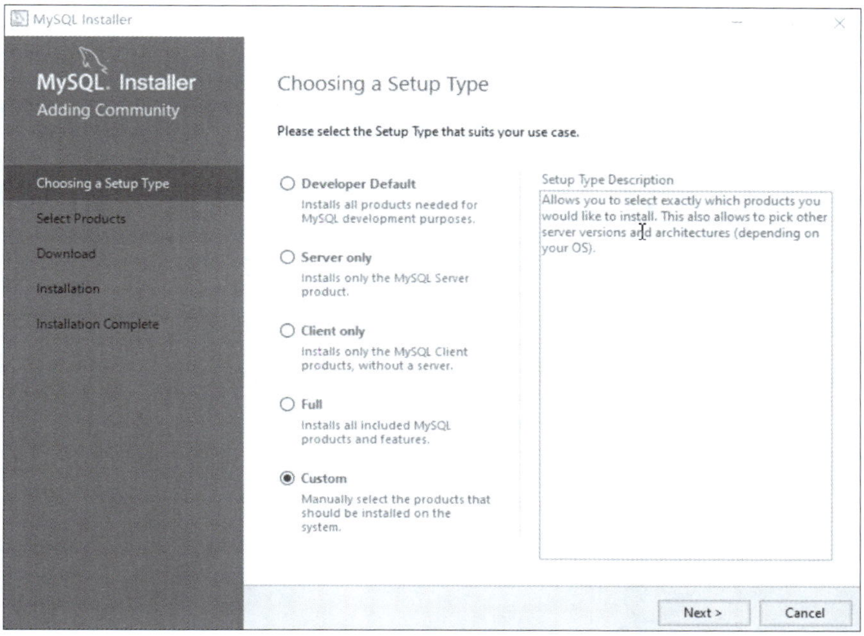

图 1.1.6　选择自定义安装

注意：在安装文件 mysql-installer-community-5.7.33.msi 中，“5” 表示主版本号，“7” 表示发行级别，“33” 表示该级别下的版本号，“msi” 表示安装文件的格式。

（2）单击 Next 按钮，进入 Select Products 界面。选择 MySQL Server 5.7.33-X64、MySQL Workbench 8.0.23-X64，再根据自己的需要选择其他的安装项，如图 1.1.7 所示。

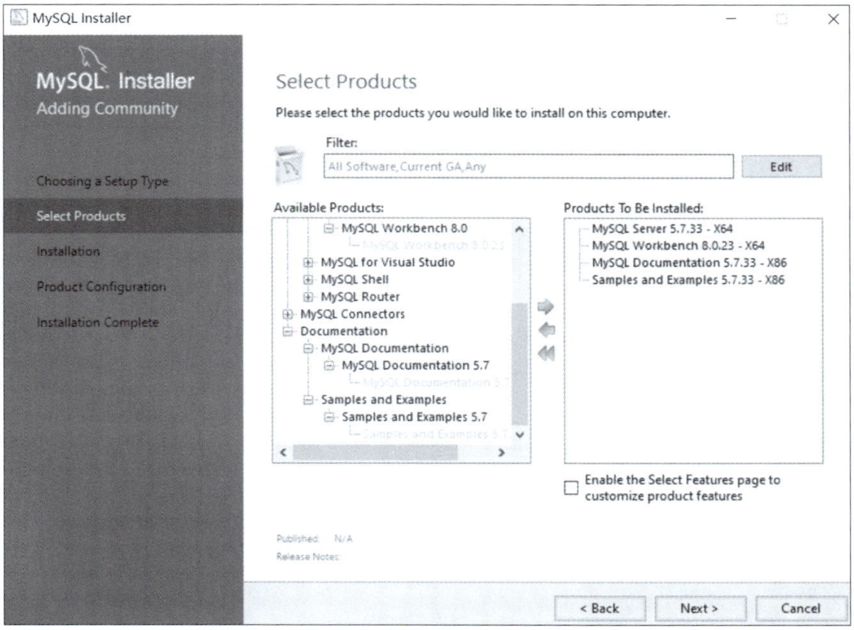

图 1.1.7　选择安装选项

（3）单击 Next 按钮，打开如图 1.1.8 所示的 Installation 界面，单击 Execute 按钮。安装完成后，每一项的前面会显示一个绿钩，再单击 Next 按钮。

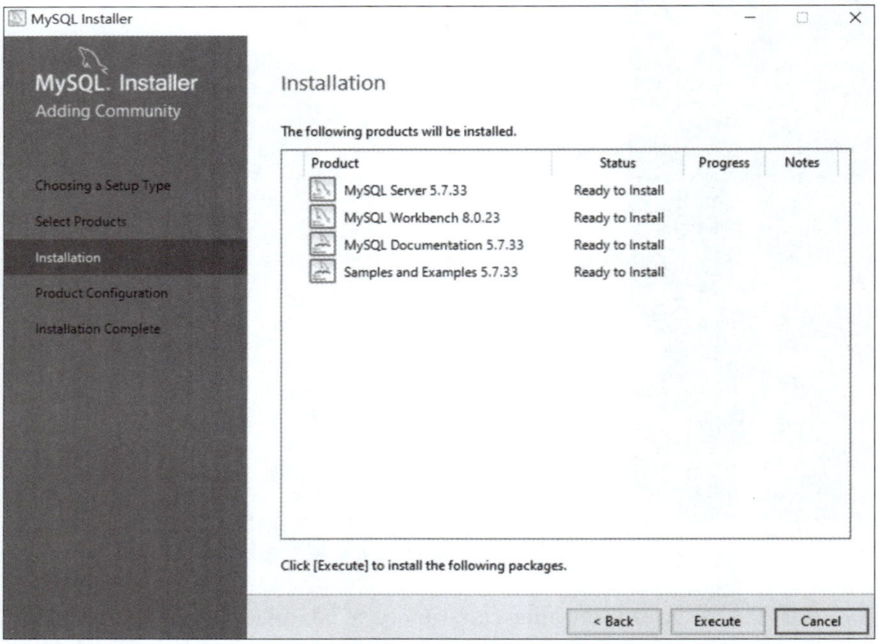

图 1.1.8　执行安装选项

（4）进入 Procuct Configuration 界面，如图 1.1.9 所示，单击 Next 按钮。

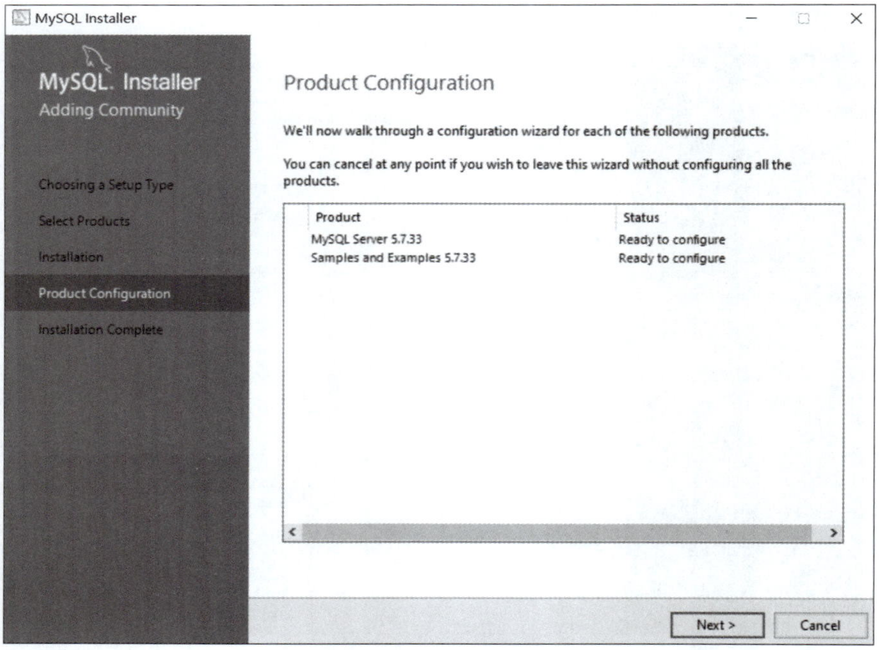

图 1.1.9　产品配置窗口

（5）进入 Type and Networking 界面，保持默认的配置，默认端口号是 3306，如图 1.1.10 所示。单击 Next 按钮。

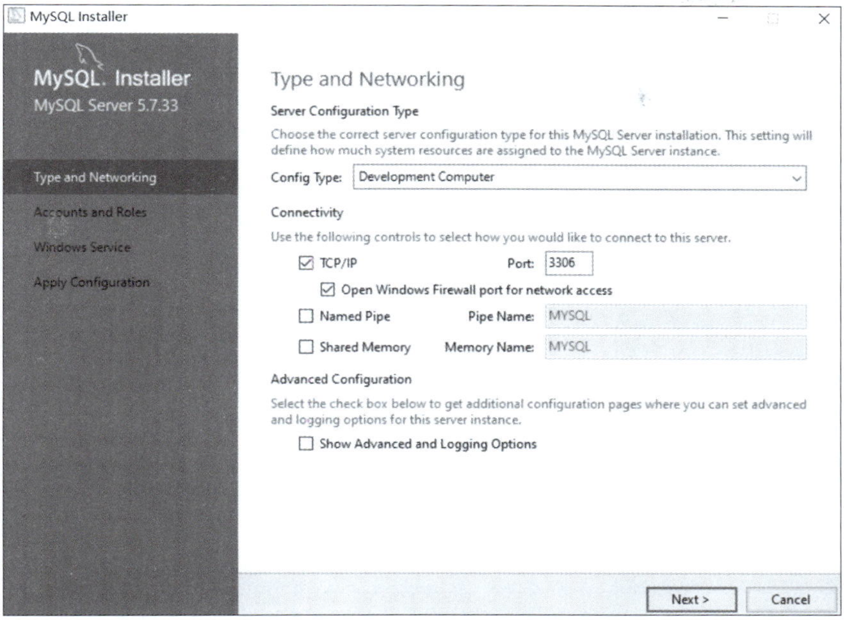

图 1.1.10　Type and Networking 界面

（6）进入 Accounts and Roles 界面，如图 1.1.11 所示。设置 Root 用户的密码，一般将其设置为“root”。

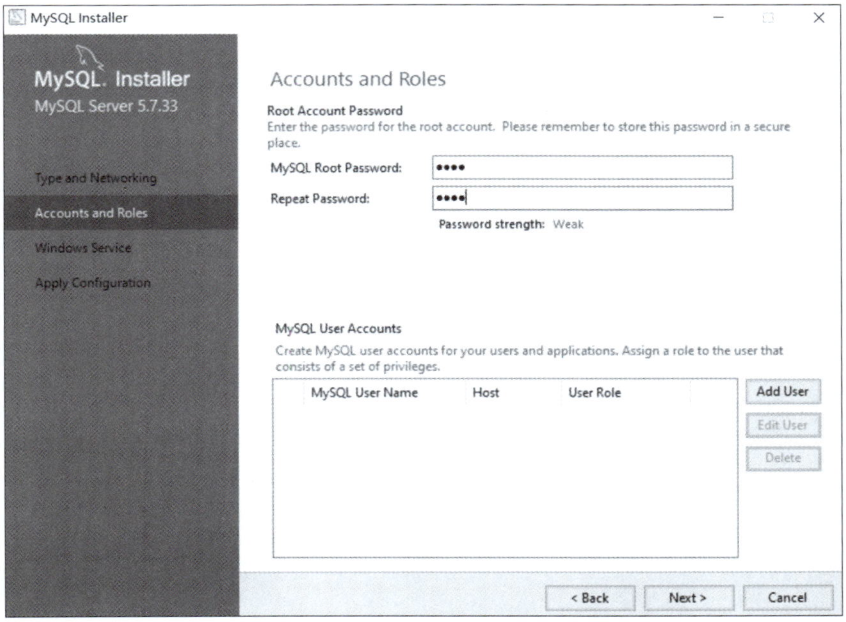

图 1.1.11　Accounts and Roles 界面

（7）单击 Next 按钮，进入 Windows Service 界面，如图 1.1.12 所示，保持默认的配置。

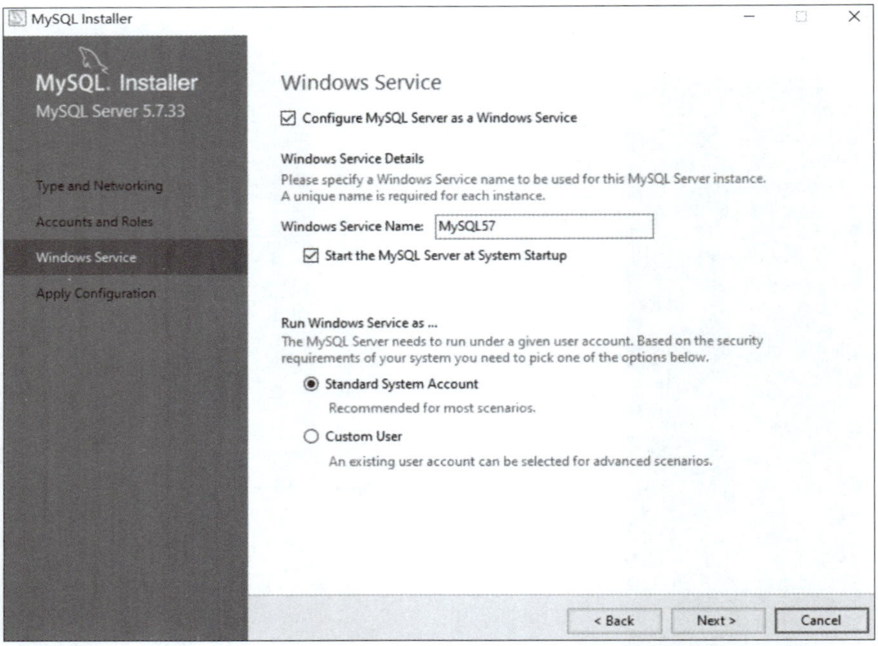

图 1.1.12　Windows Service 界面

（8）单击 Next 按钮，进入 Apply Configuration 界面，单击 Execute 按钮，执行配置，配置完成后，所有的选项前面会显示绿钩，如图 1.1.13 所示。

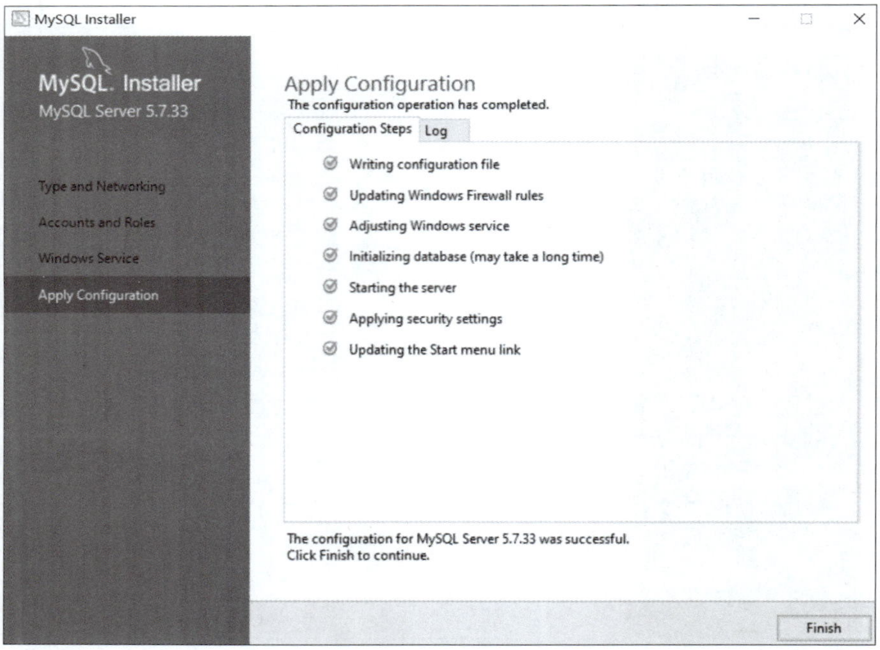

图 1.1.13　Apply Configuration 界面

（9）单击 Finish 按钮，再次进入 Product Configuration 界面，单击 Next 按钮，进入 Connect To Server 界面，在 User name 和 Password 文本框中输入 root，如图 1.1.14 所示，再单击 Check 按钮，显示绿钩表示验证成功。

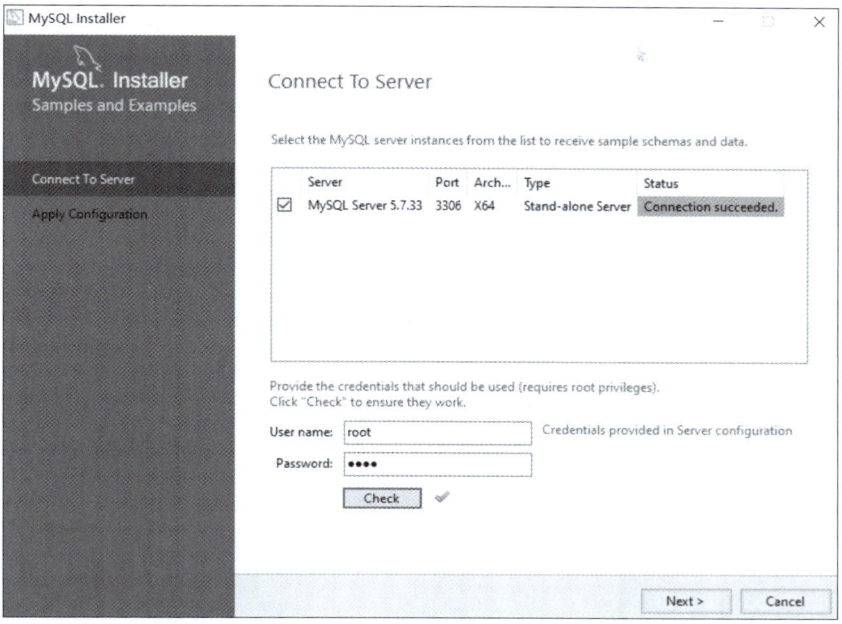

图 1.1.14　验证密码

（10）单击 Next 按钮，再单击 Execute 按钮，配置完毕后，如图 1.1.15 所示。

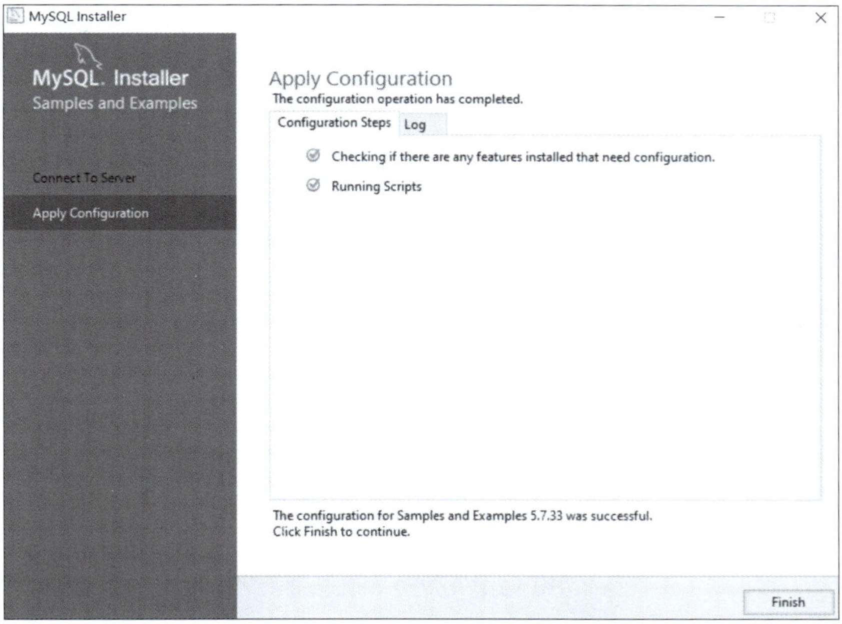

图 1.1.15　Apply Configuration 配置完成

（11）单击 Finish 按钮，再次回到 Product Configuration 界面，单击 Next 按钮，进入 Installation Complete 界面，显示安装完成，如图 1.1.16 所示。

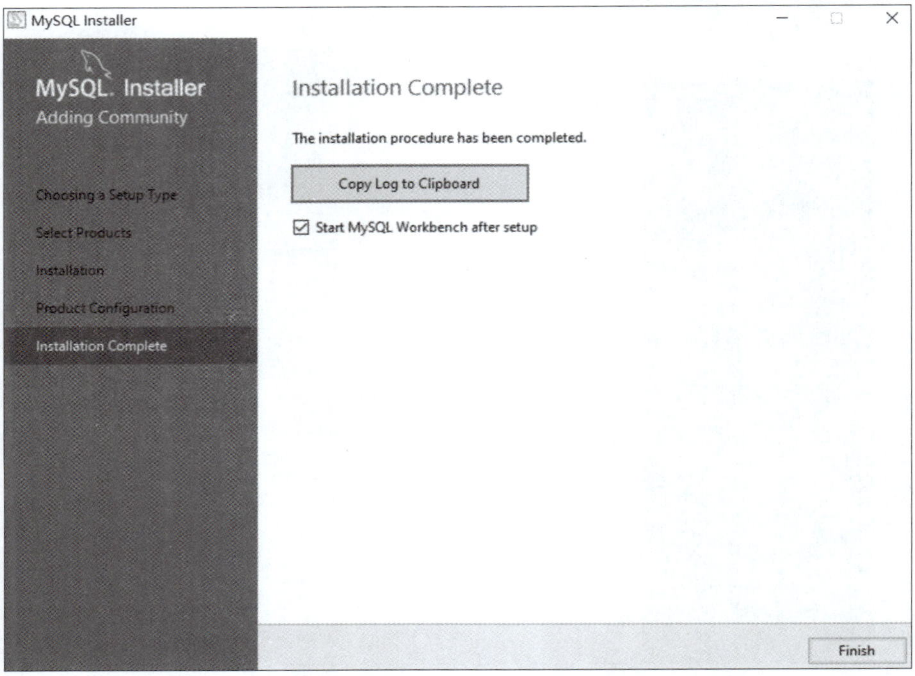

图 1.1.16　安装完成

（12）勾选 Start MySQL Workbench after setup 复选框，然后单击 Finish 按钮，启动 Workbench，如图 1.1.17 所示。

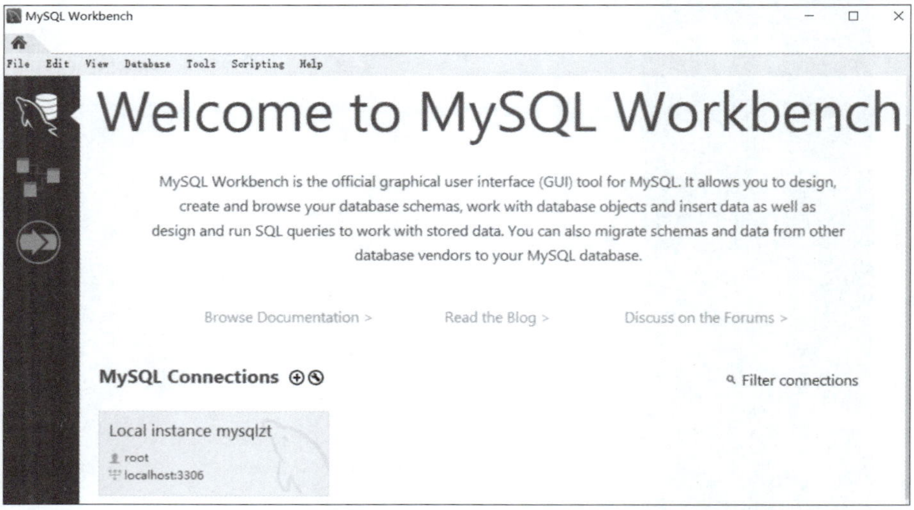

图 1.1.17　启动 Workbench

（13）单击 Local instance mysqlzt 选项，进入到 Connect to MySQL Server 对话框，如

图 1.1.18 所示，输入安装时设置的密码“root”，单击 OK 按钮。

图 1.1.18　Connect to MySQL Server 对话框

（14）进入到如图 1.1.19 所示的 MySQL Workbench 图形界面，可以在其界面上实现数据库的所有操作，包括创建数据库、数据表、存储过程和触发器等。

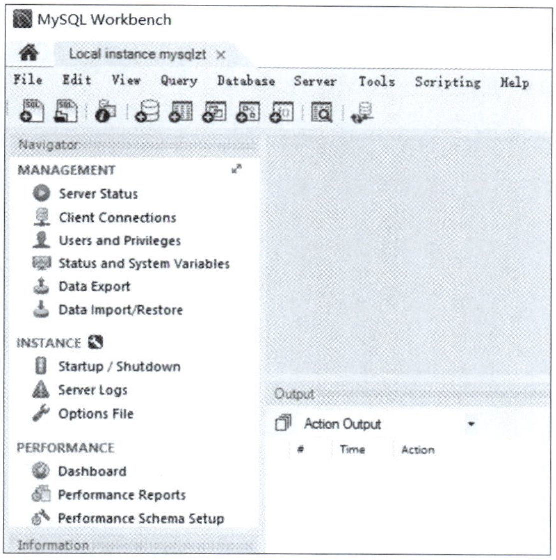

图 1.1.19　MySQL Workbench 界面

Workbench 客户端软件是 MySQL 官方提供的图形管理工具，如果在安装 MySQL 时没有选择安装 Workbench，也可以从其官方网站上下载 mysql-workbench-community，然后再将其安装。

（15）打开开始菜单，在 MySQL 目录下选择 MySQL 5.7 Command Line Client，如图 1.1.20 所示。

图 1.1.20　单击 MySQL 5.7 Command Line Client 选项

（16）进入 MySQL 5.7 Command Line Client 命令窗口，输入安装时设置的密码“root”，然后按回车键。进入 MySQL 命令操作窗口，如图 1.1.21 所示，出现“mysql>”这个标识，表示 MySQL 已经正常启动，安装完毕。

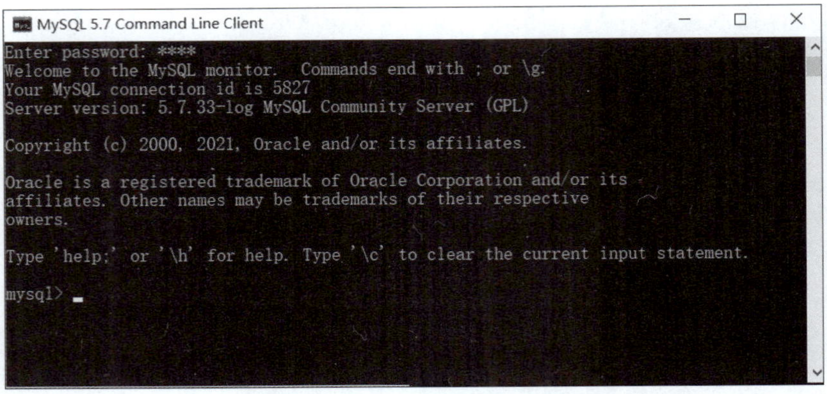

图 1.1.21　MySQL 命令操作窗口

项目实训

Navicat 是一款小型的支持 MySQL 的数据库管理工具，在其图形化的界面上可以很容易地实现数据库的所有操作。从网上下载并在计算机上安装使用，对比其功能上与 MySQL 自带的 Workbench 的区别。其界面如图 1.1.22 所示。

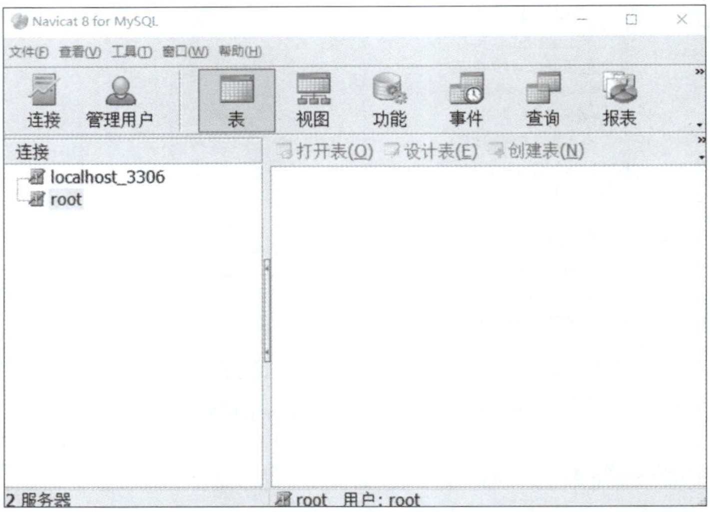

图 1.1.22　Navicat 界面

任务 2　MySQL 的配置

任务描述

MySQL 安装完成之后，接下来最重要的任务就是进行 MySQL 的配置，这个文件就是 my.ini，位于 C 盘 ProgramData 目录之下。修改之前一定要先关闭 MySQL 服务，修改之后一定要重新启动 MySQL 服务。

任务要求

本任务的具体要求：学会对 MySQL 的 my.ini 文件进行修改；学会对 MySQL 的服务进行启动与停止，一是通过图形界面方式启动与关闭 MySQL 服务，二是通过 DOS 窗口启动与关闭 MySQL 服务。

创建数据库之前一定要配置好 my.ini 文件

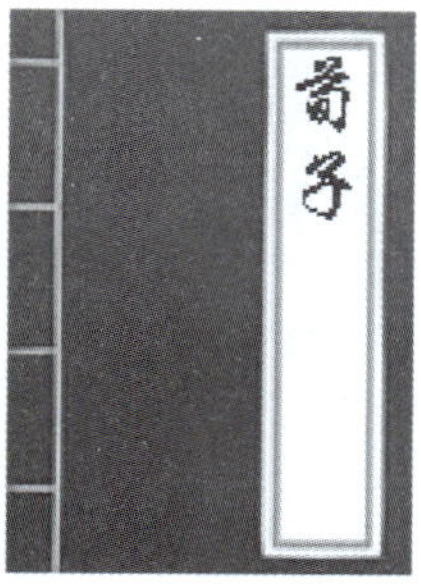

弓调而后求劲焉，
马服而后求良焉。
——《荀子・哀公》

弓调而后求劲焉，马服而后求良焉。意思是弓经过调整才要求它强劲有力，马在驯服后才要求它是良骏。想通过这句话告诉同学们在使用 MySQL 之前一定要先进行配置，配置好数据库，使用起来才会得心应手。

相关知识

1.2.1 手动配置数据库服务

在手动修改 MySQL 配置文件之前，需要对 MySQL 安装后的文件有所了解。MySQL 软件默认安装在“C: \Program Files\ MySQL\MySQL Server 5.7”目录下，而 MySQL 软件的数据库文件则安装在“C: \ProgramData\ MySQL\MySQL Server 5.7\Data”目录下。MySQL 软件的安装文件夹下会存在许多文件夹和文件，如图 1.2.1 所示。其中 4 个文件夹比较重要，分别为：

- bin 文件夹：该文件夹下存放着可执行文件。
- include 文件夹：该文件夹下存放着头文件。
- lib 文件夹：该文件夹下存放着库文件。
- share 文件夹：该文件夹下存放着字符集、语言等信息。

在 MySQL 软件安装目录下除了文件夹之外，还存在 my.ini 文件，如图 1.2.2 所示。在 my.ini 文件中，经常会修改的参数如下：

- port：客户端和服务端的端口号。默认的端口号为 3306。
- default-character-set：客户端字符集。如果要在数据表中正确地显示中文，必须将其设置为 UTF8。
- character-set-server：服务器端字符集。如果要在数据表中正确地显示中文，必须将其设置为 UTF8。
- default-storage-engine：MySQL 软件的存储引擎。默认的存储引擎为 InnoDB。

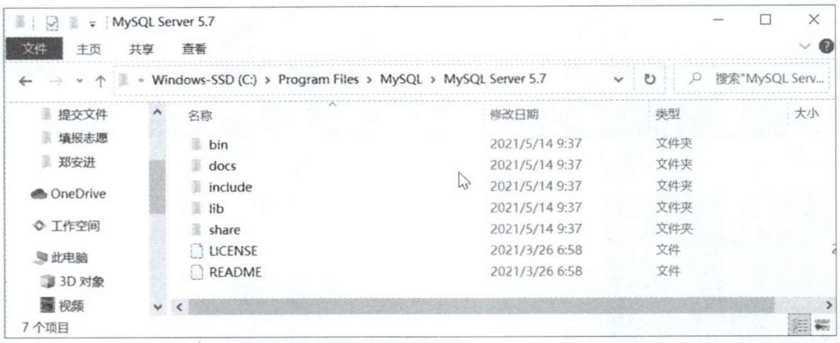

图 1.2.1　MySQL Server 5.7　安装目录下的文件夹

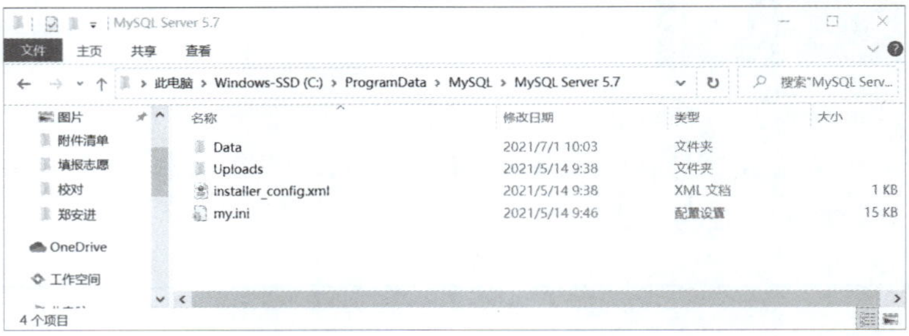

图 1.2.2　my.ini 文件所在文件夹

1.2.2　MySQL 的存储引擎

存储引擎是 MySQL 数据库管理系统的一个重要特征。在具体开发时，为了提高 MySQL 数据管理系统的使用效率和灵活性，可以根据实际需要来选择存储引擎。因为存储引擎指定了表的类型，即如何存储和索引数据、是否支持事务等，同时存储引擎也决定了表在计算机中的存储方式。本任务将详细介绍 MySQL 5.7 所支持的存储引擎，以及如何选择合适的存储引擎。

1. MySQL 5.7 所支持的存储引擎

用户在选择存储引擎之前，首先需要确定数据库管理系统支持哪些存储引擎。查看帮助文档发现，在 MySQL 数据库管理系统中查看支持的存储引擎通过 SQL 语句 SHOW ENGINES 来实现，其语法形式如下：

```
SHOW ENGINES;
```

在上述语句中可以实现查看当前 MySQL 数据库管理系统所支持的存储引擎，其执行的过程如图 1.2.3 所示。

```
mysql> #查看存储引擎#
mysql> SHOW ENGINES\G
*************************** 1. row ***************************
      Engine: InnoDB
     Support: DEFAULT
     Comment: Supports transactions, row-level locking, and foreign keys
Transactions: YES
          XA: YES
  Savepoints: YES
*************************** 2. row ***************************
      Engine: MRG_MYISAM
     Support: YES
     Comment: Collection of identical MyISAM tables
Transactions: NO
          XA: NO
  Savepoints: NO
*************************** 3. row ***************************
      Engine: MEMORY
     Support: YES
     Comment: Hash based, stored in memory, useful for temporary tables
Transactions: NO
          XA: NO
  Savepoints: NO
*************************** 4. row ***************************
      Engine: BLACKHOLE
     Support: YES
     Comment: /dev/null storage engine (anything you write to it disappears)
Transactions: NO
          XA: NO
  Savepoints: NO
```

```
*************************** 5. row ***************************
      Engine: MyISAM
     Support: YES
     Comment: MyISAM storage engine
Transactions: NO
          XA: NO
  Savepoints: NO
*************************** 6. row ***************************
      Engine: CSV
     Support: YES
     Comment: CSV storage engine
Transactions: NO
          XA: NO
  Savepoints: NO
*************************** 7. row ***************************
      Engine: ARCHIVE
     Support: YES
     Comment: Archive storage engine
Transactions: NO
          XA: NO
  Savepoints: NO
*************************** 8. row ***************************
      Engine: PERFORMANCE_SCHEMA
     Support: YES
     Comment: Performance Schema
Transactions: NO
          XA: NO
  Savepoints: NO
*************************** 9. row ***************************
      Engine: FEDERATED
     Support: NO
     Comment: Federated MySQL storage engine
Transactions: NULL
          XA: NULL
  Savepoints: NULL
9 rows in set (0.00 sec)
```

图 1.2.3　查看存储引擎

在具体执行 SQL 语句中，可以用“;”“\g”和“\G”符号表示语句结束。其中前两个符号的作用一样，而“\G”符号除了表示语句结束外，还可以使得结果显示得更加美观，如图 1.2.3 所示。以“;”或者“\g”作为结束符号查看存储引擎，其显示如图 1.2.4 所示。

```
mysql> SHOW ENGINES;
+--------------------+---------+----------------------------------------------------------------+
| Engine             | Support | Comment                                                        |
+--------------------+---------+----------------------------------------------------------------+
| InnoDB             | DEFAULT | Supports transactions, row-level locking, and foreign keys     |
| MRG_MYISAM         | YES     | Collection of identical MyISAM tables                          |
| MEMORY             | YES     | Hash based, stored in memory, useful for temporary tables      |
| BLACKHOLE          | YES     | /dev/null storage engine (anything you write to it disappears) |
| MyISAM             | YES     | MyISAM storage engine                                          |
| CSV                | YES     | CSV storage engine                                             |
| ARCHIVE            | YES     | Archive storage engine                                         |
| PERFORMANCE_SCHEMA | YES     | Performance Schema                                             |
| FEDERATED          | NO      | Federated MySQL storage engine                                 |
+--------------------+---------+----------------------------------------------------------------+
9 rows in set (0.00 sec)
```

图 1.2.4　用分号作为语句结束符

执行结果显示，MySQL 5.7 支持 9 种存储引擎，分别为 FEDERATED、MRG_ MYISAM、MyISAM、BLACKHOLE、CSV、MEMORY、ARCHIVE、InnoDB 和 PERFORMANCE_ SCHEMA。各个参数的具体含义如下：

- Engine 参数：表示存储引擎名称。
- Support 参数：表示 MySQL 数据库管理系统是否支持该存储引擎，值 YES 表示支持，值 NO 表示不支持，值 DEFAULT 表示该存储引擎是数据库管理系统默认支持的存储引擎，MySQL 5.7 数据库管理系统默认的存储引擎为 InnoDB。
- Comment 参数：表示关于存储引擎的评论。
- Transactions 参数：表示存储引擎是否支持事务。其中，值 YES 表示支持，而值 NO 表示不支持。
- XA 参数：表示存储引擎所支持的分布式是否符合 XA 规范。其中，值 YES 表示符合，而值 NO 表示不符合。
- Savepoints 参数：表示存储引擎是否支持事务处理中的保存点。其中，值 YES 表示支持，而值 NO 表示不支持。

在 MySQL 数据库管理系统中，除了可以通过 SQL 语句 SHOW ENGINES 查看所支持的存储引擎外，还可以通过 SQL 语句 SHOW VARIABLES 来查看所支持的存储引擎，具体 SQL 语句如下：

```
SHOW VARIABLES LIKE ' have%';
```

执行的结果如图 1.2.5 所示。

```
mysql> #查看存储引擎#
mysql> SHOW VARIABLES LIKE 'have%';
+-------------------------+----------+
| Variable_name           | Value    |
+-------------------------+----------+
| have_compress           | YES      |
| have_crypt              | NO       |
| have_dynamic_loading    | YES      |
| have_geometry           | YES      |
| have_openssl            | DISABLED |
| have_profiling          | YES      |
| have_query_cache        | YES      |
| have_rtree_keys         | YES      |
| have_ssl                | DISABLED |
| have_statement_timeout  | YES      |
| have_symlink            | YES      |
+-------------------------+----------+
11 rows in set, 1 warning (0.19 sec)
```

图 1.2.5　以变量的方式查看存储引擎

在显示结果中，Variable_name 参数表示存储引擎的名字；Value 参数表示 MySQL 数据库管理系统是否支持存储引擎，其中值 YES 表示支持，值 NO 表示不支持，值 DISABLED 表示支持但是还没开启。

2. 操作默认存储引擎

查看帮助文档可以发现，安装版本 MySQL 5.7 数据库管理系统的默认存储引擎为 InnoDB，免安装版 MySQL 5.7 数据库管理系统的默认存储引擎为 MyISAM。下面重点讲解默认存储引擎的修改。

（1）查询默认存储引擎。如果需要操作默认存储引擎，首先需要查看默认存储引擎。查看帮助文档发现，可以通过执行 SQL 语句 SHOW VARIABLES 来查看默认存储引擎，具体 SQL 语句如下：

```
SHOW VARIABLES LIKE '%storage_engine%';
```

上述命令中，设置关键字 LIKE 的关键字为“%storage_engine%”，表示查看默认存储引擎执行上面的 SQL 语句，其结果如图 1.2.6 所示。

```
mysql> #查看默认存储引擎#
mysql> SHOW VARIABLES LIKE '%storage_engine%';
+----------------------------------+--------+
| Variable_name                    | Value  |
+----------------------------------+--------+
| default_storage_engine           | InnoDB |
| default_tmp_storage_engine       | InnoDB |
| disabled_storage_engines         |        |
| internal_tmp_disk_storage_engine | InnoDB |
+----------------------------------+--------+
4 rows in set, 1 warning (0.00 sec)
```

图 1.2.6　查看默认存储引擎

执行结果显示，InnoDB 为默认存储引擎。

（2）修改默认存储引擎。在 MySQL 数据库管理系统中，如果需要修改默认存储引擎，可以通过手动方式修改配置文件。具体步骤如下：

1）打开 my.ini 配置文件，关于 [mysqld] 组的内容如下：

如果想修改默认存储引擎，只需修改 [mysqld] 组中的 default-storage-engine 参数，即如果想设置默认存储引擎为 MyISAM，只需修改成“default-storage-engine=MyISAM”，如图 1.2.7 所示。

```

# Path to the database root
datadir=C:/ProgramData/MySQL/MySQL Server 5.7/Data

# The default character set that will be used when a new schema or table is
# created and no character set is defined
# character-set-server=
character-set-server=utf8

# The default storage engine that will be used when create new tables when
default-storage-engine=MyISAM
```

图 1.2.7　修改默认存储引擎

注意：如果想使修改后的参数生效，须重新启动 MySQL 服务。

2）重启 MySQL 服务后，再次执行 SQL 语句 SHOW VARIABLES 来查看默认存储引擎。

（3）选择存储引擎。在具体使用 MySQL 数据库管理系统时，选择一个合适的存储引擎是一个非常复杂的问题。因为每种存储引擎都有自己的特性、优势和适用场合，所以不能随便选择存储引擎。为了能够正确地选择存储引擎，必须掌握各种存储引擎的特性。下面重点介绍几种常用的存储引擎，它们对各种特性的支持见表 1.2.1。

表 1.2.1　存储引擎的存储特性表

存储特性	存储引擎		
	MyISAM	InnoDB	MEMORY
存储限制	有	64TB	有
事务安全	不支持	支持	不支持
锁机制	表锁	行锁	表锁
B 树索引	支持	支持	支持
哈希索引	不支持	不支持	支持
全文索引	支持	不支持	不支持
集群索引	不支持	支持	不支持
支持	支持	支持	支持
数据缓存	不支持	支持	支持
索引缓存	支持	支持	支持
数据可压缩	支持	不支持	不支持
空间使用	低	高	不支持
内存使用	低	高	中等
批量插入的速度	高	低	高
支持外键	不支持	支持	不支持

表 1.2.1 主要介绍了 MyISAM、InnoDB 和 MEMORY 三种存储引擎特性的对比，接下来将详细介绍这三种存储引擎的应用场合并给出相应的建议。

- MyISAM 存储引擎：由于该存储引擎不支持事务，也不支持外键，所以访问速度比较快。因此对事务完整性没有要求并以访问为主的应用适合使用该存储引擎。
- InnoDB 存储引擎：由于该存储引擎在事务上具有优势，即支持具有提交、回滚和崩溃恢复能力的事务安装，所以比 MyISAM 存储引擎占用更多的磁盘空间。因此需要进行频繁的更新、删除操作，同时还对事务的完整性要求比较高，需要实现并发控制时，适合使用该存储引擎。
- MEMORY 存储引擎：该存储引擎使用内存来存储数据，因此该存储引擎的数据访问速度快，但是安全上没有保障。如果应用中涉及数据比较少，需要进行快速访问，则适合使用该存储引擎。

任务实施

MySQL 的配置

1. 通过图形界面启动与关闭 MySQL 服务

由于 Windows 系统的资源非常有限，而每运行一个服务都会消耗一定的资源，因此对于一些经常不用的服务最好关闭，当需要使用时再开启。那么如何启动和关闭 MySQL 服务呢？具体步骤如下：

（1）右击“我的电脑”，在弹出的菜单中选择“管理”菜单项，打开如图 1.2.8 所示的“计算机管理”窗口。

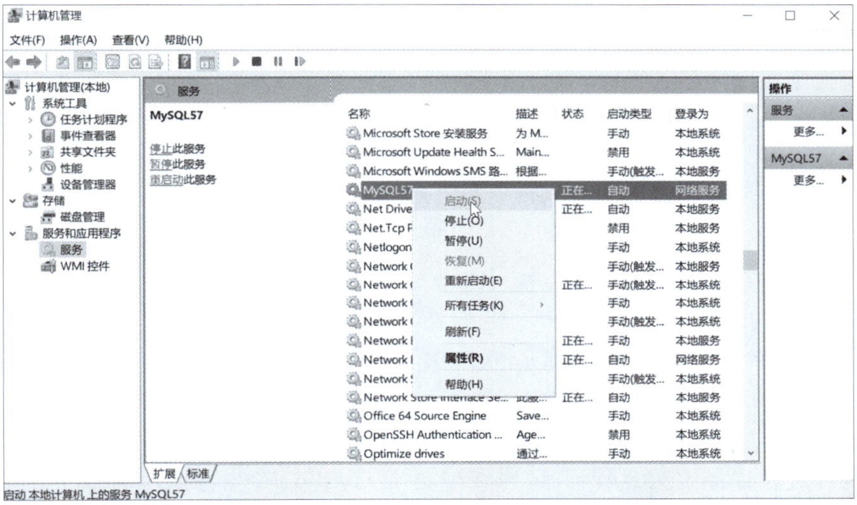

图 1.2.8　以图形界面启动与停止 MySQL 服务

（2）选择“计算机管理（本地）”→“服务和应用程序”→“服务”选项，在右边窗口就会显示 Windows 系统的所有服务，其中包含名为 MySQL57 的服务。

（3）查看 MySQL 服务可以发现该服务已经处于启动状态，并且该服务的类型为“自动”。如果想修改 MySQL 服务的状态，可以单击“计算机管理”工具栏中的相应按钮。其中 ▶ 按钮可以实现启动服务功能、■ 按钮可以实现停止服务功能、‖ 按钮可以实现暂停服务功能、‖▶ 按钮可以实现重新启动服务功能。

（4）对于 MySQL 服务，由于不是系统自带的服务，所以除了在需要时启动外，还需要设置启动类型为手动类型。在具体设置时，需要右击 MySQL 服务，然后选择“属性”命令，弹出“MySQL 的属性（本地计算机）”对话框，如图 1.2.9 所示。

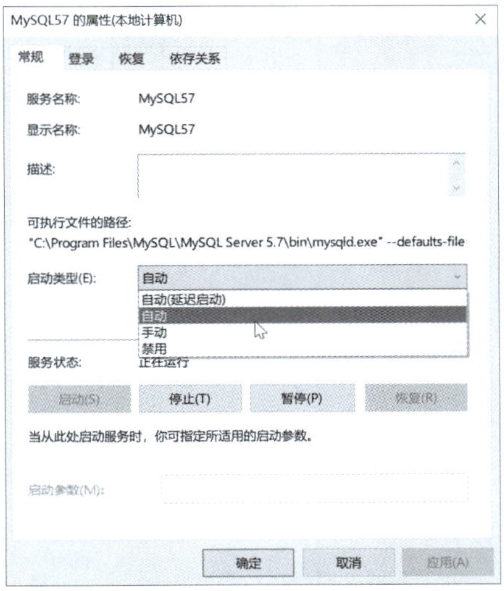

图 1.2.9　设置 MySQL 服务的启动类型

在该对话框中不仅可以设置服务类型，还可以操作服务。

注意：如果修改了“MySQL57 的属性”对话框中的相应内容，一定要先单击“应用”按钮，再单击“确定”按钮关闭该对话框，这样修改的内容才能生效。

启动类型有以下 3 种：

- 自动：Windows 系统每次启动都会自动启动该类型服务，服务启动后可以手动将状态修改为停止、暂停和恢复等。
- 手动：该类服务需要手动启动，启动后可以改变服务状态，如停止、暂停等。
- 禁用：该类服务不能启动，也不能改变服务状态。

对于 MySQL 服务，如果需要经常操作 MySQL 软件，那么该服务最好设置为自动启动。如果使用 MySQL 的机会比较少，该服务就可以设置为手动启动，这样可以避免 MySQL 服务长时间占用系统资源。

2. 通过 DOS 窗口启动和关闭 MySQL 服务

经常使用 Windows 操作系统的用户都知道，除了可以通过图形界面来启动和关闭服务外，还可以通过 DOS 窗口来启动和关闭服务。同理，关于 MySQL 软件的服务也可以通过 DOS 窗口来启动和关闭，具体步骤如下：

（1）在 C:\WINDOWS\system32 文件下以管理员身份运行“cmd”命令。

（2）在 DOS 窗口中，如果想查看 Windows 系统已经启动的服务，可以通过如下命令来实现。

```
NET START
```

具体运行过程如图 1.2.10 所示，可以发现关于 MySQL 软件的服务 MySQL57 已经启动。

图 1.2.10　查看已经启动的服务

（3）如果 MySQL 软件的服务已经启动，可以通过命令来关闭 MySQL 服务，具体命令如下：

```
NET STOP MySQL57
```

具体运行过程如图 1.2.11 所示，可以发现 MySQL57 的服务停止。

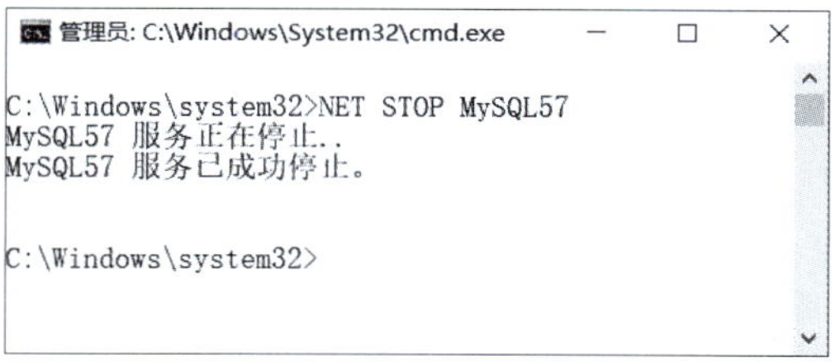

图 1.2.11　停止 MySQL 服务

（4）如果 MySQL 软件的服务处于关闭状态，可以通过命令来启动，具体命令如下：

```
NET START MySQL57
```

具体运行过程如图 1.2.12 所示，可以发现 MySQL57 的服务启动成功。

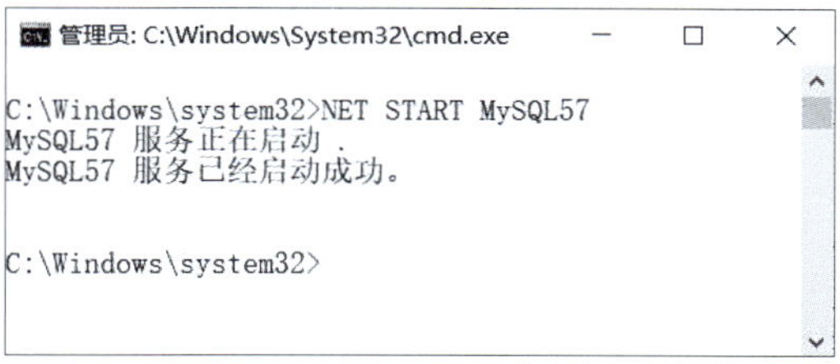

图 1.2.12　启动 MySQL 服务

MySQL 软件的服务启动后，除了可以在图形界面的服务窗口和 DOS 窗口中查看外，还可以通过 Windows 系统的任务管理器来查看。打开任务管理器，如果存在“mysqld”进程则表示 MySQL 软件的服务启动，如图 1.2.13 所示。

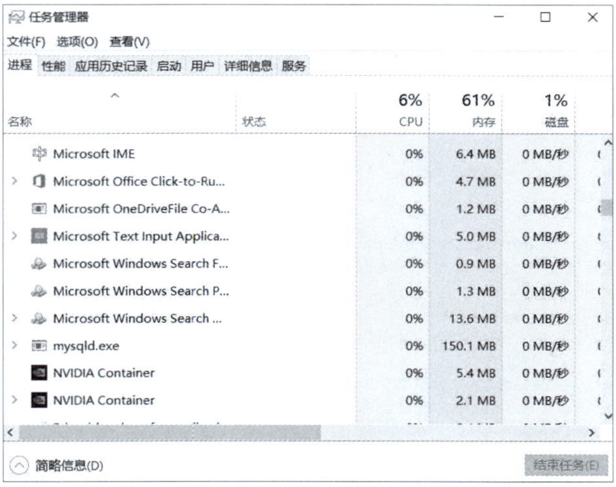

图 1.2.13　mysqld 进程正在运行

注意：打开任务管理器通过使用 Ctrl+Alt+Delete 组合键来实现。

3. 修改 my.ini 文件

（1）以记事本的方式打开图 1.2.14 中的 my.ini 文件。

（2）在 [mysql] 下查找到 default-character-set=，在下一行加上语句 default-character-set=utf8，注意前面没有“#”，如图 1.2.14 所示。

注意：# 表示注释，如果使修改的语句起作用，则前面不能有 # 号。

（3）在 [mysql] 下查找到 character-set-server=，在下一行加上语句 character-set-server=utf8，如图 1.2.15 所示。

```
[client]

# pipe=

# socket=MYSQL

port=3306

[mysql]
#no-beep
# default-character-set=
default-character-set=utf8
```

图 1.2.14　修改客户端的字符集为 utf8

```
[mysqld]

# The next three options are mutually exclusive to SERVER_PORT below.
# skip-networking
# enable-named-pipe
# shared-memory

# shared-memory-base-name=MYSQL

# The Pipe the MySQL Server will use
# socket=MYSQL

# The TCP/IP Port the MySQL Server will listen on
port=3306

# Path to installation directory. All paths are usually resolved relative to this.
# basedir="C:/Program Files/MySQL/MySQL Server 5.7/"

# Path to the database root
datadir=C:/ProgramData/MySQL/MySQL Server 5.7/Data

# The default character set that will be used when a new schema or table is
# created and no character set is defined
# character-set-server=
character-set-server=utf8
```

图 1.2.15　修改服务器端的字符集为 utf8

（4）查看 my.ini 文件，如图 1.2.16 所示，port=3306，本环境的端口号就是 3306，因此不需要修改；default-storage-engine=INNODB，本环境主要使用的存储引擎就是 INNODB，因此也不需要修改。

my.ini - 记事本

文件(F)　编辑(E)　格式(O)　查看(V)　帮助(H)

```
port=3306

# Path to installation directory. All paths are usually resolved relative to this.
# basedir="C:/Program Files/MySQL/MySQL Server 5.7/"

# Path to the database root
datadir=C:/ProgramData/MySQL/MySQL Server 5.7/Data

# The default character set that will be used when a new schema or table is
# created and no character set is defined
character-set-server=utf8

# The default storage engine that will be used when create new tables when
default-storage-engine=INNODB
```

第 1 行，第 1 列　100%　Windows (CRLF)　UTF-8

图 1.2.16　查看存储引擎与端口号

注意：如果要修改 my.ini 文件，应先关闭 MySQL 服务，修改之后必须重新启动 MySQL 服务，且只针对新建的数据库和数据表有效。

项目实训

下载和使用免安装的 MySQL 软件，并修改 my.ini 文件中的重要参数，要求能正常使用。

专业能力测评

专业核心能力	评价指标	自测结果
Windows 下 MySQL 的安装	能正确安装 MySQL	优□ 良□ 中□ 差□
MySQL 的配置	1．能正确配置 my.ini 文件 2．能正确启动与停止 MySQL 服务	优□ 良□ 中□ 差□ 优□ 良□ 中□ 差□

单元测验

可登录中国大学 MOOC 网测验并获得成绩。

一、单选题（每小题 2 分）

1．MySQL 默认使用 TCP/IP 的端口号是（ ）。

A．3307 B．3306 C．3311 D．8080

2．进行 MySQL 的配置，最重要的是修改（ ）文件。

A．lib.ini B．bin.ini C．include.ini D．my.ini

3．可以通过（ ）命令来启动 MySQL 服务。

A．NET STOP MySQL57 B．NET START MySQL57

C．NET START D．NET STOP

二、判断题（每小题 2 分）

1．最彻底、最直接修改 MySQL 的字符集，是在 my.ini 文件中实现的。（ ）

A．是 B．否

2．MySQL 是一款开源、免费的软件。（ ）

A．是 B．否

3．MEMORY 是 MySQL 5.7.22 默认的存储引擎。（ ）

A．是 B．否

三、多选题（每小题 3 分）

1．MySQL 支持的存储引擎有（ ）。

A．MyISAM B．InnoDB C．MEMORY D．Engine

2．完全卸载 MySQL，需要（ ）。

A．单击“控制面板”→“卸载程序”，卸载掉所有相关的 MySQL 软件

B．删除目录 C:\Program Files 下的 MySQL 文件夹

C．删除目录 C:\ProgramData 下的 MySQL 文件夹

D．删除注册表中 HKEY_LOCAL_MACHINE\SYSTEM\ControlSet001\Services\EventLog\Application 下的 MySQL 文件夹

3．如果要在数据表中正确地显示中文，必须将（　　）设置为 UTF8。

A．default-character-set

B．character-set-serve

C．default-storage-engine

D．port

单元 2　数据库的创建

单元导读

一个数据库通常包括多个数据表。创建一个数据表时，要注意字段的命名规则、数据类型的定义、字段的约束设置等，表与表之间也存在一定的约束关系。可以在新创建表时进行约束的定义，也可以对已存在的表增加约束设置。

教学目标

- 掌握数据库的创建、查看与删除
- 掌握数据表的创建、修改与删除
- 掌握数据表约束之非空、默认值、唯一键、自增、主键与外键的设置

任务 1　创建数据库

任务描述

开发一个软件项目的具体过程包括：项目计划、需求分析、概要设计、详细设计、编码、测试与运行维护。其中，在概要设计阶段最重要的工作是进行数据库的设计，其主要工作就是设计数据库的 E-R 模型。本任务会先设计图书管理系统的 E-R 模型，再将其转换为关系模型，最终生成数据库。由于数据库的英文单词是 database，因此在命名数据库时加一个前缀“db_”，创建的图书管理系统数据库命名为 db_library。

任务要求

学会利用 COMMAND 命令窗口、Workbench 或 Navicat 创建图书管理系统的数据库 db_library；学会查看当前所有的数据库；学会删除误操作建立的数据库或者不需要的数据库。

相关知识

2.1.1　数据库的基本知识

1. 数据库

数据库（Database，DB）是按照一定的数据结构来组织、存放和管理数据的仓库。例如，把学校的学生、课程、学生成绩等数据有序地组织并存放在计算机内，就可以构成一个数据库。因此，数据库由一些持久的相互关联数据的集合组成，并以一定的组织形式存放在计算机的存储介质中。

2. 数据库系统

数据库系统（Database System，DBS）广义上看是由数据库、硬件、软件和人员组成的，其中管理的对象是数据。

（1）数据库。数据库是指长期储存在计算机内，有组织、可共享的数据集合。数据库中的数据按一定的数学模型组织、描述和储存，具有较小的冗余度、较高数据独立性和易扩展性，并可为各种用户共享。

（2）硬件。硬件是构成计算机系统的各种物理设备，包括存储数据所需的外部设备。硬件的配置应满足整个数据库系统的需要。

（3）软件。软件包括操作系统、数据库管理系统及应用程序。数据库管理系统（Database Management System，DBMS）是数据库系统的核心软件，在操作系统的支持下工作，负责科学地组织和储存数据、高效地获取和维护数据。其主要功能包括数据定义、数据操纵、数据库的运行管理以及数据库的建立与维护。

（4）人员。人员主要有 4 类。第一类为系统分析员和数据库设计人员，系统分析员负责应用系统的需求分析和规范说明，他们和用户及数据库管理员一起确定系统的硬件配置，并参与数据库系统的概要设计；数据库设计人员负责数据库中数据的确定、数据库各级模式的设计。第二类为应用程序员，负责编写使用数据库的应用程序，这些应用程序可对数据库进行检索、建立、删除或修改。第三类为最终用户，他们利用系统的接口或查询语言访问数据库。第四类为数据库管理员（Database Administrator，DBA），负责数据库的总体信息控制。DBA 的具体职责包括：决定数据库中的信息内容和结构；决定数据库的存储结构和存取策略；定义数据库的安全性要求和完整性约束条件；监控数据库的使用和运行；数据库的性能改进、数据库的重组和重构，以提高系统的性能。

3. 数据库管理系统（DBMS）

数据库管理系统（Database Management System，DBMS）主要是实现对共享数据有效的组织、管理和存取，DBMS 具有如下几个方面的功能：

（1）数据定义。DBMS 提供数据定义语言（Data Definition Language，DDL），用户可以对数据库的结构进行描述，包括外模式、模式和内模式的定义；数据库的完整性定义；安全保密定义，如口令、级别、存取权限等。这些定义存储在数据字典中，是 DBMS 运行的基本依据。

（2）数据库操作。DBMS 向用户提供数据操纵语言（Data Manipulation Language，DML），实现对数据库中数据的基本操作，如检索、插入、修改和删除等。DML 分为宿主型和自含型两类。所谓宿主型是指将 DML 语句嵌入某种主语言（如 C、COBOL 等）中使用；自含型是指可以单独使用的 DML 语句，供用户交互使用。

（3）数据库运行管理。数据库在运行期间对多用户环境下的并发控制、安全性检查和存取控制、完整性检查和执行、运行日志的组织管理、事务管理和自动恢复等是 DBMS 的重要组成部分。这些功能可以保证数据库系统的正常运行。

（4）数据组织、存储和管理。DBMS 分类组织、存储和管理各种数据，包括数据字典、用户数据、存取路径等。DBMS 要确定以何种文件结构和存取方式在存储级别上组织数据，以提高存取效率。实现数据间的联系、数据组织和存储的基本目标是提高存储空间的利用率。

（5）数据库的建立和维护。数据库的建立和维护包括数据库的初始建立、数据的转换、数据库的转储和恢复、数据库的重组和重构、性能监测和分析等。

（6）其他功能。包括 DBMS 与网络中其他软件系统的通信功能，一个 DBMS 与另一个 DBMS 或文件的数据转换功能等。

4. E-R 模型

E-R 模型

实体联系（Entity-Relation）模型简称 E-R 模型，所采用的 3 个主要概念是实体、联系和属性。E-R 模型是软件工程设计中的一个重要方法，因为它接近于人的思维方式，容易理解并且与计算机无关，所以用户容易接受。但是 E-R 模型只能说明实体间的语义联系，还不能进一步地说明详细的数据结构。遇到实际问题，通常应先设计一个 E-R 模型，然后再把它转换成计算机能接受的数据模型。

（1）实体。实体是现实世界中可以区别于其他对象的“事件”或“物体”。例如，在一个购物系统当中，顾客就是一个实体，我们关心顾客的姓名、性别和手机号码，这些就是顾客这个实体的属性。商品也是这个购物系统中的一个实体，我们关心商品的名称、编码、厂家以及生产日期，这些就是商品的属性。同时当顾客购买商品之后，会生成一个订单，订单也是一个实体，我们关心订单这个实体的订单日期及订单编号等，这些就是订单的属性。那么用什么来区分每一个实体呢？比如：顾客可以用手机号，商品可以用编码，订单可以用订单编号，这些就称为主键。

（2）联系。实体的联系分为实体内部的联系和实体之间的联系。实体内部的联系反映数据在同一记录内部各字段间的联系。这里讨论实体集之间的联系。

1）一对一联系（1:1）。如果实体集 E1 中每个实体至多和实体集 E2 中一个实体有联系，反之亦然，那么实体集 E1 和 E2 的联系称为“一对一联系”，记为“1:1”。

例如学校与校长之间都是 1:1 联系，一位校长任职于一所学校，一所学校由一位校长来管理。校长的属性有职工编号、姓名、性别与职称，学校的属性有学校编码、学校名称与地址，其中职工编号是唯一区分校长这个实体的属性，是校长的主键，学校编码是唯一区分学校这个实体的属性，是学校的主键，E-R 模型如图 2.1.1 所示。

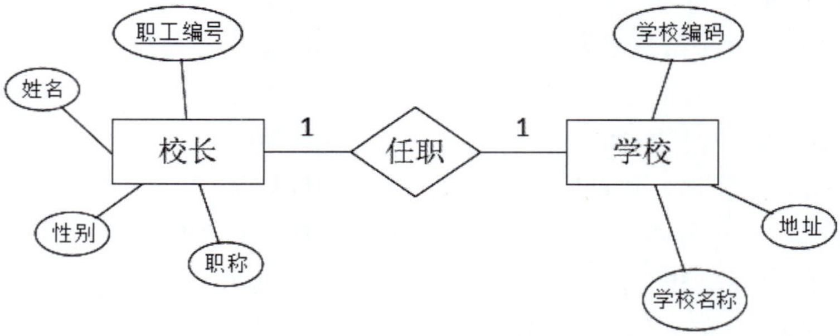

图 2.1.1　一对一联系

2）一对多联系（1:M）。如果实体集 E1 中每个实体与实体集 E2 中任意个（零个或多个）实体有联系，而 E2 中每个实体至多和 E1 中一个实体有联系，那么称 E1 和 E2 的联系是“一对多联系”，记为“1:M”。

例如学校里班级和学生之间都是 1:M 联系，一个班级有多名学生，一个学生只能在一个班级，班级的属性有班级编码与班级名称，学生的属性有学号、性别、姓名、政治面貌与联系电话，班级编码是唯一区分班级的属性，是班级的主键，学号是唯一区分学生这个实体的属性，是学生的主键，E-R 模型如图 2.1.2 所示。

3）多对多联系（M:N）。如果实体集 E1 中每个实体与实体集 E2 中任意个（零个或多个）实体有联系，反之亦然，那么称 E1 和 E2 的联系是“多对多联系”，记为“M:N”。

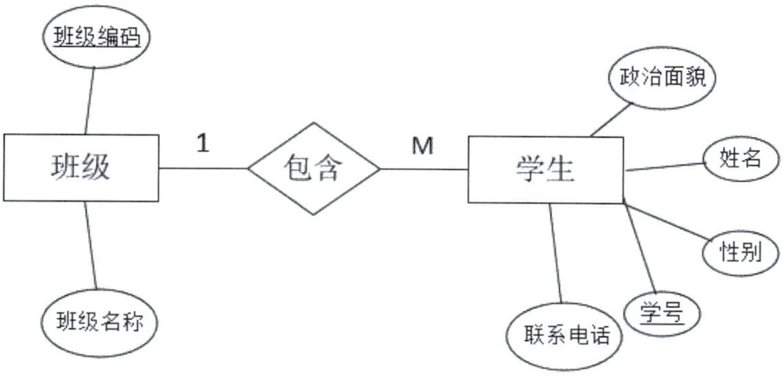

图 2.1.2　一对多联系

例如学生与课程之间，一名学生可以选修多门课程，一门课程可以供多名学生选修。课程的属性有课程编号、学分与课程名称，学生的属性有学号、性别、姓名、政治面貌与联系电话，学号是唯一区分学生这个实体的属性，是学生的主键，课程编号是唯一区分课程这个实体的属性，是课程的主键，E-R 模型如图 2.1.3 所示。

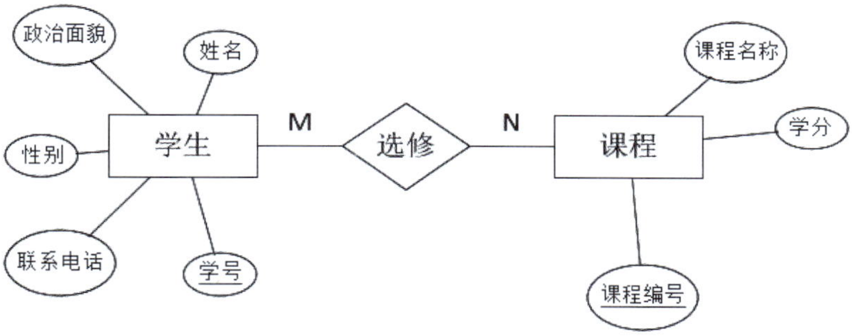

图 2.1.3　多对多联系

上面 3 种联系是实体之间最基本的联系，类似地也可以定义为多个实体集（3 个或 3 个以上）之间的各种联系，也可以定义同一个实体集的实体间联系。

（3）一个完整的 E-R 模型。在图书馆管理系统中，读者和图书是两个重要的实体。读者的信息包括读者的编号、姓名、性别、出生日期和借书量，图书的信息包括编号、名称、作者、价格、出版社、复本量和库存量。图书馆如果要定期购买图书，就需要各个出版社的信息，出版社可以作为一个重要的实体。其对应的属性为出版社的编号、名称、电话、地址、网址、邮编和邮件地址。要管理好图书信息，就一定要登记读者的借阅记录和归还记录。借阅记录要有一个打印的流水号，还会记录读者的编号、图书的编号和借书的日期。归还图书的时候要打印一个归还的流水号和归还日期，也要记录借出时打印的流水号。

根据以上描述，构建出了图书管理系统的 E-R 模型，主要由 5 个实体构成：读者、图书、出版社、借阅记录与归还记录，每个实体都有自己的属性，能唯一区分这个实体的属性称为主键，在图中用下划线表示，如图 2.1.4 所示。

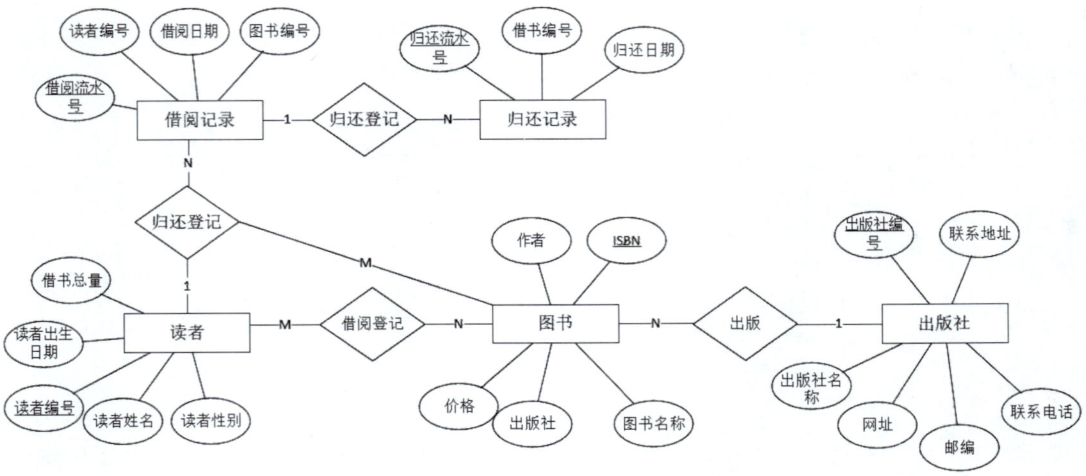

图 2.1.4　图书馆系统 E-R 模型

（4）关系模型。将 E-R 模型转换为关系模型：

读者（读者编号，读者姓名，读者性别，读者出生日期，借书总量）

图书（ISBN，图书名称，作者，价格，出版社名称）

出版社（出版社编号，出版社名称，网址，邮编，联系电话，联系地址）

借阅记录（借阅流水号，读者编号，图书编号，借阅日期）

归还记录（归还流水号，借书编号，归还日期）

一个实体转换为一个关系模型，一个关系模型就是一张二维表，如读者关系模型，见表 2.1.1。读者编号、姓名、性别、出生日期与借书总量就是字段，字段下的每一行就是一条记录。

表 2.1.1　关系模型

读者编号	姓名	性别	出生日期	借书总量
101101	肖华	女	1993-3-1	2
101102	王明峰	男	1987-5-10	0
101103	钟汉生	男	1976-10-10	3
101104	秦飞飞	男	1967-12-11	0
101105	郑琴	女	1994-7-1	0
101106	张楚楚	女	1983-4-23	2
101107	王汉	男	1972-1-12	2
101108	肖之瑜	男	1984-3-12	0

2.1.2　数据库的操作命令

1. 创建数据库

语法：

```
CREATE {DATABASE|SCHEMA} [IF NOT EXISTS] database_name;
```

说明：

- database_name：创建的数据库名。
- [IF NOT EXISTS]：在创建数据库前加上一个判断，只有该数据库目前尚不存在时才执行 CREATE DATABASE 操作。[] 代表可选，在实际创建时也可以不加判断。

例如创建名为 db_warehouse 的数据库，具体的命令为：

```
CREATE DATABASE db_warehouse;
```

2. 查看数据库

语法：

```
SHOW DATABASES;
```

3. 选择数据库

语法：

```
USE database_name;
```

例如选择数据库 db_warehouse 为当前的数据库，具体的命令为：

```
USE db_warehouse;
```

4. 删除数据库

语法：

```
DROP DATABASE database_name;
```

例如把数据库 db_warehouse 删除，具体的命令为：

```
DROP DATABASE db_warehouse;
```

2.1.3　认识 MySQL 系统数据库

在 MySQL 下有 4 个系统数据库：INFORMATION_SCHEMA、MYSQL、PERFORMANCE_SCHEMA 和 SYS。

1. INFORMATION_SCHEMA

INFORMATION_SCHEMA 提供了访问数据库元数据的方式。元数据是关于数据的数据，如数据库名或表名、列的数据类型、访问权限等。有时候用于表述该信息的其他术语包括“数据词典”和“系统目录”。

INFORMATION_SCHEMA 是信息数据库，其中保存着关于 MySQL 服务器所维护的所有其他数据库的信息。在 INFORMATION_SCHEMA 中，有多个只读表。它们实际上是视图，而不是基本表，因此，你将无法看到与之相关的任何文件。每位 MySQL 用户均有权访问这些表，但仅限于表中的特定行，在这类行中含有用户具有恰当访问权限的对象。

2. MYSQL

这个是 MYSQL 的核心数据库，类似于 SQL Server 中的 MASTER 表，主要负责存储数据库的用户、权限设置、关键字等 MySQL 自己需要使用的控制和管理信息。

3. PERFORMANCE_SCHEMA

从 MySQL 5.5 开始新增了一个数据库——PERFORMANCE_SCHEMA，主要用于收集数据库服务器性能参数。库里表的存储引擎均为 PERFORMANCE_SCHEMA，而用户不能创建存储引擎为 PERFORMANCE_SCHEMA 的表。

4. SYS

SYS 数据库里面包含了一系列的存储过程、自定义函数及视图，可帮助我们快速了解系统的元数据信息。SYS 系统数据库结合了 INFORMATION_SCHEMA 和 PERFORMANCE_SCHEMA 的相关数据，让我们更加容易检索元数据。

细心是学习数据库的关键所在

失之毫厘，谬以千里。

——《礼记·经解》

“失之毫厘，谬以千里”，是指不注重小细节就会铸成大错。SQL 语句的结束一定要用英文状态的分号，不是中文状态。数据库中所有的符号都是英文状态的符号，所以请同学们一定要细心！细心！！再细心！！！注意这些符号的区别，写出的 SQL 语句才能执行成功。

任务实施

创建一个名为 db_library 的数据库，即图书管理系统的数据库，创建好后要查看数据库，发现误创建或者不需要的数据库，要将其删除。

创建数据库

1. 创建数据库 db_library

使用 3 种方法来创建数据库：COMMAND 命令窗口、MySQL Workbench 和 Navicat。COMMAND 命令窗口简单方便，是黑白窗口；MySQL Workbench 是全英文的图形界面；Navicat 是中文的图形界面。读者可以根据自己的需要和难易程度选择适合自己的方法来创建。

方法 1：通过 COMMAND 命令窗口创建数据库。

打开 COMMAND 命令窗口，输入如下 SQL 语句：

```
CREATE DATABASE db_library;
```

执行过程如图 2.1.5 所示，显示“Query OK, 1 row affected (0.00 sec)”，表示创建成功。

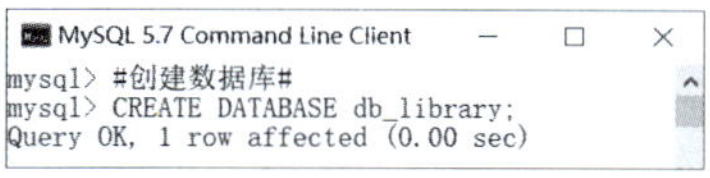

图 2.1.5　用命令创建数据库

方法 2：通过 MySQL Workbench 创建数据库。

打开 MySQL Workbench，在 SCHEMAS 栏内右击，选择 Create Schema 命令，如图 2.1.6 所示，输入数据库名 db_library，然后再单击“Apply”→“Finish”。

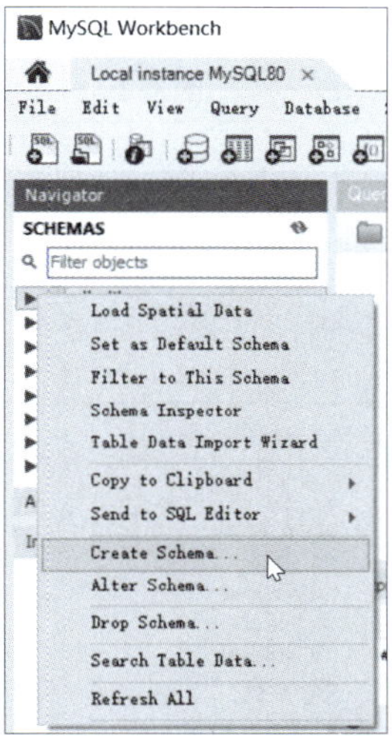

图 2.1.6　用 Workbench 创建数据库

方法 3：通过 Navicat 创建数据库。

打开 Navicat，打开“连接”，在 root 下的任意一个数据库上右击，选择“创建数据库”命令，如图 2.1.7 所示。

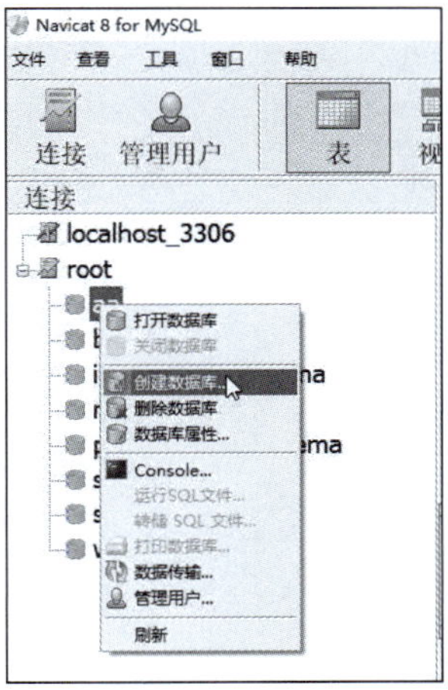

图 2.1.7　用 Navicat 创建数据库

2. 查看数据库

```
SHOW DATABASES;
```

用命令方式查看所有数据库的结果如图 2.1.8 所示。

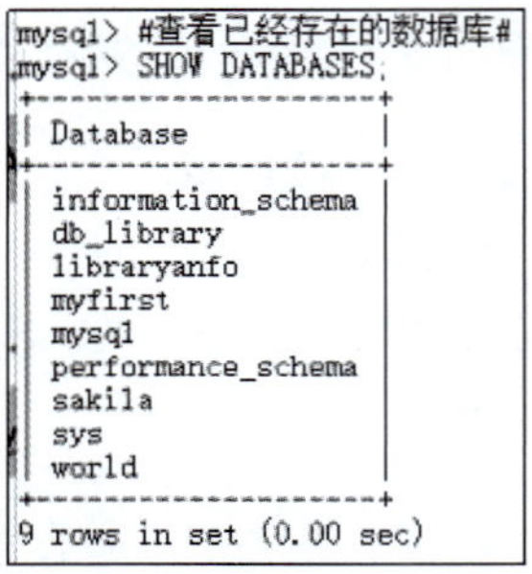

图 2.1.8　查看数据库

用 Workbench 创建好数据库，直接刷新就可以看到，如图 2.1.9 所示。用 Navicat 创建好数据库后在界面上也可以直接看到，如图 2.1.10 所示。

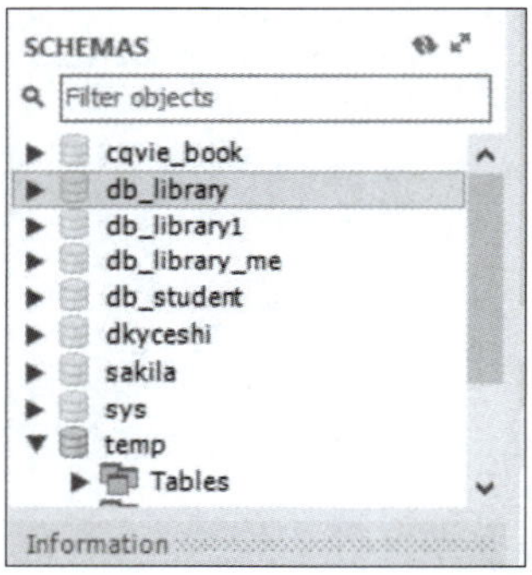

图 2.1.9　查看用 Workbench 创建的数据库

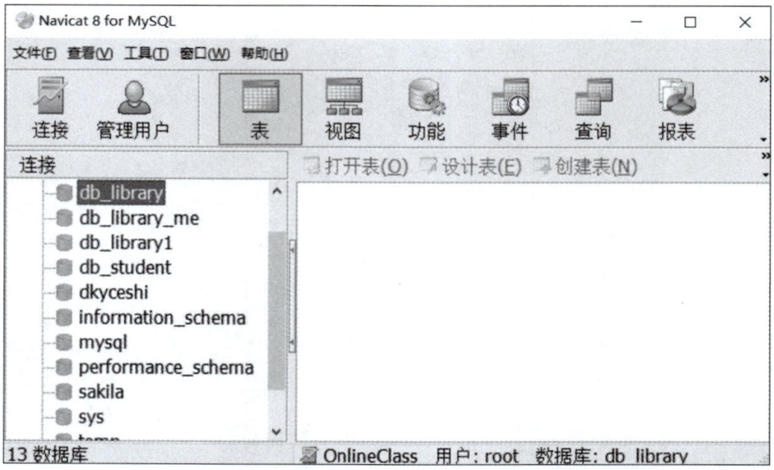

图 2.1.10　查看用 Navicat 创建的数据库

3. 选择数据库

USE db_library;

用命令方式选择 db_library 作为当前数据库的过程如图 2.1.11 所示。

```
mysql> #选择数据库#
mysql> USE db_library
Database changed
mysql>
```

图 2.1.11　选择 db_library 作为当前数据库

4. 删除数据库

DROP DATABASE libraryanfo;

用命令方式删除数据库 libraryanfo 的过程如图 2.1.12 所示。

```
mysql> #删除数据库#
mysql> DROP DATABASE libraryanfo;
Query OK, 0 rows affected (0.00 sec)
```

图 2.1.12　用命令删除数据库 libraryanfo

用 Workbench 创建的数据库可以直接右击并选择 Drop Schema 命令进行删除，如图 2.1.13 所示。

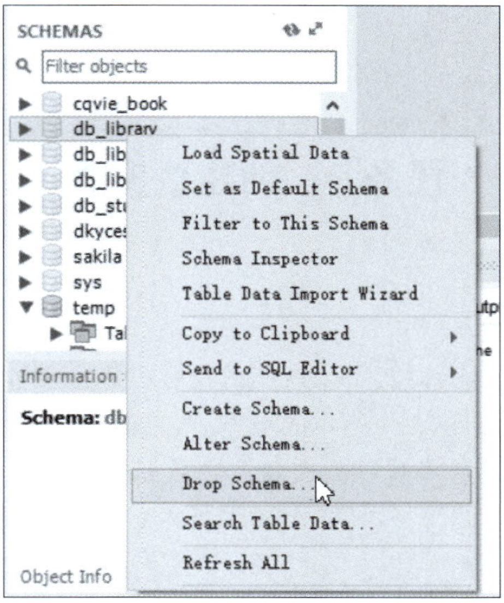

图 2.1.13　用 Workbenhch 删除数据库

用 Navicat 创建的数据库可以直接右击并选择“删除数据库”命令进行删除，如图 2.1.14 所示。

注意：在删除数据库时不能删除系统库：INFORMATION_SCHEMA、MYSQL、PERFORMANCE_SCHEMA 和 SYS。

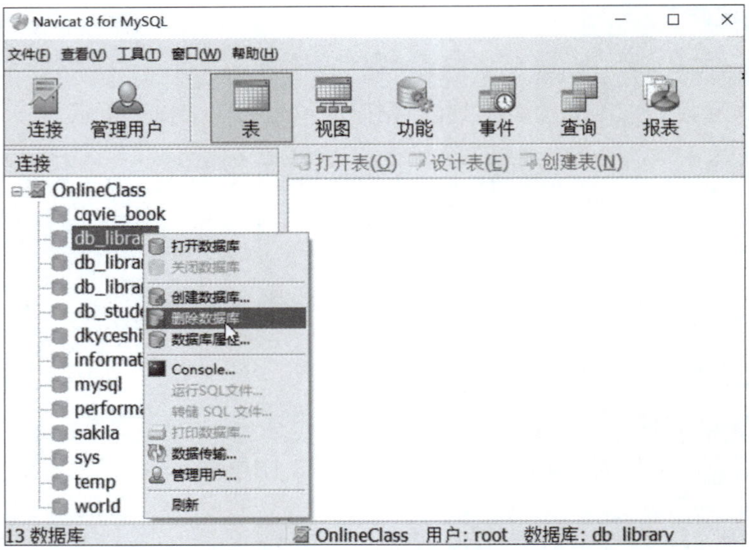

图 2.1.14　用 Navicat 删除数据库

项目实训

用命令方式、Workbench 和 Navicat 三种方式创建数据库 db_studentinfo 和 db_student，并查看创建好的数据库是否存在，然后将数据库 db_studentinfo 删除，用命令方式选择 db_student 作为当前数据库。

任务 2　创建数据表

任务描述

建好数据库 db_library 之后，接下来就应该在数据库下创建数据表，根据 E-R 模型的分析，在 db_library 下应该创建 5 个基本的数据表，即读者、图书、出版社、借阅记录与归还记录。创建数据表时最好将其以英文命名，数据表的英文单词是 table，因此在对数据表命名时，加一个前缀“t_”，5 个表分别命名为 t_reader、t_book、t_press、t_borrow_record 和 t_return_record。

任务要求

本任务要求能进行以下的操作：

（1）创建数据表。在数据库 db_library 下创建以下 5 个基本数据表。

1）t_reader（读者）。

2）t_book（图书）。

3）t_press（出版社）。

4）t_borrow_record（借阅记录）。

5）t_return_record（归还记录）。

（2）修改数据表。

1）修改数据表名。

2）添加字段。

3）删除字段。

4）修改字段名与数据类型。

（3）删除数据表。

相关知识

创建数据表主要包括四要素——字段的命名规则、数据类型、数据表的约束以及创建数据表结构的专业术语（关键字），可以形象地用一个鱼刺图来描绘，如图 2.2.1 所示。

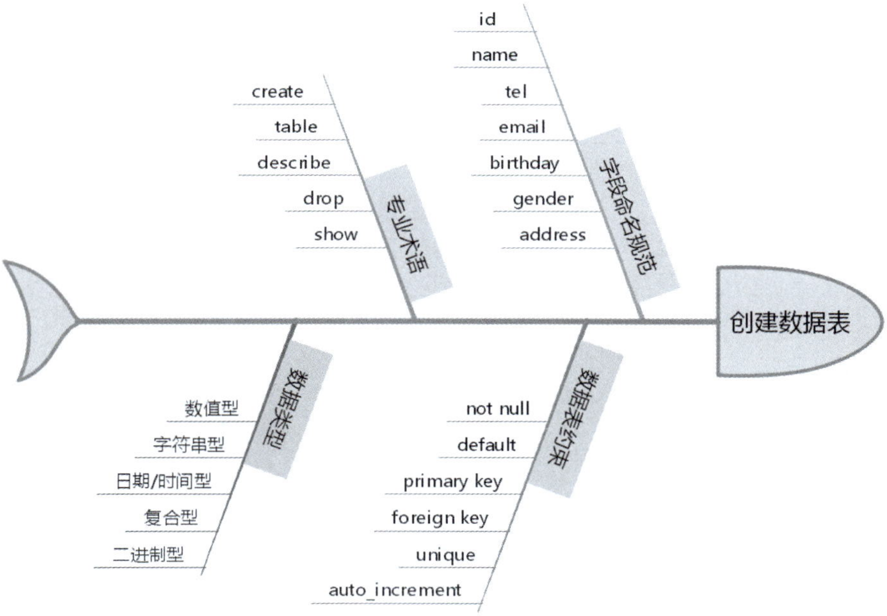

图 2.2.1　创建数据表的四要素

2.2.1　字段命名规范

（1）采用 26 个英文字母（区分大小写）和 0 ～ 9 的自然数（经常不需要）加上下划线“_”组成，命名简洁明确，多个单词用下划线“_”分隔。

（2）一般采用小写命名。

（3）禁止使用数据库的关键字，如 table、time、datetime、primary 等。

（4）字段名称一般采用名词或动宾短语，如 user_id、is_good。

（5）采用字段的名称必须易于理解，一般不超过三个英文单词。

2.2.2 数据类型

数据类型

在 MySQL 数据库管理系统中，可以通过存储引擎来决定表的类型，即决定表的存储方式。同时 MySQL 数据库管理系统也提供了数据类型决定表存储数据的类型。查看帮助文档可以发现，MySQL 数据库管理系统提供了整数类型、浮点数类型、定点数类型、日期和时间类型、字符串类型、二进制类型以及复合型等。

1. 整数类型

TINYINT 的取值范围最小，BIGINT 的取值范围最大，常用的整数类型是 INT，具体见表 2.2.1。比如将图书的复本量、库存量的数据类型设置成 INT 型。

表 2.2.1　整数类型

整数类型	字节	最小值	最大值	备注
TINYINT	1	有符号 –128 无符号 0	有符号 127 无符号 255	微整型
SMALLINT	2	有符号 –32768 无符号 0	有符号 32767 无符号 65535	小整型
MEDIUMINT	3	有符号 –8388608 无符号 0	有符号 8388607 无符号 1677215	中整型
INT 或 INTEGER	4	有符号 –21448648 无符号 0	有符号 2147483647 无符号 4294967295	整型
BIGINT	8	有符号 –92372036854775808 无符号 0	有符号 92372036854775807 无符号 18446744073709551615	大整型

2. 浮点数类型与定点数类型

FLOAT、DOUBLE 数据类型存储数据时存储的是近似值，而 DECIMAL 存储的是字符串，因此提供了更高的精度，在需要表示金额等货币类型时优先选择 DECIMAL 数据类型。浮点数类型见表 2.2.2，定点数类型见表 2.2.3。比如可以将图书的价格定义为 FLOAT、DOUBLE 或 DECIMAL 类型，但根据实际情况，最好定义为 DECIMAL 类型。

表 2.2.2　浮点数类型

浮点数类型	字节	最小值	最大值	备注
FLOAT	4	±1.7549435E-38	±3.402823466E+38	单精度浮点数
DOUBLE	8	±2.2250738585072014E-308	±1.7976931348623157E+308	双精度浮点数

表 2.2.3　定点数类型

定点数类型	定义	说明	备注
DEC(M,D) 和 DECIMAL(M,D)	DECIMAL(length,precision)	length 决定小数的最大位数，precision 用于设置最小数位数	定点数

3. 日期和时间类型

如果要表示年月日，一般会使用 DATE 类型；如果要表示年月日时分秒，一般会使用 DATETIME 类型；如果需要经常插入或者更新日期为当前系统时间，一般会使用 TIMESTAMP 类型；如果要表示时分秒，一般会使用 TIME 类型；如果要表示年份，一般会使用 YEAR 类型，因为该类型比 DATE 类型占用更少的空间。具体内容见表 2.2.4。比如可以将出生日期定义为 DATE 类型，将乘机时间定义为 DATETIME 类型，上课时间定义为 TIME 类型，订单下单时间定义为 TIMESTAMP 类型等。

表 2.2.4　日期和时间类型

日期和时间类型	字节	格式	举例	备注
DATE	4	YYYY-MM-DD	2020-10-01	日期型
DATETIME	8	YYYY-MM-DD HH:MM:SS	2020-01-01 09:00:00	日期时间型
TIMESTAMP	4	YYYY-MM-DD HH:MM:SS	2020-01-01 05:05:05	时间戳型
TIME	3	HH:MM:SS	10:10:10	时间型
YEAR	1	YYYY	2020	年

4. 字符串类型

在具体使用 MySQL 数据库管理系统时，如果需要存储少量字符串，则可以选择 CHAR 和 VARCHAR 类型；如果字符串长度经常发生变化，则选择 VARCHAR 类型。比如可以将图书名称定义为 VARCHAR 类型，将图书编号定义为 CHAR 类型；如果需要存储大量字符串，如存储文章的纯文本，则选择 TEXT 系列字符串类型。CHAR 系列字符串类型见表 2.2.5，TEXT 系列字符串类型见表 2.2.6。

表 2.2.5　CHAR 系列字符串类型

CHAR 系列字符串类型	字节	描述	备注
CHAR(M)	M	M 为 0 ～ 255 之间的整数	定长字符串
VARCHAR(M)	M	M 为 0 ～ 65 535 之间的整数	不定长字符串

表 2.2.6　TEXT 系列字符串类型

TEXT 系列字符串类型	字节	描述	备注
TINYTEXT	0 ～ 255	值的长度为 +1 个字节	微文本
TEXT	0 ～ 65 535	值的长度为 +2 个字节	文本

续表

TEXT 系列字符串类型	字节	描述	备注
MEDIUMTEXT	0 ～ 167 772 150	值的长度为 +3 个字节	中文本
LONGTEXT	0 ～ 4 294 967 295	值的长度为 +4 个字节	长文本

5. 二进制类型

BINARY 类型可以存储二进制数据，如图片、音乐或者视频文件，见表 2.2.7。如果需要存储大量二进制数据，如电影等视频文件，则选择 BLOB 字符串类型，见表 2.2.8。BIT 类型最小值为 1 位，最大值为 64 位，见表 2.2.9。

表 2.2.7　BINARY 系列字符串类型

BINARY 系列字符串类型	字节	描述	备注
BINARY (M)	M	允许长度为 0 ～ M	定长二进制
VARBINARY (M)	M	允许长度为 0 ～ M	不定长二进制

表 2.2.8　BLOB 系列字符串类型

BLOB 系列字符串类型	字节	描述	备注
TINYBLOB	0 ～ 255	值的长度为 +1 个字节	微二进制
BLOB	0 ～ 65 535	值的长度为 +2 个字节	二进制
MEDIUMBLOB	0 ～ 167 772 150	值的长度为 +3 个字节	中二进制
LONGBLOB	0 ～ 4 294 967 295	值的长度为 +4 个字节	长二进制

表 2.2.9　位类型

位类型	字节	最小值	最大值
BIT(M)	1 ～ 8	BIT(1)	BIT(64)

6. 复合型

复合型有两种：一种是 ENUM 类型，该类型的列只可以容纳所列值之一或为 NULL；另一种类型为 SET 类型，该类型的列可以容纳一组值或为 NULL。比如，可以将性别定义为 ENUM(" 男 "," 女 ")，可以将兴趣爱好定义为 SET(" 唱歌 "," 游泳 "," 网球 ")，见表 2.2.10。

表 2.2.10　复合型

类型	大小
ENUM("value1", "value2", …)	0 ～ 65535 字节
SET("value1", "value2", …)	0 ～ 63 字节

学习数据库贵在坚持

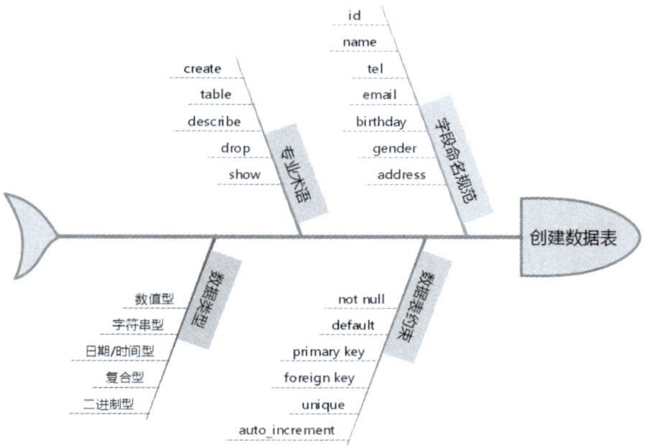

不可三天打鱼，
两天晒网！
——中国俗语

每天敲几行数据库代码，既能培养优秀的数据库专业术语阅读能力，又能培养良好的编程能力，日积月累，就会成为一个优秀的程序员。

2.2.3　选择数据类型的注意事项

（1）尽量在符合应用要求（取值范围、精度）的前提下，使用“短”的数据类型。

（2）一些数字类型的字段，如学号、电话号码，可设置成字符串类型；如果需要设置成自增，则设置成整型，如读者编号。

（3）在 MySQL 中，日期型默认宽度为 8，日期时间型默认宽度为 14，不需要自己去定义宽度。

（4）尽量采用精确小数类型（如 DECIMAL），而不采用浮点数类型。例如在定义图书价格时，选择定义为 DECIMAL 类型，而不定义为 FLOAT 或 DOUBLE 类型。

2.2.4　数据表结构的操作命令

1. 创建表

语法：

```
CREATE TABLE table_name
(
  col_name 1 data_type1,
  col_name 2  data_type 2,

  col_name n  data_type n
) ;
```

说明：

● table_name 是创建的数据表的表名。

- col_name 是创建的字段名。
- data_type 是创建的字段的数据类型。

注意：如果不知道某条命令怎么使用，可以在命令前加“\h”，如要查询 CREATE TABLE 这条命令的使用，如图 2.2.2 所示。

```
mysql> \h CREATE TABLE
Name: 'CREATE TABLE'
Description:
Syntax:
CREATE [TEMPORARY] TABLE [IF NOT EXISTS] tbl_name
    (create_definition,...)
    [table_options]
    [partition_options]

CREATE [TEMPORARY] TABLE [IF NOT EXISTS] tbl_name
    [(create_definition,...)]
    [table_options]
    [partition_options]
    [IGNORE | REPLACE]
    [AS] query_expression
```

图 2.2.2　使用帮助命令

2. 查看表结构

语法：

```
DESCRIBE table_name;
```

说明：table_name 是查看的数据表。

3. 修改表

（1）修改表名。

语法：

```
ALTER TABLE old_table_name RENAME new_table_name;
```

或者

```
RENAME TABLE old_table_name TO new_table_name;
```

说明：

- old_table_name 是原表的表名。
- new_table_name 是修改后的新表表名。

（2）增加字段。

语法：

```
ALTER TABLE table_name
  ADD col_name1 data_type FIRST|AFTER col_name2;
```

说明：

- table_name 是表名。
- col_name1 是增加的字段名称。
- data_type 是字段对应的数据类型。
- FIRST 将增加的字段放在首行。
- AFTER 将增加的字段放在字段名 col_name2 之后。
- 如果既不用 FIRST 也不用 AFTER，默认将新增的字段放在数据表的末尾。

（3）修改字段。

1）修改字段的数据类型。

语法：

```
ALTER TABLE table_name MODIFY col_name data_type;
```

说明：

- table_name 是修改字段对应的数据表名。
- col_name 是修改的字段名。
- data_type 是修改的字段对应的数据类型。

2）修改字段的名字。

语法：

```
ALTER TABLE table_name
  CHANGE old_col_name new_col_name old_data_type;
```

说明：

- old_col_name 是修改的原字段名。
- new_col_name 是修改后的字段名。
- old_data_ type 是保留的原字段名的数据类型。

3）同时修改字段的名字和类型。

语法：

```
ALTER TABLE table_name
  CHANGE old_col_name new_col_name new_data_type;
```

说明：

- old_col_name 是修改的原字段名。
- new_col_name 是修改后的字段名。
- new_data_ type 是保留的新字段名的数据类型。

4）修改字段的顺序。

语法：

```
ALTER TABLE table_name
  MODIFY col_name1 data_type FIRST|AFTER col_name2;
```

说明：

- FIRST 是指将字段名 col_name1 放在首行。
- AFTER 是指将字段 col_name1 放在字段 col_name2 之后。

（4）删除字段。

语法：

```
ALTER TABLE table_name DROP col_name;
```

说明：删除数据表 table_name 中的字段 col_name。

4. 删除表

语法：

```
DROP TABLE table_name;
```

说明：table_name 是删除的数据表名。

5. 复制表结构

语法：

```
CREATE TABLE table_name1 LIKE [db_name.]table_name2;
```

说明：创建一个和表 table_name2 相同的表结构 table_name1，如果是来自不同的数据库要注明数据库名 db_name。

创建数据表

任务实施

1. 创建 5 个基本数据表

（1）t_reader（读者）表。具有 reader_id（读者编号）、reader_name（读者姓名）、reader_sex（读者性别）、reader_birthday（读者出生日期）、reader_borrowtotal（借书总量）列。具体设置的数据类型见表 2.2.11。

表 2.2.11　数据表 t_reader 的数据类型

字段名称	数据类型	字段名称	数据类型
reader_id	CHAR(6)	reader_birthday	DATE
reader_name	VARCHAR(50)	reader_borrowtotal	FLOAT
reader_sex	CHAR(2)		

创建数据表 t_reader 的 SQL 语句如下：

```
CREATE TABLE t_reader
(
  reader_id CHAR(6) ,
  reader_name VARCHAR(50),
  reader_sex CHAR(2),
  reader_birthday DATE,
  reader_borrowtotal FLOAT
);
```

创建表 t_reader 的过程如图 2.2.3 所示。

```
mysql> #创建数据表t_reader#
mysql> USE db_library;
Database changed
mysql> CREATE TABLE t_reader (
    -> reader_id CHAR(6),
    -> reader_name VARCHAR(50),
    -> reader_sex CHAR(2),
    -> reader_birthday DATE,
    -> reader_borrowtotal FLOAT);
Query OK, 0 rows affected (0.22 sec)
```

图 2.2.3　创建数据表 t_reader

创建表后查看数据表的结构用如下的 SQL 语句：

```
DESCRIBE t_reader;
```

查看的结果如图 2.2.4 所示。

```
mysql> DESCRIBE t_reader;
+---------------------+-------------+------+-----+---------+-------+
| Field               | Type        | Null | Key | Default | Extra |
+---------------------+-------------+------+-----+---------+-------+
| reader_id           | char(6)     | YES  |     | NULL    |       |
| reader_name         | varchar(50) | YES  |     | NULL    |       |
| reader_sex          | char(2)     | YES  |     | NULL    |       |
| reader_birthday     | date        | YES  |     | NULL    |       |
| reader_borrowtotal  | float       | YES  |     | NULL    |       |
+---------------------+-------------+------+-----+---------+-------+
5 rows in set (0.00 sec)
```

图 2.2.4　查看数据表 t_reader

（2）t_book（图书）表。具有 ISBN（书籍编号）、book_name（书籍名称）、book_ author（作者）、book_price（价格）、press_id（出版社编号）列。具体设置的数据类型见表 2.2.12。

表 2.2.12　数据表 t_book 的数据类型

字段名称	数据类型	字段名称	数据类型
ISBN	CHAR(17)	book_price	DEC(6.1)
book_name	VARCHAR(50)	press_id	CHAR(3)
book_author	VARCHAR(20)		

创建数据表 t_book 的 SQL 语句如下：

```
CREATE TABLE t_book
(
  ISBN CHAR(17) ,
  book_name VARCHAR(50),
  book_author VARCHAR(50),
  book_price DEC(6,1),
  press_id CHAR(3)
);
```

（3）t_press（出版社）表。具有 press_id（出版社编号）、press_name（出版社名称）、website（网址）、postcode（邮编）、press_telephone（出版社电话）、press_email（邮箱）、地址（press_address）列。具体设置的数据类型见表 2.2.13。

表 2.2.13　数据表 t_press 的数据类型

字段名称	数据类型	字段名称	数据类型
press_id	CHAR(3)	press_telephone	VARCHAR(20)
press_name	VARCHAR(50)	press_email	VARCHAR(50)
website	VARCHAR(50)	press_address	VARCHAR(100)
postcode	CHAR(6)		

创建数据表 t_press 的 SQL 语句如下：

```
CREATE TABLE t_press
```

```
(
  press_id CHAR(3) ,
  press_name VARCHAR(50),
  website VARCHAR(50),
  postcode CHAR(6),
  press_telphone VARCHAR(20),
  press_email VARCHAR(50),
  press_address VARCHAR(100)
);
```

（4）t_borrow_record（借阅记录）表。具有 borrow_id（借阅编号）、reader_id（读者编号）、ISBN（图书编号）、borrow_date（借阅日期）列。具体设置的数据类型见表 2.2.14。

表 2.2.14　数据表 t_borrow_record 的数据类型

字段名称	数据类型	字段名称	数据类型
borrow_id	CHAR(6)	ISBN	CHAR(17)
reader_id	CHAR(6)	borrow_date	DATE

创建数据表 t_borrow_record 的 SQL 语句如下：

```
CREATE TABLE t_borrow_record
(
  borrow_id CHAR(6),
  reader_id CHAR(6),
  ISBN CHAR(17),
  borrow_date DATE
);
```

（5）t_return_record（归还记录）表。具有 return_id（归还编号）、borrow_id（借阅编号）、return_date（归还日期）、ISBN（图书编号）、borrow_date（借阅日期）列。具体设置的数据类型见表 2.2.15。

表 2.2.15　数据表 t_return_record 的数据类型

字段名称	数据类型	字段名称	数据类型
return_id	CHAR(9)	ISBN	CHAR(17)
borrow_id	CHAR(6)	borrow_date	DATE
return_date	DATE		

创建数据表 t_return_record 的 SQL 语句如下：

```
CREATE TABLE t_return_record
(
  return_id CHAR(9) ,
  borrow_id CHAR(6),
  return_date DATE,
  ISBN CHAR(17),
```

```
    borrow_date DATE
);
```

修改数据表

2. 修改数据表

（1）修改数据表名。将表 t_book1 重命名为 t_book 的 SQL 语句如下：

```
ALTER TABLE t_book1 RENAME t_book;
```

（2）添加字段。创建完表之后，发现 t_book 表下要添加两个重要的字段——book_copy（复本量）、book_ inventory（库存量），数据类型均为 INT。修改的 SQL 语句如下：

```
ALTER TABLE t_book ADD book_copy INT(3);
ALTER TABLE t_book ADD book_ inventory INT(3);
```

如果当前的数据库 db_library 没有被选择，要用 USE db_library; 命令选择数据库 db_library 为当前的数据库，增加字段的过程如图 2.2.5 所示，增加之后查看结果如图 2.2.6 所示。

```
mysql> #在数据表中增加字段#
mysql> USE db_library;
Database changed
mysql> ALTER TABLE t_book ADD book_copy INT(3);
Query OK, 0 rows affected (0.50 sec)
Records: 0  Duplicates: 0  Warnings: 0

mysql> ALTER TABLE t_book ADD book_inventory INT(3);
Query OK, 0 rows affected (0.37 sec)
Records: 0  Duplicates: 0  Warnings: 0
```

图 2.2.5　在数据表 t_book 中增加字段

```
mysql> DESCRIBE t_book;
+----------------+--------------+------+-----+---------+-------+
| Field          | Type         | Null | Key | Default | Extra |
+----------------+--------------+------+-----+---------+-------+
| ISBN           | char(17)     | YES  |     | NULL    |       |
| book_name      | varchar(50)  | YES  |     | NULL    |       |
| book_author    | varchar(50)  | YES  |     | NULL    |       |
| book_price     | decimal(3,1) | YES  |     | NULL    |       |
| press_id       | char(3)      | YES  |     | NULL    |       |
| book_copy      | int(3)       | YES  |     | NULL    |       |
| book_inventory | int(3)       | YES  |     | NULL    |       |
+----------------+--------------+------+-----+---------+-------+
7 rows in set (0.00 sec)
```

图 2.2.6　查看增加字段后的结果

（3）删除字段。在 t_return_record 表下的两个字段 ISBN（图书编号）、borrow_date（借阅日期）是多余的，要将其删除。

删除字段的 SQL 语句如下：

```
ALTER TABLE t_return_record DROP ISBN;
ALTER TABLE t_return_record DROP borrow_date;
```

删除字段的过程如图 2.2.7 所示。

（4）修改字段名与数据类型。将表 t_reader 中的字段 reader_borrowtotal 的数据类型改为 INT；将表 t_press 中的字段 website 改名为 press_website，字段 postcode 改名为 press_postcode。

```
mysql> #在数据表中删除字段#
mysql> USE db_library
Database changed
mysql> ALTER TABLE t_return_record DROP ISBN;
Query OK, 0 rows affected (0.39 sec)
Records: 0  Duplicates: 0  Warnings: 0

mysql> ALTER TABLE t_return_record DROP borrow_date;
Query OK, 0 rows affected (0.40 sec)
Records: 0  Duplicates: 0  Warnings: 0
```

图 2.2.7　在数据表中删除字段

修改字段的 SQL 语句如下：

```
ALTER TABLE t_reader MODIFY reader_borrowtotal INT(3);
ALTER TABLE t_press CHANGE website press_website VARCHAR(50);
ALTER TABLE t_press CHANGE postcode press_postcode CHAR(6);
```

修改字段名的过程如图 2.2.8 所示，修改字段的数据类型如图 2.2.9 所示。

```
mysql> #在数据表中修改字段#
mysql> USE db_library
Database changed
mysql> ALTER TABLE t_press CHANGE website press_website VARCHAR(50);
Query OK, 0 rows affected (0.09 sec)
Records: 0  Duplicates: 0  Warnings: 0

mysql> ALTER TABLE t_press CHANGE postcode press_postcode CHAR(6);
Query OK, 0 rows affected (0.09 sec)
Records: 0  Duplicates: 0  Warnings: 0
```

图 2.2.8　修改数据表中的字段名

```
mysql> ALTER TABLE t_reader MODIFY reader_borrowtotal INT(3);
Query OK, 0 rows affected (0.61 sec)
Records: 0  Duplicates: 0  Warnings: 0
```

图 2.2.9　修改字段的数据类型

（5）修改字段的先后顺序。将表 t_press 中字段 press_code 调整到字段 press_address 之后。修改字段先后顺序的 SQL 语句如下：

```
ALTER TABLE t_press MODIFY press_postcode CHAR(6) AFTER press_address; DESCRIBE t_press;
```

修改字段先后顺序的过程如图 2.2.10 所示，修改之后查看结果如图 2.2.11 所示。

```
mysql> #修改字段的先后顺序#
mysql> USE db_library;
Database changed
mysql> ALTER TABLE t_press MODIFY press_postcode CHAR(6) AFTER press_address;
Query OK, 0 rows affected (0.92 sec)
Records: 0  Duplicates: 0  Warnings: 0
```

图 2.2.10　修改字段的先后顺序

```
mysql> DESCRIBE t_press;
+-----------------+--------------+------+-----+---------+-------+
| Field           | Type         | Null | Key | Default | Extra |
+-----------------+--------------+------+-----+---------+-------+
| press_id        | char(3)      | YES  |     | NULL    |       |
| press_name      | varchar(50)  | YES  |     | NULL    |       |
| press_website   | varchar(50)  | YES  |     | NULL    |       |
| press_telphone  | varchar(20)  | YES  |     | NULL    |       |
| press_email     | varchar(50)  | YES  |     | NULL    |       |
| press_address   | varchar(100) | YES  |     | NULL    |       |
| press_postcode  | char(6)      | YES  |     | NULL    |       |
+-----------------+--------------+------+-----+---------+-------+
7 rows in set (0.00 sec)
```

图 2.2.11　查看修改后的结果

3. 删除表

查看数据库 db_library 时，发现有一个多余的表 t_test，将其删除。删除数据库中表的 SQL 语句如下：

```
SHOW TABLES;
DROP TABLE t_test;
```

查看当前数据库中的表如图 2.2.12 所示，删除的过程如图 2.2.13 所示。

```
mysql> #删除数据库的表#
mysql> USE db_library;
Database changed
mysql> SHOW TABLES;
+----------------------+
| Tables_in_db_library |
+----------------------+
| myfirst              |
| t_book               |
| t_borrow_record      |
| t_press              |
| t_reader             |
| t_return_record      |
| t_test               |
+----------------------+
7 rows in set (0.00 sec)
```

图 2.2.12　查看当前数据库中的表

```
mysql> DROP TABLE t_test;
Query OK, 0 rows affected (0.83 sec)

mysql> SHOW TABLES;
+----------------------+
| Tables_in_db_library |
+----------------------+
| myfirst              |
| t_book               |
| t_borrow_record      |
| t_press              |
| t_reader             |
| t_return_record      |
+----------------------+
6 rows in set (0.00 sec)
```

图 2.2.13　查看删除数据表后的结果

学习创建与修改数据表要有勇于攀登的精神

世上无难事，
只要肯攀登。
——毛泽东《水调歌头·重上井岗山》

本任务涉及的专业术语众多，同学们要有层次地学习，比如第一级修改数据表名 RENAME，第二级添加字段 ADD、FIRST、AFTER，第三级删除字段 DROP，第四级修改字段 MODIFY、CHANGE，只要逐级累加词汇，就一定能记住所有的内容。同学们一定要有勇于攀登的精神哦！

项目实训

1. 创建数据表

（1）创建表 t_student（学生）。表 t_student（学生）具有 stu_id（学生编号）、stu_name（姓名）、stu_sex（学生性别）、stu_birthday（学生出生日期）、stu_telephone（联系电话）

major_id（所在班级）。具体设置的数据类型见表 2.2.16。

表 2.2.16　数据表 t_student 的数据类型

字段名称	数据类型	字段名称	数据类型
stu_id	CHAR(10)	stu_birthday	DATE
stu_name	VARCHAR(50)	stu_telephone	VARCHAR(20)
stu_sex	CHAR(2)	major_id	CHAR(5)

（2）创建表 t_course（课程）。表 t_course（课程）具有 course_id（课程编号）、course_name（课程名称）、course_type（课程类型）、course_credit（学分）、teacher_id（任课教师）。具体设置的数据类型见表 2.2.17。

表 2.2.17　数据表 t_course 的数据类型

字段名称	数据类型	字段名称	数据类型
course_id	CHAR(8)	course_credit	INT
course_name	VARCHAR(50)	teacher_id	CHAR(10)
course_type	VARCHAR(10)		

（3）创建表 t_score（成绩）。表 t_score（成绩）具有 score_id（成绩编号）、stu_id（学生编号）、course_id（课程编号）、grade（等级）。具体设置的数据类型见表 2.2.18。

表 2.2.18　数据表 t_score 的数据类型

字段名称	数据类型	字段名称	数据类型
score_id	CHAR(4)	course_id	CHAR(8)
stu_id	CHAR(10)	grade	FLOAT(2,1)

（4）创建表 t_teacher（任课教师）。表 t_teacher（任课教师）具有 teacher_id（教师编号）、teacher_name（教师姓名）、teacher_title（职称）、teacher_sex（性别）。具体设置的数据类型见表 2.2.19。

表 2.2.19　数据表 t_teacher 的数据类型

字段名称	数据类型	字段名称	数据类型
teacher_id	CHAR(10)	teacher_title	VARCHAR(20)
teacher_name	VARCHAR(50)	teacher_sex	CHAR(2)

（5）创建表 t_major（专业）。表 t_major（专业）具有 major_id（班级编号）、major_name（班级名称）。具体设置的数据类型见表 2.2.20。

表 2.2.20　数据表 t_major 的数据类型

字段名称	数据类型	字段名称	数据类型
major_id	CHAR(5)	major_name	VARCHAR(50)

2. 修改数据表

（1）将表 t_teacher 更名为 teacher，然后再将其改回 t_teacher。

（2）在表 t_teacher 中增加一个字段 teacher_birthday，数据类型为 DATE。

（3）将表 t_teacher 中的字段名 teacher_birthday 更名为 birthday。

（4）将表 t_teacher 中的 teacher_id 的数据类型更改为 INT。

（5）复制表 t_teacher 的表结构为 t_teacher1。

（6）删除表 t_teacher 中的字段 birthday。

3. 删除数据表

删除表 t_teacher1。

任务 3　数据表的约束

任务描述

对于已经创建好的数据表，虽然字段的数据类型决定了所能存储的数据类型，但是表中所存储的数据是否合法并没有进行检查。因此可以对已经创建好的表定义完整性约束，或者在创建新表时就进行完整性约束的定义。对数据表创建约束主要有六类：非空、自增、唯一键、默认值、主键与外键。

任务要求

对数据库 db_library 下的数据表作如下的约束定义：

（1）非空与默认值的设置。

（2）唯一键与自增的设置。

（3）主键与外键的设置。

相关知识

所谓完整性是指数据的准确性和一致性，防止数据库中存在不符合语义规定的数据和因错误数据的输入 / 输出而造成数据库中存在错误数据。MySQL 数据库管理系统提供了一种机制来检查数据库表中的数据是否满足规定的条件，以保证数据库表中数据的一致性和准确性，这种机制就是约束。

数据完整性主要分为三类：

（1）实体完整性：指关系中的主属性值不能为 NULL 且不能有相同值。例如规定读者的编号不能为空。

（2）参照完整性：两个表的主键和外键的数据应对应一致。参照完整性必须满足以下的基本规则：禁止在从表（也称子表）中插入包含主表中不存在的关键字的数据行；禁止删除在从表中有对应记录的主表记录；禁止会导致从表中相应值孤立的主表中的外键值改变。例如规定图书中的出版社编号必须参照出版社中的出版社编号。

（3）用户定义完整性：针对某个特定关系数据库的约束条件。例如规定读者编号前 5 位只能是“10110”，性别只能是男或者女，借书总量不能超过 6。

表 2.3.1 为 MySQL 软件所支持的完整性约束。

表 2.3.1　完整性约束的类型

完整性约束关键字	含义
NOT NULL	约束字段的值不能为空
DEFAULT	设置字段的默认值
UNIQUE KEY(UK)	约束字段的值是唯一
PRIMARY KEY(PK)	约束字段为表的主键，可以作为该表记录的唯一标识
AUTO_INCREMENT	约束字段的值为自动增加
FOREIGN KEY	约束字段为表的外键

2.3.1　设置非空约束

当数据库表中的某个字段上的内容不希望设置为 NULL 时，则可以使用非空约束进行设置。非空约束即在创建数据库表时为某个字段加上“NOT NULL”约束条件，保证所有记录中该字段都有值。如果用户插入的记录中该字段为空值，则数据库管理系统会报错。

设置表中某字段非空约束的语法形式如下所示。

1. 创建新表时设置字段非空

```
CREATE TABLE table_name
(
 col_name data_type NOT NULL,
 ……
);
```

2. 为已存在的表设置字段非空

```
ALTER TABLE table_name MODIFY col_name data_type NOT NULL;
```

说明：

- table_name 是数据表名。
- col_name 是设置的字段名。
- data_type 是字段的数据类型。
- NOT NULL 设置字段为非空。

2.3.2　设置字段的默认值

当为数据库表中插入一条新记录时，如果没有为某个字段赋值，那么数据库系统会自动为这个字段插入默认值。为了达到这种效果，可以通过 SQL 语句关键字 DEFAULT 来设置。

设置字段默认值的语法形式如下所示。

1. 创建新表时设置字段默认值

```
CREATE TABLE table_name (
col_name data_type DEFAULT default_value,
……
);
```

2. 为已存在的表设置字段默认值

```
ALTER TABLE table_name MODIFY col_name data_type DEFAULT default_value;
```

说明：

- table_name 是数据表名。
- col_name 是字段名。
- data_type 是数据类型。
- default_value 是为字段设置的默认值，比如，为性别设置默认值为“男”。

2.3.3　设置唯一约束

当数据库表中某个字段的内容不允许重复时，则可以使用唯一约束进行设置，即建立数据库表时，为某些字段加上“UNIQUE”约束条件，保证所有记录中该字段上的值不重复，如果用户插入的记录中，该字段上的值与其他记录里该字段上的值重复，则数据库管理系统会报错。

设置唯一约束的语法形式如下所示。

1. 创建新表时设置字段唯一约束

```
CREATE TABLE table_name (
col_name data_type UNIQUE,
……
);
```

2. 为已存在的表设置字段唯一约束

```
ALTER TABLE table_name MODIFY col_name data_type UNIQUE;
```

3. 删除字段唯一约束

```
ALTER TABLE table_name DROP INDEX index_name;
```

说明：

- table_name 是数据表名。
- col_name 是字段名。

- data_type 是数据类型，UNIQUE 设置字段值唯一。

在建立一个唯一约束之后会自动生成一个索引，索引的名称一般是创建索引时的字段名，可以使用命令 SHOW INDEXES FORM table_name; 查看索引的名称。如果要删除唯一约束，则要删除对应的索引。索引将在单元 4 任务 1 中讲解。

2.3.4 设置主键约束

当想用数据库表中的某个字段来唯一标识所有记录时，则可以使用主键约束进行设置。即在创建数据库表时为某些字段加上“PRIMARY KEY”约束条件，则该字段可以唯一地标识所有记录。

在数据库表中设置主键，是为了便于数据库管理系统快速地查找到表中的记录。在具体设置主键约束时，必须要满足主键字段的值是唯一且非空的。由于主键可以是单一字段，也可以是多个字段，因此分为单字段主键和多字段主键。

设置主键的语法形式如下所示。

1. 单字段主键

（1）创建新表设置主键。

```
CREATE TABLE table_name (
col_name data_type PRIMARY KEY,
……
);
```

（2）为已创建的表设置主键。

```
ALTER TABLE table_name ADD PRIMARY KEY(col_name);
```

（3）删除主键。

```
ALTER TABLE table_name DROP PRIMARY KEY;
```

2. 多字段主键

（1）创建新表设置主键。

```
CREATE TABLE table_name (
col_name data_type ,
……
PRIMARY KEY (col_name1, col_name2……),
……
);
```

（2）为已创建的表设置主键。

```
ALTER TABLE table_name ADD PRIMARY KEY(col_name1, col_name2……);
```

说明：

- table_name 是数据表名。
- col_name 是字段名。
- data_type 是数据类型。
- PRIMARY KEY 设置主键。

2.3.5　设置字段值自动增加

AUTO_INCREMENT 是 MySQL 唯一扩展的完整性约束。当在数据库表中插入新记录时，字段的值会自动生成唯一的 ID。在具体设置 AUTO_INCREMENT 约束时，一个数据库表中只能有一个字段使用该约束，该字段的数据类型必须是整数类型，且设置的字段必须先定义为一个键（主键或者唯一键）。由于设置 AUTO_INCREMENT 约束后的字段会生成唯一的 ID，所以该字段也经常会被设置成 PK 主键。

设置自动增加约束的语法形式如下所示。

1．创建新表设置字段值自动增加

```
CREATE TABLE table_name
(
  col_name data_type AUTO_INCREMENT,
  ……
);
```

2．为已创建的表设置字段值自动增加

```
ALTER TABLE table_name MODIFY col_name data_type AUTO_INCREMENT ;
```

3．删除字段值的自动增加

```
ALTER TABLE table_name MODIFY col_name data_type;
```

说明：

- table_name 是数据表名。
- col_name 是字段名。
- data_type 是数据类型。
- AUTO_ INCREMENT 设置字段值自动增加。

2.3.6　设置外键约束

前面介绍的完整性约束都是在单表中进行设置，而外键约束则要保证多个表（通常为两个表）之间的参照完整性，即构建于两个表的两个字段之间的参照关系。设置外键约束的两个表之间具有父子关系，即子表中某个字段的取值范围由父表所决定，即外键约束的字段必须依赖于数据库中已经存在的父表的主键，同时外键可以为 NULL。

设置外键约束的语法形式如下所示。

1．创建新表时设置外键约束

```
CREATE TABLE table_name (
col_name data_type,
……
CONSTRAINT constraint_name FOREIGN KEY (col_name1) REFERENCES table_name(col_name2),
);
```

2．为已创建的表设置外键约束

```
ALTER TABLE table_name1 ADD CONSTRAINT constraint_name FOREIGN KEY(col_name1)
```

```
REFERENCES table_name2(col_name2);
```

3. 删除外键约束

```
ALTER TABLE table_name1 DROP FOREIGN KEY constraint_name;
ALTER TABLE table_name1 DROP INDEX constraint_name;
```

说明：

- table_name 是数据表名。
- col_name 是字段名。
- col_name1 是设置为外键的字段名。
- col_name2 是外键参照的主键的字段名。
- constraint_name 是创建的外键约束的名称。

注意：在建立外键约束时会自动生成索引，因此在删除外键约束时，必须同时删除外键约束和索引。如果创建外键时，没有定义约束的名称，索引一般是外键设置时的字段名；如果定义了约束的名称，索引一般是约束的名称。可以使用命令 SHOW INDEXES FROM table_name; 查看索引的名称。

外键与主键的约束规则有如下 4 条基本规则：

- RESTRICT：当要删除或更新父表数据行时，如果主键上有在外键中出现的值，拒绝对父表进行删除或更新操作。
- CASCADE：从父表删除或更新行时自动删除或更新子表中匹配的行。
- SET NULL：当从父表删除或更新行时，设置子表中与之对应的外键列为 NULL。如果外键列没有指定 NOT NULL 限定词，这就是合法的。
- NO ACTION：不采取动作，如果有一个相关的外键值在被参考的表里，删除或更新父表中主要键值的企图不被允许，和 RESTRICT 一样。

这 4 条规则主要放在单元 3 任务 3 中讲解。

懂得生活中自我约束的道理，自然就明白为什么要设置数据表的约束

世界上的一切都必须按照一定的规则秩序各就各位。

——波兰作家 莱蒙特

数据表的创建必须在一定的约束下进行操作，如规定不能为空、不能插入重复值、外键参照主键，违背规则就会出错。这就像我们每个学生一样，必须遵守一定的规范，在集体生活中要进行自我约束，有所为有所不为。

任务实施

1. 非空与默认值的设置

数据表约束 - 非空与默认值的设置

（1）创建新表 t_reader1，设置 reader_id 为非空，设置性别的默认值为“男”。其 SQL 语句如下：

```
CREATE TABLE t_reader1
(
  reader_id INT  NOT NULL,
  reader_name VARCHAR(50),
  reader_sex CHAR(2) DEFAULT " 男 ",
  reader_birthday DATE,
  reader_borrowtotal INT
);
```

创建的过程如图 2.3.1 所示。

```
mysql> CREATE TABLE t_reader1
    -> (
    ->   reader_id INT  NOT NULL,
    ->   reader_name VARCHAR(50),
    ->   reader_sex CHAR(2) DEFAULT "男",
    ->   reader_birthday DATE,
    ->   reader_borrowtotal INT
    -> );
Query OK, 0 rows affected (0.04 sec)
```

图 2.3.1 创建新表 t_reader1

创建好后，查看创建的数据结构，如图 2.3.2 所示，可以看到 reader_sex 已经有默认值“男”，reader_id 设置不为空。

```
mysql> DESCRIBE t_reader1;
+--------------------+-------------+------+-----+---------+-------+
| Field              | Type        | Null | Key | Default | Extra |
+--------------------+-------------+------+-----+---------+-------+
| reader_id          | int(11)     | NO   |     | NULL    |       |
| reader_name        | varchar(50) | YES  |     | NULL    |       |
| reader_sex         | char(2)     | YES  |     | 男      |       |
| reader_birthday    | date        | YES  |     | NULL    |       |
| reader_borrowtotal | int(11)     | YES  |     | NULL    |       |
+--------------------+-------------+------+-----+---------+-------+
5 rows in set (0.02 sec)
```

图 2.3.2 查看创建默认值与非空的结果

设置好非空与默认值后，当向表中插入数据值时，reader_id 不能为空值，且 reader_sex 没有插入任何值时，有一个默认值“男”。

（2）为已存在的表 t_book 设置 ISBN 为非空。其 SQL 语句如下：

```
ALTER TABLE t_book MODIFY ISBN CHAR(17) NOT NULL;
```

可以看到设置 ISBN 非空成功，如图 2.3.3 所示。

```
mysql> ALTER TABLE t_book MODIFY ISBN CHAR(17) NOT NULL;
Query OK, 0 rows affected (0.01 sec)
Records: 0  Duplicates: 0  Warnings: 0

mysql> DESCRIBE t_book;
+----------------+--------------+------+-----+---------+-------+
| Field          | Type         | Null | Key | Default | Extra |
+----------------+--------------+------+-----+---------+-------+
| ISBN           | char(17)     | NO   |     | NULL    |       |
| book_name      | varchar(50)  | YES  |     | NULL    |       |
| book_author    | varchar(50)  | YES  |     | NULL    |       |
| book_price     | decimal(3,1) | YES  |     | NULL    |       |
| press_id       | char(3)      | YES  |     | NULL    |       |
| book_copy      | int(3)       | YES  |     | NULL    |       |
| book_inventory | int(3)       | YES  |     | NULL    |       |
+----------------+--------------+------+-----+---------+-------+
7 rows in set (0.00 sec)
```

图 2.3.3　为已存在的表 t_book 设置 ISBN 为非空

（3）设置表 t_reader 中的 reader_borrowtotal（借书总量）的默认值为 0。其 SQL 语句如下：

```
ALTER TABLE t_reader  MODIFY reader_borrowtotal INT DEFAULT 0;
```

可以看到设置成功，如图 2.3.4 所示。

```
mysql> ALTER TABLE t_reader  MODIFY reader_borrowtotal INT DEFAULT 0;
Query OK, 0 rows affected (0.01 sec)
Records: 0  Duplicates: 0  Warnings: 0

mysql> DESCRIBE t_reader;
+--------------------+-------------+------+-----+---------+-------+
| Field              | Type        | Null | Key | Default | Extra |
+--------------------+-------------+------+-----+---------+-------+
| reader_id          | char(6)     | NO   |     | NULL    |       |
| reader_name        | varchar(50) | YES  |     | NULL    |       |
| reader_sex         | char(2)     | YES  |     | NULL    |       |
| reader_birthday    | date        | YES  |     | NULL    |       |
| reader_borrowtotal | int(11)     | YES  |     | 0       |       |
+--------------------+-------------+------+-----+---------+-------+
5 rows in set (0.01 sec)
```

图 2.3.4　设置表 t_reader 中的 reader_borrowtotal（借书总量）的默认值为 0

2. 唯一键与自增的设置

数据表约束 - 唯一键与自增

（1）创建新的数据表 t_reader2，表结构与 t_reader 一致，设置 return_id 为整型，且为 AUTO_INCREMENT 和 UNIUQE。其 SQL 语句如下：

```
CREATE TABLE t_reader2
(
  reader_id INT  UNIQUE AUTO_INCREMENT,
  reader_name VARCHAR(50),
  reader_sex CHAR(2),
  reader_birthday DATE,
  reader_borrowtotal INT
);
```

如图 2.3.5 所示，可以看到唯一键与自增设置成功，当把 reader_id 同时设置为唯一键与自增时，reader_id 变为 PRI，即主键。

```
mysql> CREATE TABLE t_reader2
    -> (
    -> reader_id INT  UNIQUE AUTO_INCREMENT,
    -> reader_name VARCHAR(50),
    -> reader_sex CHAR(2),
    -> reader_birthday DATE,
    -> reader_borrowtotal INT
    -> );
Query OK, 0 rows affected (0.02 sec)

mysql> DESCRIBE t_reader2;
+--------------------+-------------+------+-----+---------+----------------+
| Field              | Type        | Null | Key | Default | Extra          |
+--------------------+-------------+------+-----+---------+----------------+
| reader_id          | int(11)     | NO   | PRI | NULL    | auto_increment |
| reader_name        | varchar(50) | YES  |     | NULL    |                |
| reader_sex         | char(2)     | YES  |     | NULL    |                |
| reader_birthday    | date        | YES  |     | NULL    |                |
| reader_borrowtotal | int(11)     | YES  |     | NULL    |                |
+--------------------+-------------+------+-----+---------+----------------+
5 rows in set (0.01 sec)
```

图 2.3.5　创建新表时设置唯一键与自增

数据表设置为唯一键与自增时，reader_id 插入数据值时不能有重复的值，且每次插入一条新记录时，reader_id 会自动加 1。如果设置自增时没有设置初始值，默认从 1 开始自增，如果设置了初始值，则从初始值开始自增。

（2）为已存在的表 t_press，设置 press_id 为唯一键与自增。其 SQL 语句如下：

```
ALTER TABLE t_press MODIFY press_id INT UNIQUE AUTO_INCREMENT;
```

如图 2.3.6 所示，可以看到设置唯一键与自增成功，press_id 同样变成了主键 PRI。

```
mysql> ALTER TABLE t_press MODIFY press_id INT UNIQUE AUTO_INCREMENT;
Query OK, 6 rows affected (0.07 sec)
Records: 6  Duplicates: 0  Warnings: 0

mysql> DESCRIBE t_press;
+-----------------+--------------+------+-----+---------+----------------+
| Field           | Type         | Null | Key | Default | Extra          |
+-----------------+--------------+------+-----+---------+----------------+
| press_id        | int(11)      | NO   | PRI | NULL    | auto_increment |
| press_name      | varchar(50)  | YES  |     | NULL    |                |
| press_website   | varchar(50)  | YES  |     | NULL    |                |
| press_telephone | varchar(20)  | YES  |     | NULL    |                |
| press_email     | varchar(50)  | YES  |     | NULL    |                |
| press_address   | varchar(100) | YES  |     | NULL    |                |
| press_postcode  | char(6)      | YES  |     | NULL    |                |
+-----------------+--------------+------+-----+---------+----------------+
7 rows in set (0.00 sec)
```

图 2.3.6　为已存在的表设置唯一键与自增

3. 主键与外键的设置

为数据表 t_press 设置主键 press_id，为 t_book 设置主键 ISBN 和外键 press_id，外键 press_id 参照 t_press 表中的主键 press_id。其 SQL 语句如下：

数据表约束 - 主键与外键的设置

```
ALTER TABLE t_press ADD PRIMARY KEY(press_id);
ALTER TABLE t_book ADD PRIMARY KEY(isbn);
ALTER TABLE t_book ADD CONSTRAINT fk_pressid FOREIGN KEY(press_id) REFERENCES
    t_press(press_id);
```

可以看到主键与外键设置成功，如图 2.3.7 所示。

```
mysql> ALTER TABLE t_press ADD PRIMARY KEY(press_id);
Query OK, 0 rows affected (0.05 sec)
Records: 0  Duplicates: 0  Warnings: 0

mysql> ALTER TABLE t_book ADD PRIMARY KEY(isbn);
Query OK, 0 rows affected (0.04 sec)
Records: 0  Duplicates: 0  Warnings: 0

mysql> ALTER TABLE t_book ADD CONSTRAINT fk_pressid FOREIGN KEY(press_id) REFERENCES t_press(press_id);
Query OK, 0 rows affected (0.06 sec)
Records: 0  Duplicates: 0  Warnings: 0
```

图 2.3.7 创建主键与外键

查看 t_book 创建的主键与外键，如图 2.3.8 所示，可以看到 ISBN 的 Null 显示为 NO，即非空，且 Key 为 PRI，即主键。查看 t_press 的主键，如图 2.3.9 所示，press_id 显示为非空且为主键。

```
mysql> DESC t_book;
+----------------+--------------+------+-----+---------+-------+
| Field          | Type         | Null | Key | Default | Extra |
+----------------+--------------+------+-----+---------+-------+
| isbn           | char(17)     | NO   | PRI | NULL    |       |
| book_name      | varchar(50)  | YES  |     | NULL    |       |
| book_author    | varchar(50)  | YES  |     | NULL    |       |
| book_price     | decimal(3,1) | YES  |     | NULL    |       |
| press_id       | char(3)      | YES  | MUL | NULL    |       |
| book_copy      | int(3)       | YES  |     | NULL    |       |
| book_inventory | int(3)       | YES  |     | NULL    |       |
+----------------+--------------+------+-----+---------+-------+
7 rows in set (0.00 sec)
```

图 2.3.8 查看 t_book 表设置的主键与外键

```
mysql> DESC t_press;
+-----------------+--------------+------+-----+---------+-------+
| Field           | Type         | Null | Key | Default | Extra |
+-----------------+--------------+------+-----+---------+-------+
| press_id        | char(3)      | NO   | PRI | NULL    |       |
| press_name      | varchar(50)  | YES  |     | NULL    |       |
| press_website   | varchar(50)  | YES  |     | NULL    |       |
| press_telephone | varchar(20)  | YES  |     | NULL    |       |
| press_email     | varchar(50)  | YES  |     | NULL    |       |
| press_address   | varchar(100) | YES  |     | NULL    |       |
| press_postcode  | char(6)      | YES  |     | NULL    |       |
+-----------------+--------------+------+-----+---------+-------+
7 rows in set (0.00 sec)
```

图 2.3.9 查看 t_press 设置的主键

当设置了外键与主键的参照时，外键必须去参照主键的值，否则无法插入记录。

专业能力测评

专业核心能力	评价指标	自测结果
创建数据库	1. 能创建数据库 2. 能查看与删除数据库	优□ 良□ 中□ 差□ 优□ 良□ 中□ 差□
创建数据表	1. 能创建数据表 2. 能修改数据表	优□ 良□ 中□ 差□ 优□ 良□ 中□ 差□
数据表的约束	1. 能设置非空与默认值 2. 能设置唯一键与自增 3. 能设置主键与外键	优□ 良□ 中□ 差□ 优□ 良□ 中□ 差□ 优□ 良□ 中□ 差□

项目实训

为数据库 db_student 下的数据表设置如下约束。

1. 设置非空与默认值

（1）复制表 t_course 的表结构为新表 t_course1，设置 course_name 不为空。

（2）为已存在的表 t_student 设置 student_name 不为空。

（3）创建新表 t_teacher1，表结构与 t_teacher 一致，将 teacher_title 的默认值设置为“教授”。

（4）为表 t_course 设置字段 course_name 的默认值为“数据库管理”。

2. 设置唯一键与自增

（1）为已存在的表 t_course1 设置 course_id 为唯一。

（2）删除 t_course1 设置的唯一键。

（3）创建表 t_student1，表结构与 t_student 一致，设置 stu_id 为唯一。

（4）将表 t_teacher1 中的 teacher_id 的数据类型修改为 INT，设置为唯一键和自动增加（AUTO_INCREMENT），并插入数据观察结果。

（5）复制表结构 t_major 为新表 t_major1，并设置主键 major_id。

（6）删除 t_major1 中设置的主键 major_id。

（7）删除 t_teacher1 中设置的唯一键与自动增加。

3. 设置主键与外键

（1）将表 t_teacher 中的 teacher_id 设置为主键。

（2）为表 t_course 设置主键 course_id 和外键 teacher_id，外键参照 t_teacher 中的主键 teacher_id。

（3）为表 t_score 设置主键 score_id 和外键 course_id，外键参照表 t_course 中的主键 course_id。

单元测验

可登录中国大学 MOOC 网测验并获得成绩。

一、单选题（每小题 2 分）

1．E-R 图是数据库设计的工具之一，它一般适用于建立数据库的（　　）。

A．结构模型　　B．概念模型

C．物理模型　　D．逻辑模型

2．给定工程项目 PROJ 和职工 EMP 实体集，若一个职工可以参加多个项目，一个项目可以由多个职工参加，那么 PROJ 与 EMP 之间应是一个（　　）的联系。

A．1:1　　B．n:1　　C．1:n　　D．m:n

3．在 SQL 语言中，删除基本表的命令是（　　）。

A．DESTROY TABLE　　B．REMOVE TABLE

C．DELETE TABLE　　D．DROP TABLE

4．数据库系统从广义的角度看，应该由（　　）组成。

A．数据库、硬件、软件和人员

B．数据库、硬件、数据库管理系统和软件

C．数据库、软件和人员

D．数据库、数据库管理系统和人员

5．选择数据库 course 为当前数据库的命令是（　　）。

A．use course;　　B．open course;

C．select course;　　D．use database course;

6．查看数据库中数据表列表的命令是（　　）。

A．SHOW DATABASE;　　B．SHOW DATABASES;

C．SHOW TABLES;　　D．SHOW TABLE;

7．假设一个教师可以讲授多门课程，一门课程可以由多名教师讲授，则教师和课程之间的联系类型为（　　）。

A．1:1　　B．1:n　　C．n:1　　D．n:m

8．假设一个院系有多名教师，一个教师只属于一个院系，则院系和教师之间的联系类型为（　　）。

A．1:1　　B．1:n　　C．n:1　　D．n:m

9．某高校人事管理系统中，规定讲师每课时的教学酬金不能超过 100 元，副教授每课时的教学酬金不能超过 130 元，教授每课时的教学酬金不能超过 160 元。这种情况下所设置的数据完整性约束条件称为（　　）。

A．实体完整性　　B．用户定义完整性

C．主键约束完整性　　D．参照完整性

10. 商品关系 P（商品名，条形码，产地，价格）中的（　　）属性可以作为该关系的主键。

A. 商品名　　B. 条形码　　C. 产地　　D. 价格

11. 某银行信贷额度关系 credit-in(C_no, C_name, limit, Credit_balance) 中的四个属性分别表示用户号、用户姓名、信贷额度和累计消费额。该关系的（　　）属性可以作为主键。

A. C_no　　B. C_name　　C. Credit_balance　　D. limit

12. 设有关系 Students（学号，姓名，年龄，性别，系名，家庭住址），其中，属性“系名”是关系 DEPT 的主键，用户要求访问“家庭住址”的某个成分，如邮编、省、市、街道以及门牌号。关系 Students 的主键和外键分别是（　　）。

A. 学号、家庭住址　　B. 姓名、家庭住址

C. 学号、系名　　D. 姓名、系名

二、判断题（每小题 2 分）

1. 唯一性约束用于保证表中某个字段的值不重复且值不能为空（NULL），一个表能定义多个唯一性约束。（　　）

A. 是　　B. 否

2. 默认值约束用于指定一个字段的默认值。插入记录时，如果没有给该字段赋值，数据库系统会自动为这个字段插入默认值。（　　）

A. 是　　B. 否

3. 外键约束用于保证外键字段值与父表中主键字段值的一致性，外键字段值要么是 NULL，要么是父表中主键字段值的复制。（　　）

A. 是　　B. 否

三、多选题（每小题 3 分）

1. 为了避免不支持中文字符串查询或者发生中文字符串乱码等问题，应该考虑使用（　　）字符集。

A. GB 2312　　B. latin1　　C. gbk　　D. utf8

2. 数据完整性包括（　　）。

A. 实体完整性　　B. 用户定义完整性

C. 主键约束完整性　　D. 参照完整性

单元3　数据表的操作

单元导读

数据表的操作包括增、删、查、改四种操作。增，即插入操作，可以利用SQL语句插入记录，也可以利用图形界面工具插入记录，还可以从Excel导入数据记录。删，即删除操作，在删除表记录时，要注意表与表之间的约束关系。查，在一个表中查询称为单表查询，如果数据来自多个表，称为多表查询，多表查询时一定要注意表与表之间存在主键与外键的参照关系。改，即修改操作。

教学目标

- 掌握数据表的插入操作
- 掌握数据表的删除操作
- 掌握数据表的修改操作
- 掌握数据表的单表查询与多表查询操作

任务 1　单表查询

任务描述

单表查询指查询的数据来自同一个表，单表查询的主要关键字是 SELECT 与 FROM。SELECT 是指要查询的字段的名称，可以使用关键字 DISTINCT、AS 或者四则运算。FROM 是指来自哪个数据表，可以使用关键字 IN、NULL、BETWEEN AND 等。统计函数通常与分组排序结合起来使用，统计函数有 MAX、MIN、AVG、SUM 和 COUNT，共计 5 个，分组使用关键字 GROUP BY，排序使用关键字 ORDER BY。

任务要求

在图书管理系统中，图书管理员对读者或图书的信息要进行查询，根据他们经常需要完成的工作，进行如下的查询。

1. 简单查询

灵活使用 *、四则运算、AS、DISTINCT 等运算符号。

2. 条件查询

在条件中灵活使用 BETWEEN AND、IN、IS NULL、LIKE 等关键字。

3. 统计函数与分组排序

灵活使用 GROUP BY、HAVING、GROUP BY、LIMIT 等关键字。

相关知识

数据查询是指从数据库中获取所需要的数据。数据查询是数据库操作中最常用、最重要的操作，用户可以根据自己对数据的需求，使用不同的查询方式，从而可以获得不同的数据，在 MySQL 中使用 SELECT 语句来查询数据。

查询语句的语法如下：

```
SELECT col_name1,col_name2, col_name3……col_name n
FROM table_name
[WHERE condition]
[GROUP BY col_name1, col_name2...]
 [HAVING condition]
[ORDER BY col_name1 [ASC|DESC][, col_name2 [ASC|DESC]]]
[LIMIT offset_start , row_count;]
```

SELECT 子句：指定由查询返回的列。

FROM 子句：用于指定引用的列所在的表或视图。

WHERE 子句：指定用于限制返回行的搜索条件。

GROUP BY 子句：指定根据字段对行进行分组。

HAVING 子句：指定分组或聚合的搜索条件。

ORDER BY 子句：指定结果集的排序。

LIMIT 子句：显示查询出来的数据条数。

注意：所有使用的关键词必须按照上面的顺序给出。通常 HAVING 子句不单独使用，一般和 GROUP BY 子句结合起来使用。

如果要弄懂以上数据查询的基本原理，先要了解什么是关系代数运算。

3.1.1 关系代数运算

关系代数运算

关系代数运算符有 4 类：集合运算符、专门的关系运算符、算术比较运算符和逻辑运算符。根据运算符的不同，关系代数运算可分为传统的集合运算和专门的关系运算。传统的集合运算是从关系的水平方向进行的，包括并、交、差及广义笛卡儿积。专门的关系运算既可以从关系的水平方向进行运算，又可以向关系的垂直方向运算，包括选择、投影、连接及除法。本任务主要利用关系 R 和 S 讲解并、差、笛卡儿积、投影、选择和交 6 种运算。关系 R 如图 3.1.1 所示，关系 S 如图 3.1.2 所示。

A	B	C
a	b	c
d	a	f
c	b	d

图 3.1.1 关系 R

A	B	C
b	g	a
d	a	f

图 3.1.2 关系 S

1. 并

设两个关系 R 和 S 具有相同的关系模式，关系 R 和 S 的并是由属于 R 或属于 S 的元组组成的集合，记为 R ∪ S。形式定义如下：

$$R \cup S=\{t|t \in R \vee t \in S\}$$

式中，t 是元组变量。

关系 R 中有 3 个元组，关系 S 中有 2 个元组，两个关系中有相同的元组 d、a、f，因此进行并的运算后只写一次，具体的结果如图 3.1.3 所示。

A	B	C
a	b	c
d	a	f
c	b	d
b	g	a

图 3.1.3 R ∪ S

2. 差

关系R和S具有相同的关系模式，R和S的差是由属于R但不属于S的元组组成的集合，记为R-S。形式定义如下：

$$R\text{-}S = \{t|t \in R \wedge t \notin S\}$$

式中，t是元组变量。

关系R中有3个元组，关系S中有一个与关系R相同的元组，因此要将其减掉，运算得到的结果如图3.1.4所示。

A	B	C
a	b	c
c	b	d

图 3.1.4　R-S

3. 笛卡儿积

设关系R和S的元数分别为r和s。定义R和S的笛卡儿积是一个(r+s)元的元组集合，每个元组的前r个分量来自R的一个元组，后s个分量来自S的一个元组，记为R×S。形式定义如下：

$$R \times S = \{t|t = <t^r, t^s> \wedge t^r \in R \wedge t^s \in S\}$$

式中，t^r、t^s中的r、s为上标。若只有m个元组，S有n个元组，则R×S有(m×n)个元组。

由于R中的属性是A、B、C，S中的属性也是A、B、C，因此在进行运算时，要标明属性A、B、C到底来自哪一个表，如果来自R表的属性A，则写为R.A。因此进行笛卡儿积之后的属性分别为R.A、R.B、R.C、S.A、S.B、S.C，R×S即R中的每一个元组与S中的每一个元组分别相乘，得到的结果如图3.1.5所示。

R.A	R.B	R.C	S.A	S.B	S.C
a	b	c	b	g	a
a	b	c	d	a	f
d	a	f	b	g	a
d	a	f	d	a	f
c	b	d	b	g	a
c	b	d	d	a	f

图 3.1.5　R×S

4. 投影

投影操作是对关系进行垂直分割，消去某些列并重新安排列的顺序，再删去重复元组。投影的符号通常用π表示。如要投影出关系R中的A、C列，则可以记为$\pi_{A,C}(R)$，具体的运算结果如图3.1.6所示。

A	C
a	c
d	f
c	d

图 3.1.6　$\pi_{A,C}(R)$

5. 选择

选择操作是根据某些条件对关系作水平分割，即选择符合条件的元组，选择的符号用 σ 表示。如选择关系 R 中满足条件 B='b' 的记录，则可以记为 $\sigma_{B='b'}(R)$，具体的运算结果如图 3.1.7 所示。

A	B	C
a	b	c
c	b	d

图 3.1.7　$\sigma_{B='b'}(R)$

6. 交

关系 R 和 S 具有相同的关系模式，关系 R 和 S 的交是由属于 R 又属于 S 的元组构成的集合，记为 R ∩ S。形式定义如下：

$$R \cap S = \{t|t \in R \wedge t \in S\}$$

式中，t 是元组变量。

关系 R 和 S 中只有一个共同的元组 d、a、f，具体的运算结果如图 3.1.8 所示。

A	B	C
d	a	f

图 3.1.8　R ∩ S

3.1.2　简单数据记录查询

1. “*”的使用

使用 SELECT 语句查询一个数据表时，首先要确定所要查询的列，“*”代表所有的列。

语法：

```
SELECT *
FROM table_name;
```

2. 查询指定字段数据

使用 SELECT 语句可以查询数据表中的一列或者多列，只需在 SELECT 后给出要查询的列名即可，多列之间用“,”分隔。

语法：

```
SELECT col_name1, col_name2,col_name3……col_namen
FROM table_name;
```

3. DISTINCT 的使用

如果查询得到的数据是重复无意义的，可以在 SELECT 后使用 DISTINCT 避免数据的重复。

语法：

```
SELECT DISTINCT col_name1, col_name2,col_name3……col_namen
FROM table_name;
```

4. 实现数学四则运算查询

当在 MySQL 软件中执行简单数据查询时，需要实现数学四则运算（加、减、乘和除），该软件所支持的四则运算符见表 3.1.1。

表 3.1.1　四则运算符

运算符	描述
+	加法
-	减法
*	乘法
/	除法
% （）	求余

语法：

```
SELECT col_name1+/-col_name2,col_name3*n,col_name4/m……
FROM table_name;
```

5. AS 的使用

当希望查询结果中的某些列（或所有列）显示时使用自己选择的列标题，可以在列名之后使用 AS 子句来更改查询结果的列别名。

语法：

```
SELECT col_name1,col_name2 AS newname
FROM table_name;
```

6. 设置显示格式数据查询

在 MySQL 中，提供函数 CONCAT() 来连接字符串。

语法：

```
SELECT CONCAT(col_name1,col_name2,…) AS newname
FROM table_name;
```

3.1.3 条件数据记录查询

为了限制 SELECT 语句检索出来的记录集，可使用 WHERE 子句给出行的选择条件，通过查找满足各种条件的列值来选择行。WHERE 子句中的表达式可使用表 3.1.1 中的算术运算符、表 3.1.2 中的比较运算符和表 3.1.3 中的逻辑运算符，还可使用圆括号将一个表达式分成几个部分，也可使用常量表列和函数来完成运算。

语法：

```
SELECT col_name1, col_name2,col_name3……col_namen
FROM table_name
WHERE condition;
```

1. 带关系运算符和逻辑运算符的条件数据查询

在 MySQL 中使用关系运算符和逻辑运算符来编写“条件表达式”，见表 3.1.2 和表 3.1.3。

表 3.1.2 关系运算符表

运算符	描述
>	大于
<	小于
=	等于
!= （<>）	不等于
>=	大于等于
<=	小于等于

表 3.1.3 逻辑运算符表

运算符	描述
AND （&&）	逻辑与
OR （||）	逻辑或
XOR	逻辑异或
NOT （!）	逻辑非

（1）单条件数据查询。如果要从很多记录中查询出指定的记录，那么就需要一个查询的条件。设定查询条件应用 WHERE 子句。在使用 WHERE 子句时，需要使用比较运算符确定查询的条件。其常用比较运算符见表 3.1.2。

语法：

```
SELECT col_name1,col_name2,col_name3……col_namen
FROM table_name
WHERE col_name1 = value[ col_name2>value…];
```

（2）多条件数据查询。对于带 AND 的多条件查询，AND 关键字可以用来联合多个条件进行查询。使用 AND 关键字时，只有同时满足所有查询条件的记录会被查询出来。如果不满足这些查询条件的其中一个，这样的记录将被排除掉。可以用符号“&&”表示。

OR 关键字也可以用来联合多个条件进行查询，但是与 AND 关键字不同，OR 关键字只要满足查询条件中的一个，此记录就会被查询出来；如果不满足这些查询条件中的任何一个，这样的记录将被排除掉。可以用符号“||”表示。

NOT 关键词表示不满足这个查询条件的记录。可以用符号“!”表示。

语法：

```
SELECT col_name1,col_name2,col_name3……col_namen
FROM table_name
WHERE col_name1 = value1 AND col_name2>=value2[col_name3 = value3 OR col_name3>=value3];
```

例如选出图书是“清华大学出版社”出版且价格小于 50，这是两个条件，必须使用 AND 来连接。

2. 带 BETWEEN AND 关键字的范围查询

MySQL 提供了关键字 BETWEEN AND，用来实现判断字段的数值是否在指定范围内的条件查询，如图书的价格在 50 ～ 100 之间。

语法：

```
SELECT col_name1,col_name2,col_name3……col_namen
FROM table_name
WHERE col_name [NOT] BETWEEN value1 AND value2;
```

说明：

- NOT：可选参数，表示不在指定范围内满足条件。
- value1：表示范围的起始值。
- value2：表示范围的终止值。

3. 带 IS NULL 关键字的空值查询

MySQL 提供了关键字 IS NULL，用来实现判断字段的数值是否为空的条件查询。

语法：

```
SELECT col_name1,col_name2,col_name3……col_namen
FROM table_name
WHERE col_name IS [NOT] NULL;
```

其中，NOT 是可选参数，加上 NOT 表示字段不是空值时满足条件。

4. 带 IN 关键字的集合查询

MySQL 提供了关键字 IN，用来实现判断字段的数值是否在指定的集合中，如查询还书的日期为 2020-01-01、2020-05-01、2020-10-01，就可以用成包含关系。

语法：

```
SELECT col_name1,col_name2,col_name3……col_namen
FROM table_name
```

```
WHERE col_name [NOT] IN (value1,value2 ……,valuen,[NULL]);
```

注意：该使用方法类似于“或逻辑运算”和“非逻辑运算”，但不能使用 NOT IN NULL，即 NOT 与 NULL 不能同时存在。

5. 带 LIKE 关键字的模糊查询

MySQL 提供了关键字 LIKE，用来实现判断字段的值是否与指定的值相匹配。

语法：

```
SELECT col_name1,col_name2,col_name3……col_namen
FROM table_name
WHERE col_name [NOT] LIKE value;
```

注意：MySQL 中如果需要实现不匹配功能，除了使用关键字“NOT LIKE”外，还可以使用逻辑运算符（NOT 或 !）。

（1）带有“%”通配符的查询。“%”通配符可以匹配任意长度的字符串。

语法：

```
SELECT col_name1,col_name2,col_name3……col_namen
FROM table_name
WHERE col_name [NOT] LIKE 'value%';
```

【例 1】从数据表 t_reader 中选择姓名中含“李”的读者信息。

```
SELECT * FROM t_reader WHERE reader_name LIKE '李%';
```

【例 2】从数据表 t_reader 中选择姓名不姓“李”的读者信息。

```
SELECT * FROM t_reader WHERE reader_name NOT LIKE '李%';
```

（2）带有“_”通配符的查询。“_”通配符可以匹配单个字符。

语法：

```
SELECT col_name1,col_name2,col_name3……col_namen
FROM table_name
WHERE col_name [NOT] LIKE '_value_';
```

注意：通配符匹配字符，不区分中文或英文字母，字母“a”和“啊”都算作一个字符。

【例】从数据表 t_reader 中选择姓名中倒数第二个字为“李”的读者信息。

```
SELECT * FROM t_reader WHERE reader_name LIKE '%李_';
```

3.1.4 排序数据记录查询

排序数据查询结果通过 SQL 语句 ORDER BY 来实现。

语法：

```
SELECT col_name1,col_name2,col_name3……col_namen
FROM table_name
WHERE condition
ORDER BY col_name [ASC|DESC];
```

说明：

- ASC 表示按照升序进行排序，默认情况为升序。
- DESC 表示按照降序进行排序。

- 空值（NULL）为最小值。

3.1.5　限制数据记录查询

查询数据时，可能会查询出很多的记录，而用户需要的记录可能只是很少的一部分，这种情况就需要来限制查询结果的数量。LIMIT 是 MySQL 中的一个特殊关键字。LIMIT 子句可以对查询结果的记录条数进行限定，控制它输出的行数。

语法：

```
SELECT col_name1,col_name2,col_name3……col_namen
FROM table_name
WHERE condition
LIMIT offset_start, row_count;
```

说明：

- offset_start：起始行，默认从 0 开始。
- row_count：显示的行数。

使用方式：

（1）不指定初始位置，只指定行数。

```
LIMIT  row_count;
```

（2）指定初始位置，指定行数。

```
LIMIT offset_start,row_count
```

3.1.6　统计函数和分组数据记录查询

1. 统计函数查询

前面的内容中学习了如何根据特定的条件从表中取出一条或多条记录。但是，如果想对一个表中的记录进行数据统计，例如，如果想统计某个读者借阅了多少本图书，或者想知道读者中最小的年龄与最大年龄等，则需要使用统计函数。统计函数中主要包含统计记录数目、平均值、最小值、最大值及求和等，具体见表 3.1.4。

表 3.1.4　MySQL 统计函数

函数	作用
COUNT()	返回某列的行数
AVG()	返回某列的平均值
SUM()	返回某列值的和
MAX()	返回某列的最大值
MIN()	返回某列的最小值

说明：

- COUNT(*):对表中数据进行统计，不管表字段中包含的是 NULL 值还是非 NULL 值。
- COUNT(col_name)：对指定字段的记录进行统计，忽略 NULL 值。

- 其他几个统计函数必须指定字段，所以忽略 NULL 值。
- 如果所操作的表中没有任何数据记录，则 COUNT() 函数返回 0，其他统计函数返回 NULL。

语法：

```
SELECT function()
FROM table_name
WHERE condition
```

2. 分组数据记录查询

通过 GROUP BY 子句可以将数据划分到不同的组中，实现对记录进行分组查询。GROUP BY 语句通常和统计函数配合使用。

语法：

```
SELECT function()
FROM table_name
WHERE condition
GROUP BY col_name
HAVING condition;
```

在具体进行分组查询时，分组所依赖的字段上的值一定要具有重复值，否则将没有任何意义。

HAVING 子句用于设置分组或聚合函数的过滤筛选条件，HAVING 子句通常与 GROUP BY 子句一起使用。HAVING 子句语法格式与 WHERE 子句语法格式类似，它的条件表达式通常是一个逻辑表达式，用于指定分组后的筛选条件。

任务实施

在图书管理系统中，图书管理员对读者或图书的信息要进行查询，根据他们经常需要完成的工作，进行如下的查询：

1. 简单查询

简单查询(DISTINCT, AS, 四则运算)

（1）在 t_reader 表中查询读者的 reader_id 和 reader_name。

分析：查询的字段列有两个——reader_id 和 reader_name，在 SELECT 后的两个字段之间使用“,”进行分隔，用到的表是 t_reader，放在 FROM 后。具体的 SQL 语句如下：

```
SELECT reader_id,reader_name
FROM t_reader;
```

查询的结果如图 3.1.9 所示。

（2）在表 t_book 中查询所有的图书信息。

分析：要查询所有的图书信息，使用“*”即可，即查询出的结果是整张数据表的信息，具体的 SQL 语句如下：

```
SELECT *
FROM t_book;
```

查询的结果如图 3.1.10 所示。

mysql> SELECT reader_id, reader_name FROM t_reader;

reader_id	reader_name
101101	肖华
101102	王明峰
101103	钟汉生
101104	秦飞飞
101105	郑琴
101106	张楚楚
101107	王汉
101108	肖之瑜
101109	张芸
101110	朱强
101111	王中磊
101112	明道
101113	钟双双
101114	杜晓云
101115	王芝
101116	肖明明

16 rows in set (0.00 sec)

图 3.1.9　查询结果 1（1）

mysql> SELECT * FROM t_book;

ISBN	book_name	book_author	book_price	press_id	book_copy	book_inventory
978-7-04-034745-6	3DSMAX2012+VRAY室内效果图案例教程	刘刚	76.0	103	2	1
978-7-04-035413-3	Premiere Pro CS5.5案例教程	李涛	71.0	103	5	2
978-7-04-043916-8	Illustrator CC中文版标准教程	郑国栋	56.0	103	6	2
978-7-04-048617-9	计算机网络安全的理论与实践	王杰	52.0	103	6	1
978-7-113-15131-7	MySQL数据库应用从入门到精通	王飞飞	59.8	105	7	5
978-7-302-29239-6	数据结构	邵增珍	43.0	101	4	3
978-7-302-39346-7	SQL Server教程	郑阿奇	49.9	101	3	2
978-7-302-48586-5	大数据分析与计算	汤羽	89.0	101	5	2
978-7-5106-4661-4	云计算应用技术	张宇	56.0	104	9	4
978-7-5611-8921-4	通信工程设计及概预算	于正永	34.0	106	8	3
978-7-5677-3957-4	MySQL数据库教程	王晶晶	38.0	102	4	1

11 rows in set (0.01 sec)

图 3.1.10　查询结果 1（2）

（3）在 t_book 表中查询每本书借出的数量。

分析：借出书的数量即图书的复本量减去库存量，但要清楚地知道每本书的借出数量，在 SELECT 后要加一个字段名 book_name。具体的 SQL 语句如下：

```
SELECT book_copy-book_inventory,book_name
FROM t_book;
```

查询的结果如图 3.1.11 所示。

mysql> SELECT book_copy-book_inventory, book_name
    -> FROM t_book;

book_copy-book_inventory	book_name
1	3DSMAX2012+VRAY室内效果图案例教程
3	Premiere Pro CS5.5案例教程
4	Illustrator CC中文版标准教程
5	计算机网络安全的理论与实践
2	MySQL数据库应用从入门到精通
1	数据结构
1	SQL Server教程
3	大数据分析与计算
5	云计算应用技术
5	通信工程设计及概预算
3	MySQL数据库教程

11 rows in set (0.00 sec)

图 3.1.11　查询结果 1（3）

（4）在 t_return_record 表中查询 return_date，并显示为“还书日期”。

分析：如果要将字段列 return_date 显示为“还书日期”，用关键字 AS 即可，具体的 SQL 语句如下：

```
SELECT return_date AS 还书日期
FROM t_return_record;
```

查询的结果如图 3.1.12 所示。

```
mysql> SELECT return_date AS 还书日期
    -> FROM t_return_record;
+--------------+
| 还书日期     |
+--------------+
| 2017-03-02   |
| 2017-03-02   |
| 2017-05-03   |
| 2017-05-03   |
| 2017-06-12   |
| 2017-06-13   |
| 2018-02-26   |
| 2018-02-26   |
| 2018-03-14   |
| 2018-03-14   |
| 2018-03-14   |
| 2018-03-20   |
| 2018-03-21   |
| 2018-03-22   |
| 2018-03-23   |
+--------------+
15 rows in set (0.01 sec)
```

图 3.1.12　查询结果 1（4）

2. 条件查询

条件查询（BETWEEN AND,IN ,NULL）

（1）在 t_book 表中查询书的价格在 50 ～ 100 之间的图书的 ISBN 和 book_name。

分析：要查询的字段列是 ISBN 和 book_name，但条件是价格在 50 ～ 100 之间，用 BETWEEN AND 进行连接即可，具体的 SQL 语句如下：

```
SELECT ISBN,book_name
FROM t_book
WHERE book_price BETWEEN 50 AND 100;
```

查询的结果如图 3.1.13 所示。

```
mysql> SELECT ISBN, book_name
    -> FROM t_book
    -> WHERE book_price BETWEEN 50 AND 100;
+--------------------+------------------------------------+
| ISBN               | book_name                          |
+--------------------+------------------------------------+
| 978-7-04-034745-6  | 3DSMAX2012+VRAY室内效果图案例教程  |
| 978-7-04-035413-3  | Premiere Pro CS5.5案例教程         |
| 978-7-04-043916-8  | Illustrator CC中文版标准教程       |
| 978-7-04-048617-9  | 计算机网络安全的理论与实践         |
| 978-7-113-15131-7  | MySQL数据库应用从入门到精通        |
| 978-7-302-48586-5  | 大数据分析与计算                   |
| 978-7-5106-4661-4  | 云计算应用技术                     |
+--------------------+------------------------------------+
7 rows in set (0.00 sec)
```

图 3.1.13　查询结果 2（1）

（2）在 t_book 表中查询图书复本量为 5、6、7 的图书信息。

分析：查询图书复本量为 5、6、7，用 IN 的包含关系，没有指定具体的字段列，则使用“*”，表示所有的字段列。具体的 SQL 语句如下：

```
SELECT *
FROM t_book
WHERE book_copy IN (5,6,7);
```

查询结果如图 3.1.14 所示。

```
mysql> SELECT *
    -> FROM t_book
    -> WHERE book_copy IN (5,6,7);
```

ISBN	book_name	book_author	book_price	press_id	book_copy	book_inventory
978-7-04-035413-3	Premiere Pro CS5.5案例教程	李涛	71.0	103	5	2
978-7-04-043916-8	Illustrator CC中文版标准教程	郑国栋	56.0	103	6	2
978-7-04-048617-9	计算机网络安全的理论与实践	王杰	52.0	103	6	1
978-7-113-15131-7	MySQL数据库应用从入门到精通	王飞飞	59.8	105	7	5
978-7-302-48586-5	大数据分析与计算	汤羽	89.0	101	5	2

5 rows in set (0.00 sec)

图 3.1.14　查询结果 2（2）

（3）在 t_press 表中查询出版社地址包含“北京”两个字的出版社信息。

分析：地址中包含“北京”，使用 LIKE 关键字，“北京”两个字的左右不清楚有多少个字符，因此使用 % 来代替，具体的 SQL 语句如下：

```
SELECT *
FROM t_press
WHERE press_address LIKE '% 北京 %';
```

查询的结果如图 3.1.15 所示。

```
mysql> SELECT *
    -> FROM t_press
    -> WHERE press_address LIKE '%北京%';
```

press_id	press_name	press_website	press_postcode	press_telephone	press_email	press_address
103	高等教育出版社	http://www.hep.com.cn/	100120	010-58581118	gjdzfwb@pub.hep.cn	北京市西城区德外大街4号
104	现代教育出版社	http://xdjycbs.show.imosi.com/	100029	010-64423901	mepwtg@yahoo.com.cn	北京市朝阳区安华里504号E座
105	中国铁道出版社	http://www.crphdm.com/	100054	010-51873052	service@crphdm.com	北京市西城区右安门西街8号

3 rows in set (0.00 sec)

图 3.1.15　查询结果 2（3）

（4）在 t_reader 表中查询 reader_borrowtotal 为空的记录，只显示第 3 行开始的 4 行记录。

分析：显示第 3 行开始的 4 行记录，主要涉及限制记录的显示，因为 MySQL 是从 0 开始的记录，第 3 行即写的时候就是 2，具体的 SQL 语句如下：

```
SELECT *
FROM t_reader
WHERE reader_borrowtotal is NULL LIMIT 2,4;
```

查询结果如图 3.1.16 所示。

3. 统计函数与分组排序

统计函数与分组排序

（1）在 t_reader 表中求出读者的平均年龄、最大年龄、最小年龄以及读者的总人数。

```
mysql> SELECT *
    -> FROM t_reader
    -> WHERE reader_borrowtotal is NULL LIMIT 2,4;
+-----------+-------------+------------+------------------+--------------------+
| reader_id | reader_name | reader_sex | reader_birthday  | reader_borrowtotal |
+-----------+-------------+------------+------------------+--------------------+
| 101103    | 钟汉生      | 男         | 1976-10-10       |               NULL |
| 101104    | 秦飞飞      | 男         | 1967-12-11       |               NULL |
| 101105    | 郑琴        | 女         | 1994-07-01       |               NULL |
| 101106    | 张楚楚      | 女         | 1983-04-23       |               NULL |
+-----------+-------------+------------+------------------+--------------------+
4 rows in set (0.00 sec)
```

图 3.1.16　查询结果 2（4）

分析：在 t_reader 表中只有 reader_birthday 出生日期这个字段列，要求出年龄就必须使用当前的年份减去出生的年龄。可以采用如下函数获得年龄：

- CURDATE()：获得当前的日期。
- YEAR(CURDATE())：获得当前的年份。
- YEAR(reader_birthday)：获得出生的年份。
- YEAR(CURDATE())-YEAR(reader_birthday)：求出具体的年龄。求出平均年龄只需要加上 AVG()，求出最大年龄加上 MAX()，求出最小年龄加上 MIN()。
- 计算读者的人数用函数 COUNT()。

具体的 SQL 语句如下：

```
SELECT AVG(YEAR(CURDATE())-YEAR(reader_birthday)) AS 平均年龄 ,
MIN(YEAR(CURDATE())-YEAR(reader_birthday)) AS 最小年龄 ,
MAX(YEAR(CURDATE())-YEAR(reader_birthday)) AS 最大年龄 ,
COUNT(reader_id) AS 读者人数
FROM t_reader;
```

查询的结果如图 3.1.17 所示。

```
mysql> SELECT AVG(YEAR(CURDATE())-YEAR(reader_birthday)) AS 平均年龄,
    -> MIN(YEAR(CURDATE())-YEAR(reader_birthday)) AS 最小年龄,
    -> MAX(YEAR(CURDATE())-YEAR(reader_birthday)) AS 最大年龄,
    -> COUNT(reader_id) AS 读者人数
    -> FROM t_reader;
+----------+----------+----------+----------+
| 平均年龄 | 最小年龄 | 最大年龄 | 读者人数 |
+----------+----------+----------+----------+
|  33.1250 |       20 |       54 |       16 |
+----------+----------+----------+----------+
1 row in set (0.00 sec)
```

图 3.1.17　查询结果 3（1）

（2）在数据表 t_reader 中查询男女读者的平均年龄，并且按平均年龄的降序排列。

分析：将读者分成两个组别——男和女，使用 GROUP BY reader_sex 就可以进行分组。要按平均年龄的降序排列，可以使用 ORDER BY 子句。由于平均年龄的字段列很长，为了便于操作，可以在 ORDER BY 后写 1 或者 2，1 表示 SELECT 语句后的第一个字段，2 表示 SELECT 语句后的第二个字段，本语句中由于将平均年龄放于 SELECT 后的第一字段，因此写的是 1。降序使用关键字 DESC。

具体的 SQL 语句如下：

```
SELECT AVG(YEAR(CURDATE())-YEAR(reader_birthday)) AS 平均年龄 ,reader_sex
FROM t_reader
GROUP BY reader_sex
ORDER BY 1 DESC;
```

查询的结果如图 3.1.18 所示。

```
mysql> SELECT AVG(YEAR(CURDATE())-YEAR(reader_birthday)) AS 平均年龄,reader_sex
    -> FROM t_reader
    -> GROUP BY reader_sex
    -> ORDER BY 1 DESC;
+--------------+------------+
| 平均年龄     | reader_sex |
+--------------+------------+
|      38.3333 | 男         |
|      26.4286 | 女         |
+--------------+------------+
2 rows in set (0.01 sec)
```

图 3.1.18　查询结果 3（2）

（3）在数据表 t_return_record 中统计出每天的还书总量，只显示还书总量大于等于 2 的记录，并且按还书总量的升序排列。

分析：要统计出每天的还书总量，则可以对还书日期字段列 return_date 进行分组，只显示还书总量大于等于 2 的记录；要对记录进行筛选，使用 HAVING 子句；要求对还书总量按升序排列，将还书总量 COUNT(*) 放至于 SELECT 后的第一个字段，ORDEY BY 后直接写 1，不写 ASC 或者 DESC，默认就是升序。

具体的 SQL 语句如下：

```
SELECT COUNT(*) AS 还书总量 ,return_date
FROM t_return_record
GROUP BY DAY(return_date)
HAVING COUNT(*)>=2
ORDER BY 1;
```

查询的结果如图 3.1.19 所示。

```
mysql> SELECT COUNT(*) AS 还书总量,return_date
    -> FROM t_return_record
    -> GROUP BY DAY(return_date)
    -> HAVING COUNT(*)>=2
    -> ORDER BY 1;
+--------------+-------------+
| 还书总量     | return_date |
+--------------+-------------+
|            2 | 2017-05-03  |
|            2 | 2018-02-26  |
|            2 | 2017-03-02  |
|            3 | 2018-03-14  |
+--------------+-------------+
4 rows in set (0.00 sec)
```

图 3.1.19　查询结果 3（3）

采用循序渐进的方法学习单表查询

读书之法，在循序而渐进，熟读而精思。

——宋代理学家 朱熹

在单表查询中首先讲了简单查询，然后讲了条件查询，最后讲了统计函数与分组排序，内容由易到难。希望同学们在学习过程中不断地思考，循序渐进地掌握单表查询的所有知识。

项目实训

对数据库 db_student 下的数据表作以下的查询：

1. 简单查询

（1）查询表 t_student 所有学生的信息。

（2）查询表 t_course 中的 teacher_id，要求没有重复的记录。

（3）查询表 t_major 中的 major_id 与 major_name，要求显示的名称分别为“专业编码”与“专业名称”。

（4）将表 t_scrore 中的成绩统一加 10 分。

（5）查询表 t_teacher 中教师的 teacher_id、teacher_name、teacher_title。

（6）查询表 t_student 中所有学生的年龄。

2. 条件查询

（1）查询 t_course 表中学分在 1 ～ 3 分之间的课程信息。

（2）查询 t_student 表中出生日期不在“1999-5-1”与“1999-8-1”之间的学生信息。

（3）查询 t_couse 表中的“选修课”的课程信息。

（4）查询 t_course 中 teacher_id 为空的信息。

（5）查询 t_student 中姓“张”“李”和“王”的学生信息。

（6）查询 t_course 表中课程名包含“数据”的课程信息。

3. 统计函数与分组数据记录查询

（1）在数据表 t_student 中查询学生的平均年龄、最大年龄、最小年龄与学生总数。

（2）在数据表 t_major 中统计出不同的专业个数。

（3）在数据表 t_score 中查询每门课程的最高分、高低分与平均分。

（4）在数据表 t_student 中查询并统计出每个专业的人数，按人数的降序排列。

任务 2 多表查询

任务描述

多表查询是指查询的数据来自多个表，表与表之间存在主键与外键的约束关系。多表查询分为内连接查询与外连接查询。内连接查询又分为自连接查询、等值连接与不等连接查询。外连接查询又分为左外连接查询与右外连接查询。

任务要求

在图书管理系统中，图书管理员对读者或图书的信息经常要结合多张表格进行查询分析。根据他们经常要完成的工作，完成以下查询：

（1）内连接查询。

1）自连接查询。

2）等值连接查询。

3）不等连接查询。

（2）外连接查询。

1）左外连接查询。

2）右外连接查询。

（3）合并查询。

（4）子查询。

1）带 IN 与 EXISTS 的子查询。

2）带 ALL 与 ANY 的子查询。

相关知识

表与表之间连接的方式有以下两种。

1. 全连接

将各个表用逗号分隔，就指定了一个全连接。FROM 子句产生的中间结果是一个新表，新表是每个表的每行都与其他表中的每行交叉以产生所有可能的组合，列包含了所有表中出现的列，也就是笛卡儿积。

2. JOIN 连接

使用 JOIN 关键字的连接主要分为三种：

（1）内连接。指定了 INNER 关键字的连接是内连接。FROM 子句中产生的中间结果是两个表的笛卡儿积。内连接中 FROM 子句产生的中间结果，是应用了 ON 条件后的笛卡儿积。

（2）外连接。指定了 OUTER 关键字的连接为外连接。外连接包括：

- 左外连接（LEFT OUTER JOIN）：结果表中除了匹配行外，还包括左表有的但右表中不匹配的行，对于这样的行，从右表被选择的列设置为 NULL。
- 右外连接（RIGHT OUTER JOIN）：结果表中除了匹配行外，还包括右表有的但左表中不匹配的行，对于这样的行，从左表被选择的列设置为 NULL。
- 自然连接（NATURAL JOIN）：自然连接还有自然左外连接（NATURAL LEFT OUTER JOIN）和自然右外连接（ NATURAL RIGHT OUTER JOIN）。

（3）交叉连接。指定了 CROSS JOIN 关键字的连接是交叉连接。由于交叉连接不常用，因此本书不再详细讲解。

多表查询主要分为内连接查询、外连接查询与子查询，如图 3.2.1 所示。

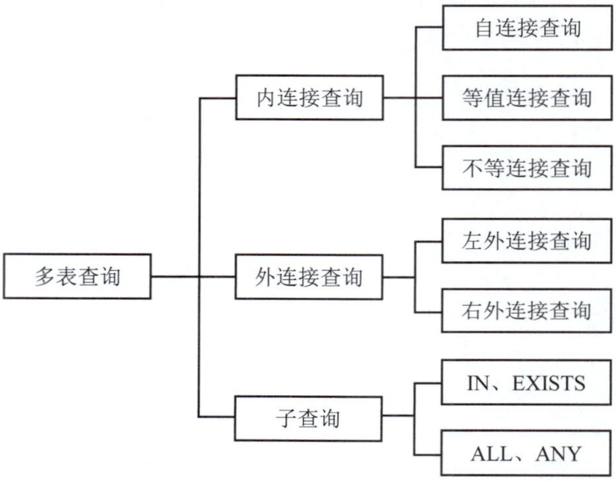

图 3.2.1　多表查询的分类

3.2.1　内连接查询

内连接查询（INNER JOIN）使用比较运算符进行表间某些列数据的比较操作，并列出这些表中与连接条件相匹配的数据行，组成新的记录。因此，在内连接查询中，只有满足条件的记录才能出现在结果关系中。如图 3.2.2 所示，用两个圆分别表示表 A 和表 B，只有满足 A 和 B 共同的部分才是内连接匹配的结果。

（1）自连接：表与其自身进行连接。数据来自于同一个表，但需要用到表与其自身时行连接。如表 3.2.1 是一个学生基本表，如果要查询与“王丽”在同一个专业的学生信息。就需要用到自连接查询。

（2）等值连接：在表关系的笛卡儿积中，选择所匹配字段值相等的数据记录。

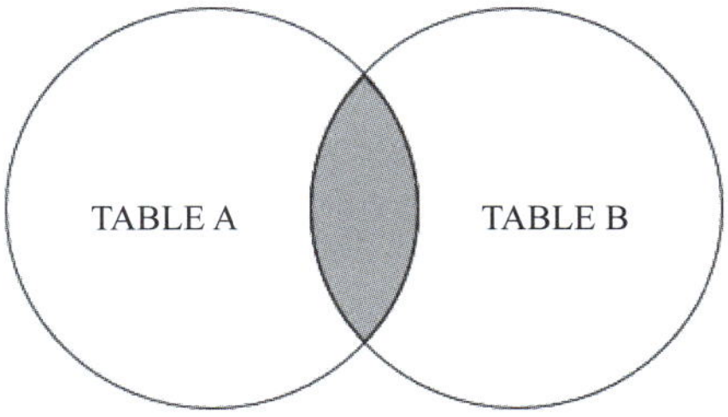

图 3.2.2　内连接查询示意图

表 3.2.1　学生基本表

sno	sname	major
1	王丽	软件技术
2	张露	云计算技术
3	郑红江	软件技术
4	秦多多	网络技术
5	汪明明	软件技术
6	冯晓	云计算技术

（3）不等连接：在表关系的笛卡儿积中，选择所匹配字段值不相等的数据记录。

在表关系的笛卡儿积数据记录中，保留表关系中所有匹配的数据记录，舍弃不匹配的数据记录。

语法：

```
SELECT col_name1, col_name2, …,col_namen
FROM table_name1 INNER JOIN table_name2[… INNER JOIN table_namen]
ON join_condition;
```

3.2.2　外连接查询

1. 左外连接（LEFT OUTER JOIN）

在表关系的笛卡儿积记录中，除了选择相匹配的数据记录，还包含关联左边表中不匹配的数据记录。如图 3.2.3 所示，用两个圆来分别表示表 A 和表 B，左外连接的结果除了 A 和 B 两个表共同的部分，还包括左边 A 表的其余部分。

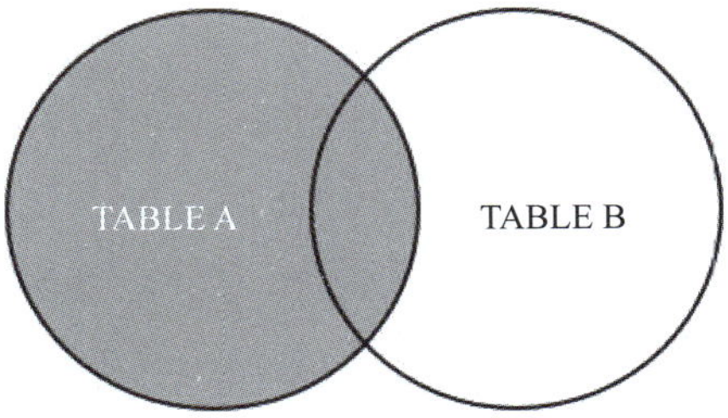

图 3.2.3　左外连接示意图

语法：

```
SELECT col_name1,col_name2,…col_namen
FROM table_name1 LEFT JOIN table_name2 ON join_condition;
```

2. 右外连接（RIGHT OUTER JOIN）

在表关系的笛卡儿积记录中，除了选择相匹配的数据记录，还包含关联右边表中不匹配的数据记录。如图 3.2.4 所示，用两个圆来分别表示表 A 和表 B，右外连接的结果除了 A 和 B 两个表共同的部分，还包括右边 B 表的其余部分。

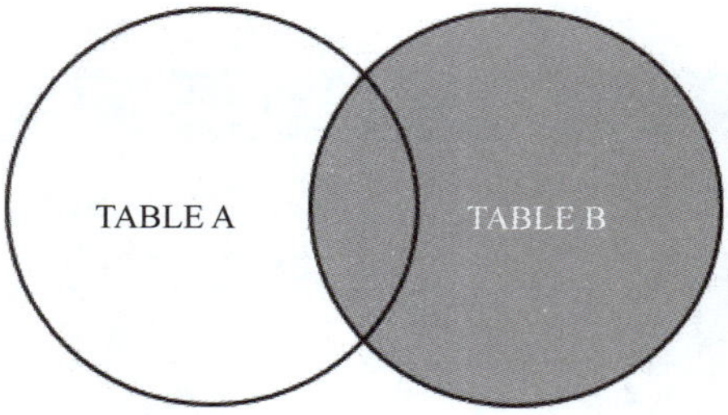

图 3.2.4　右外连接示意图

语法：

```
SELECT col_name1,col_name2,…col_namen
FROM table_name1 RIGHT JOIN table_name2 ON join_condition;
```

3.2.3　合并查询

合并查询（UNION）结果是将多个 SELECT 语句的查询结果合并到一起。合并查询结果使用 UNION 和 UNION ALL 关键字，UNION 关键字是将所有的查询结果合并到一起，然后去除相同记录；而 UNION ALL 关键字则只是简单地将结果合并到一起。如图 3.2.5 所示，用两个圆来分别表示表 A 和表 B，合并查询指的是表 A 和表 B 的所有部分，但共同的部分只能出现一次。

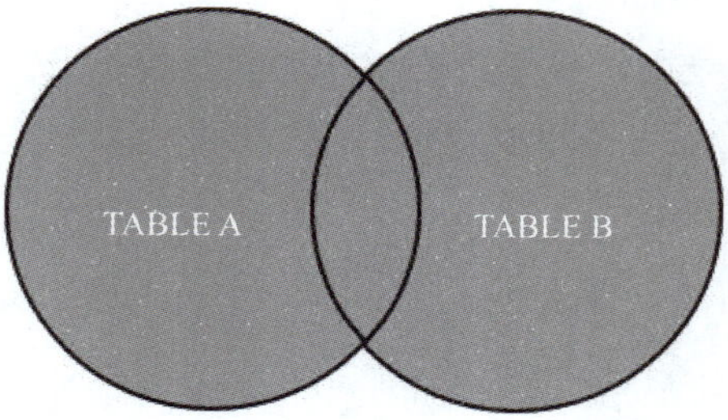

图 3.2.5　合并查询的示意图

语法：

```
SELECT col_name1,col_name2,…,col_namen
FROM table_name1
```

```
WHERE condition
UNION|UNION ALL
SELECT col_name1,col_name2,…,col_namen
FROM table_name2
WHERE condition UNION|UNION ALL
…
SELECT col_name1,col_name2,…,col_namen
FROM table_namen
WHERE condition;
```

3.2.4　子查询

子查询是指将一个查询块嵌套在另一个查询块的条件子句中的查询。子查询允许多层嵌套，即子查询还可以嵌套子查询。子查询必须使用括号括起来。

语法：

```
SELECT table_name1.col_name
FROM table_name1
WHERE col_namem IN[<=ANY/>=ANY] [>= ALL/<=ALL][EXISTS]
( SELECT col_namem
FROM table_name2
WHERE condition );
```

（1）带 IN 的子查询。

（2）带 ANY 的子查询。

- >=ANY：返回比子查询中最小的还要大于等于的数据记录。
- <=ANY：返回比子查询中最大的还要小于等于的数据记录。

（3）带 ALL 的子查询。

- >= ALL：返回比子查询中最大的还要大于等于的数据记录。
- <= ALL：返回比子查询中最小的还要小于等于的数据记录。

ALL 与 ANY 与统计函数的转换关系见表 3.2.2。

表 3.2.2　ALL 与 ANY 与统计函数的转换

谓词	语义	等价转换关系
>ANY	大于查询结果中的某个值	>MIN
>ALL	大于子查询结果中的所有值	>MAX
<ANY	小于查询结果中的某个值	<MAX
<ALL	小于子查询结果中的所有值	<MIN
>=ANY	大于等于查询结果中的某个值	>=MIN
>=ALL	大于等于子查询结果中的所有值	>=MAX
<=ANY	小于等于查询结果中的某个值	<=MAX
<=ALL	小于等于子查询结果中的所有值	<=MIN

续表

谓词	语义	等价转换关系
<>ANY	不等于查询结果中的某个值	—
<>ALL	不等于子查询结果中的所有值	NOT IN
=ANY	等于查询结果中的某个值	IN
=ALL	等于子查询结果中的所有值	—

（4）带 EXISTS 的子查询。使用 EXISTS 关键字时，内层查询语句不返回查询的记录，而是返回一个真、假值。如果内层查询语句查询到满足条件的记录，就返回一个真值（true），否则，将返回一个假值（false）。当返回 true 时，外层查询语句将进行查询；当返回 false 时，外层查询语句不进行查询或者查询不出任何记录。

任务实施

内连接查询（自连接）

1. 内连接查询

（1）查询至少借阅了 ISBN 为“978-7-5611-8921-4”和“978-7-5106-4661-4”两本书的读者编号。

分析：注意题目中的“至少”两字。查询图书编号及所对应的借阅该书的读者编号需查询数据表 t_borrow_record，但是每条记录只显示读者至少借阅一本书，如果需要查询同时借阅了至少两本书的读者编号，则需使用内连接查询中的自连接。将表 t_borrow_record 分别命名为表 a 和 b，在表 a 中查询借阅了图书 ISBN 为“978-7-5611-8921-4”的读者编号，在表 b 中查询借阅了图书 ISBN 为“978-7-5106-4661-4”的读者编号，添加表 a 和表 b 的匹配条件为两表的 reader_id 相同。

使用 INNER JOIN 方法的 SQL 语句如下：

```
SELECT a.reader_id
FROM t_borrow_record a INNER JOIN t_borrow_record b
ON a.reader_id=b.reader_id
WHERE  a.ISBN='978-7-5611-8921-4' AND b.ISBN='978-7-5106-4661-4';
```

自连接查询也可以使用全连接的方式来进行改写，在 FROM 语句中利用逗号“,”连接多个表，在 WHERE 语句中通过逻辑表达式来实现匹配条件，从而实现表的连接。SQL 语句如下：

```
SELECT a.reader_id
FROM t_borrow_record a,t_borrow_record b
WHERE  a.reader_id=b.reader_id AND
a.ISBN='978-7-5611-8921-4' AND b.ISBN='978-7-5106-4661-4';
```

使用 INNER JOIN 的查询结果如图 3.2.6 所示，使用全连接的查询结果如图 3.2.7 所示，可以看到两种查询方法得到的结果是一致的。

```
mysql> SELECT a.reader_id
    -> FROM t_borrow_record a INNER JOIN t_borrow_record b
    -> ON a.reader_id=b.reader_id
    -> WHERE  a.ISBN='978-7-5611-8921-4'  AND b.ISBN='978-7-5106-4661-4';
+-----------+
| reader_id |
+-----------+
| 101103    |
| 101109    |
+-----------+
2 rows in set (0.00 sec)
```

图 3.2.6 多表查询结果 1（1）-INNER JOIN

```
mysql> SELECT a.reader_id
    -> FROM t_borrow_record a,t_borrow_record b
    -> WHERE  a.reader_id=b.reader_id AND
    -> a.ISBN='978-7-5611-8921-4'  AND b.ISBN='978-7-5106-4661-4';
+-----------+
| reader_id |
+-----------+
| 101103    |
| 101109    |
+-----------+
2 rows in set (0.00 sec)
```

图 3.2.7 多表查询结果 1（1）- 全连接

内连接查询（等值连接，不等值连接）

（2）查询女性读者的所有借阅信息。

分析：要查询女性读者的所有借阅信息，需要查询两张表——读者信息表 t_reader 和借阅信息表 t_borrow_record。需要从 t_borrow_record 表查询所有借阅信息，查询条件为满足性别为女性的读者编号，判断性别为女性的读者编号由 t_reader 表查询得到，两表的关联匹配条件为 reader_id 相等。使用 INNER JOIN 方法的 SQL 语句如下：

```
SELECT t_borrow_record.*
FROM  t_reader INNER JOIN t_borrow_record
ON t_reader.reader_id= t_borrow_record.reader_id
WHERE t_reader.reader_sex=' 女 ';
```

使用全连接方法的 SQL 语句如下：

```
SELECT t_borrow_record.*
FROM t_reader,t_borrow_record
WHERE t_reader.reader_id= t_borrow_record.reader_id
AND t_reader.reader_sex=' 女 ';
```

使用 INNER JOIN 查询的结果如图 3.2.8 所示，使用全连接查询的结果如图 3.2.9 所示。可以看到两者的查询结果是一致的。

（3）查询借书的价格大于等于 50 的读者信息。

分析：要查询借书的价格大于等于 50 的读者信息，需要查询三张表——读者信息表 t_ reader、借阅信息表 t_borrow_record 和图书信息表 t_book。需要从 t_reader 表查询读者信息，查询条件满足借书的价格大于等于 50 的读者编号，判断借书的价格大于等于 50 的读者编号由表 t_borrow_record 表查询得到，两表的关联匹配条件为 reader_id 相等。需要从 t_borrow_record 表查询读者编号，满足条件为借阅的书的价格大于等于 50 的图书编号，判断书的价格大于等于 50 的图书编号由 t_book 表查询得到，两表的关联匹配条件为图书编号 ISBN 相等。

```
mysql> SELECT t_borrow_record.*
    -> FROM  t_reader INNER JOIN t_borrow_record
    -> ON t_reader.reader_id= t_borrow_record.reader_id
    -> WHERE t_reader.reader_sex='女';
+-----------+-----------+-------------------+-------------+
| borrow_id | reader_id | ISBN              | Borrow_date |
+-----------+-----------+-------------------+-------------+
| 170101    | 101101    | 978-7-5677-3957-4 | 2017-01-01  |
| 170102    | 101101    | 978-7-04-035413-3 | 2017-02-10  |
| 170105    | 101106    | 978-7-302-39346-7 | 2017-04-12  |
| 170106    | 101106    | 978-7-302-29239-6 | 2017-04-12  |
| 180103    | 101109    | 978-7-5611-8921-4 | 2018-02-14  |
| 180104    | 101109    | 978-7-5106-4661-4 | 2018-02-14  |
| 180105    | 101109    | 978-7-113-15131-7 | 2018-02-14  |
| 180107    | 101113    | 978-7-302-39346-7 | 2018-02-20  |
| 180108    | 101114    | 978-7-302-29239-6 | 2018-02-20  |
| 180109    | 101115    | 978-7-5106-4661-4 | 2018-02-20  |
+-----------+-----------+-------------------+-------------+
10 rows in set (0.00 sec)
```

图 3.2.8　多表查询结果 1（2）-INNER JOIN

```
mysql> SELECT t_borrow_record.*
    -> FROM t_reader,t_borrow_record
    -> WHERE t_reader.reader_id= t_borrow_record.reader_id
    -> AND t_reader.reader_sex='女';
+-----------+-----------+-------------------+-------------+
| borrow_id | reader_id | ISBN              | Borrow_date |
+-----------+-----------+-------------------+-------------+
| 170101    | 101101    | 978-7-5677-3957-4 | 2017-01-01  |
| 170102    | 101101    | 978-7-04-035413-3 | 2017-02-10  |
| 170105    | 101106    | 978-7-302-39346-7 | 2017-04-12  |
| 170106    | 101106    | 978-7-302-29239-6 | 2017-04-12  |
| 180103    | 101109    | 978-7-5611-8921-4 | 2018-02-14  |
| 180104    | 101109    | 978-7-5106-4661-4 | 2018-02-14  |
| 180105    | 101109    | 978-7-113-15131-7 | 2018-02-14  |
| 180107    | 101113    | 978-7-302-39346-7 | 2018-02-20  |
| 180108    | 101114    | 978-7-302-29239-6 | 2018-02-20  |
| 180109    | 101115    | 978-7-5106-4661-4 | 2018-02-20  |
+-----------+-----------+-------------------+-------------+
10 rows in set (0.00 sec)
```

图 3.2.9　多表查询结果 1（2）- 全连接

使用 INNER JOIN 方法的 SQL 语句如下：

```
SELECT a.*
FROM  t_reader a INNER JOIN t_borrow_record b
ON a.reader_id= b.reader_id INNER JOIN t_book c
ON b.ISBN=c.ISBN AND c.book_price>=50;
```

使用全连接方法的 SQL 语句如下：

```
SELECT a.*
FROM  t_reader a,t_borrow_record b, t_book c
WHERE a.reader_id= b.reader_id
AND b.ISBN=c.ISBN AND c.book_price>=50;
```

使用 INNER JOIN 方法的查询结果如图 3.2.10 所示，使用全连接方法的查询结果如图 3.2.11 所示，两种方法查询得到的结果一致。

```
mysql> SELECT a.*
    -> FROM  t_reader a INNER JOIN t_borrow_record b
    -> ON a.reader_id= b.reader_id INNER JOIN t_book c
    -> ON b.ISBN=c.ISBN AND c.book_price>=50;
+-----------+-------------+------------+-----------------+-------------------+
| reader_id | reader_name | reader_sex | reader_birthday | reader_borrowtotal |
+-----------+-------------+------------+-----------------+-------------------+
| 101101    | 肖华        | 女         | 1993-03-01      |              NULL |
| 101103    | 钟汉生      | 男         | 1976-10-10      |              NULL |
| 101107    | 王汉        | 男         | 1972-01-12      |              NULL |
| 101107    | 王汉        | 男         | 1972-01-12      |              NULL |
| 101109    | 张芸        | 女         | 1991-09-04      |              NULL |
| 101109    | 张芸        | 女         | 1991-09-04      |              NULL |
| 101112    | 明道        | 男         | 1992-05-25      |              NULL |
| 101115    | 王芝        | 女         | 2000-06-10      |              NULL |
+-----------+-------------+------------+-----------------+-------------------+
8 rows in set (0.00 sec)
```

图 3.2.10 多表查询 1（3）-INNER JOIN

```
mysql> SELECT a.*
    -> FROM  t_reader a,t_borrow_record b, t_book c
    -> WHERE a.reader_id= b.reader_id
    -> AND b.ISBN=c.ISBN AND c.book_price>=50;
+-----------+-------------+------------+-----------------+-------------------+
| reader_id | reader_name | reader_sex | reader_birthday | reader_borrowtotal |
+-----------+-------------+------------+-----------------+-------------------+
| 101101    | 肖华        | 女         | 1993-03-01      |              NULL |
| 101103    | 钟汉生      | 男         | 1976-10-10      |              NULL |
| 101107    | 王汉        | 男         | 1972-01-12      |              NULL |
| 101107    | 王汉        | 男         | 1972-01-12      |              NULL |
| 101109    | 张芸        | 女         | 1991-09-04      |              NULL |
| 101109    | 张芸        | 女         | 1991-09-04      |              NULL |
| 101112    | 明道        | 男         | 1992-05-25      |              NULL |
| 101115    | 王芝        | 女         | 2000-06-10      |              NULL |
+-----------+-------------+------------+-----------------+-------------------+
8 rows in set (0.00 sec)
```

图 3.2.11 多表查询 1（3）- 全连接

（4）查询读者的编号、姓名、出生日期及年龄段。

分析：要查询每一个读者的年龄段，先要计算每个读者的年龄，然后要有一个年龄段的标准值，最后才能统计出每个读者所属的年龄段。具体的操作步骤如下：

1）计算年龄。首先来了解一下 TIMESTAMPDIFF() 和 CURDATE() 两个函数：

- TIMESTAMPDIFF(interval,datetime_expr1,datetime_expr2)：返回日期 datetime_expr1 和 datetime_expr2 之间的整数差。其结果的单位由 interval 参数给出。该参数必须是 DAY（天）、WEEK（周）、MONTH（月）、YEAR（年）等其中一个。
- CURDATE()：返回当前日期。

年龄的单位肯定是以年为单位，因此求出年龄的 SQL 语句如下：

```
TIMESTAMPDIFF(year,reader_birthday,CURDATE())
```

这个语句比前面单表查询中使用的 YEAR(CURDATE())-YEAR(reader_birhtday) 简洁得多。

2）接下来创建年龄段表，SQL 语句如下：

```
CREATE TABLE t_age_group(
age_id CHAR(3),
age_min INT,
age_max INT,
age_group VARCHAR(10)
);
```

创建的结果如图 3.2.12 所示。

```
mysql> DESC t_age_group;
+-----------+-------------+------+-----+---------+-------+
| Field     | Type        | Null | Key | Default | Extra |
+-----------+-------------+------+-----+---------+-------+
| age_id    | char(3)     | YES  |     | NULL    |       |
| age_min   | int(11)     | YES  |     | NULL    |       |
| age_max   | int(11)     | YES  |     | NULL    |       |
| age_group | varchar(10) | YES  |     | NULL    |       |
+-----------+-------------+------+-----+---------+-------+
4 rows in set (0.01 sec)
```

图 3.2.12　创建 t_age_group 表

3）向表 t_age_group 中插入数据值，数据值为每个年龄段的数据，比如 0 ～ 6 岁为婴幼儿，SQL 语句如下：

```
INSERT INTO t_age_group
VALUES('1',0,6,' 婴幼儿 '),
('2',7,12,' 少儿 '),
('3',13,17,' 青少年 '),
('4',18,45,' 青年 '),
('5',46,69,' 中年 '),
('6',70,200,' 老年 ');
```

注意：向表中插入数据记录参照本单元任务 3。

插入数据的结果如图 3.2.13 所示。

```
mysql> INSERT INTO t_age_group
    -> values('1',0,6,'婴幼儿'),
    -> ('2',7,12,'少儿'),
    -> ('3',13,17,'青少年'),
    -> ('4',18,45,'青年'),
    -> ('5',46,69,'中年'),
    -> ('6',70,200,'老年');
Query OK, 6 rows affected (0.01 sec)
Records: 6  Duplicates: 0  Warnings: 0

mysql> SELECT * FROM t_age_group;
+--------+---------+---------+-----------+
| age_id | age_min | age_max | age_group |
+--------+---------+---------+-----------+
| 1      |       0 |       6 | 婴幼儿    |
| 2      |       7 |      12 | 少儿      |
| 3      |      13 |      17 | 青少年    |
| 4      |      18 |      45 | 青年      |
| 5      |      46 |      69 | 中年      |
| 6      |      70 |     200 | 老年      |
+--------+---------+---------+-----------+
6 rows in set (0.00 sec)
```

图 3.2.13　向表 t_age_group 中插入数据值

4）建立查询的 SQL 语句如下：

```
SELECT a.reader_id,a.reader_name,a.reader_birthday,b.age_group
FROM  t_reader a INNER JOIN t_age_group b
ON  TIMESTAMPDIFF(year,a.reader_birthday,CURDATE())
BETWEEN b.age_min and b.age_max;
```

可以得到如图 3.2.14 的查询结果。

```
mysql> SELECT a.reader_id, a.reader_name, a.reader_birthday, b.age_group
    -> FROM  t_reader  a  INNER JOIN t_age_group  b
    -> ON  TIMESTAMPDIFF(year, a.reader_birthday, CURDATE())
    -> BETWEEN b.age_min and b.age_max;
+-----------+-------------+-----------------+-----------+
| reader_id | reader_name | reader_birthday | age_group |
+-----------+-------------+-----------------+-----------+
| 101101    | 肖华        | 1993-03-01      | 青年      |
| 101102    | 王明峰      | 1987-05-10      | 青年      |
| 101103    | 钟汉生      | 1976-10-10      | 青年      |
| 101104    | 秦飞飞      | 1967-12-11      | 中年      |
| 101105    | 郑琴        | 1994-07-01      | 青年      |
| 101106    | 张楚楚      | 1983-04-23      | 青年      |
| 101107    | 王汉        | 1972-01-12      | 中年      |
| 101108    | 肖之瑜      | 1984-03-12      | 青年      |
| 101109    | 张芸        | 1991-09-04      | 青年      |
| 101110    | 朱强        | 1982-04-15      | 青年      |
| 101111    | 王中磊      | 1991-10-31      | 青年      |
| 101112    | 明道        | 1992-05-25      | 青年      |
| 101113    | 钟双双      | 2000-12-18      | 青年      |
| 101114    | 杜晓云      | 2001-09-10      | 青年      |
| 101115    | 王芝        | 2000-06-10      | 青年      |
| 101116    | 肖明明      | 1993-04-12      | 青年      |
+-----------+-------------+-----------------+-----------+
16 rows in set (0.00 sec)
```

图 3.2.14　多表查询结果 1（4）

2. 外连接查询

外连接查询

（1）查询已经借出却没有归还书的借阅信息。

分析：由于原始表中的数据进行外连接后看不出与内连接的任何差别，因此新建一个表 t_return_record1，表结构与 t_return_record 一致，并将表 t_return_record 中的数据全部复制至 t_return_record1。删除其中的两条记录，再建立左外连接。具体的操作步骤如下：

1）创建新表 t_return_record1。

SQL 语句如下：

```
CREATE TABLE t_return_record1 SELECT * FROM t_return_record;
```

创建的结果如图 3.2.15 所示。

```
mysql> CREATE TABLE t_return_record1 SELECT * FROM t_return_record;
Query OK, 15 rows affected (0.03 sec)
Records: 15  Duplicates: 0  Warnings: 0

mysql> SELECT * FROM t_return_record1;
+-----------+-----------+-------------+
| return_id | borrow_id | return_date |
+-----------+-----------+-------------+
| 170302001 | 170101    | 2017-03-02  |
| 170302002 | 170102    | 2017-03-02  |
| 170503001 | 170103    | 2017-05-03  |
| 170503002 | 170104    | 2017-05-03  |
| 170612001 | 170105    | 2017-06-12  |
| 170613001 | 170106    | 2017-06-13  |
| 180226001 | 180101    | 2018-02-26  |
| 180226002 | 180102    | 2018-02-26  |
| 180314001 | 180103    | 2018-03-14  |
| 180314002 | 180104    | 2018-03-14  |
| 180314003 | 180105    | 2018-03-14  |
| 180320001 | 180106    | 2018-03-20  |
| 180321001 | 180107    | 2018-03-21  |
| 180322001 | 180108    | 2018-03-22  |
| 180323001 | 180109    | 2018-03-23  |
+-----------+-----------+-------------+
15 rows in set (0.00 sec)
```

图 3.2.15　创建新表 t_return_record1

2）接下来删除新表 t_borrow_record 中 borrow_ id 为“180109”和“180106”的两

条记录。SQL 语句如下：

```
DELETE FROM t_return_record1
WHERE borrow_id ='180106' or borrow_id ='180109';
```

删除的结果如图 3.2.16 所示。

```
mysql> DELETE FROM t_return_record1
    -> WHERE borrow_id =' 180106' or borrow_id =' 180109';
Query OK, 2 rows affected (0.01 sec)

mysql> SELECT * FROM t_return_record1;
+-----------+-----------+-------------+
| return_id | borrow_id | return_date |
+-----------+-----------+-------------+
| 170302001 | 170101    | 2017-03-02  |
| 170302002 | 170102    | 2017-03-02  |
| 170503001 | 170103    | 2017-05-03  |
| 170503002 | 170104    | 2017-05-03  |
| 170612001 | 170105    | 2017-06-12  |
| 170613001 | 170106    | 2017-06-13  |
| 180226001 | 180101    | 2018-02-26  |
| 180226002 | 180102    | 2018-02-26  |
| 180314001 | 180103    | 2018-03-14  |
| 180314002 | 180104    | 2018-03-14  |
| 180314003 | 180105    | 2018-03-14  |
| 180321001 | 180107    | 2018-03-21  |
| 180322001 | 180108    | 2018-03-22  |
+-----------+-----------+-------------+
13 rows in set (0.00 sec)
```

图 3.2.16 删除表 t_borrow_record1 中的数据

3）最后建立左外连接。查询已经借出却没有归还书的借阅信息需要查询两张表——借阅表 t_borrow_record 和新建的还书表 t_return_record1。查询未还书信息需要以借阅信息为参考，使用左外连接查询方法，查询两表所有字段信息，两表的关联匹配条件为借阅编号 borrow_id 相等。SQL 语句如下：

```
SELECT a.*,b.*
FROM t_borrow_record a LEFT JOIN t_return_record1 b
   ON a.borrow_id=b.borrow_id;
```

查询结果如图 3.2.17 所示。显示与借阅编号相对应的还书信息，如果该借阅图书未还，则还书记录字段值显示为 NULL。

```
mysql> SELECT a.*, b.*
    -> FROM t_borrow_record a LEFT JOIN t_return_record1 b
    ->   ON a.borrow_id=b.borrow_id;
+-----------+-----------+-------------------+-------------+-----------+-----------+-------------+
| borrow_id | reader_id | ISBN              | Borrow_date | return_id | borrow_id | return_date |
+-----------+-----------+-------------------+-------------+-----------+-----------+-------------+
| 170101    | 101101    | 978-7-5677-3957-4 | 2017-01-01  | 170302001 | 170101    | 2017-03-02  |
| 170102    | 101101    | 978-7-04-035413-3 | 2017-02-10  | 170302002 | 170102    | 2017-03-02  |
| 170103    | 101103    | 978-7-5611-8921-4 | 2017-03-13  | 170503001 | 170103    | 2017-05-03  |
| 170104    | 101103    | 978-7-5106-4661-4 | 2017-03-13  | 170503002 | 170104    | 2017-05-03  |
| 170105    | 101106    | 978-7-302-39346-7 | 2017-04-12  | 170612001 | 170105    | 2017-06-12  |
| 170106    | 101106    | 978-7-302-29239-6 | 2017-04-12  | 170613001 | 170106    | 2017-06-13  |
| 180101    | 101107    | 978-7-5106-4661-4 | 2018-01-05  | 180226001 | 180101    | 2018-02-26  |
| 180102    | 101107    | 978-7-113-15131-7 | 2018-01-05  | 180226002 | 180102    | 2018-02-26  |
| 180103    | 101109    | 978-7-5611-8921-4 | 2018-02-14  | 180314001 | 180103    | 2018-03-14  |
| 180104    | 101109    | 978-7-5106-4661-4 | 2018-02-14  | 180314002 | 180104    | 2018-03-14  |
| 180105    | 101109    | 978-7-113-15131-7 | 2018-02-14  | 180314003 | 180105    | 2018-03-14  |
| 180107    | 101113    | 978-7-302-39346-7 | 2018-02-20  | 180321001 | 180107    | 2018-03-21  |
| 180108    | 101114    | 978-7-302-29239-6 | 2018-02-20  | 180322001 | 180108    | 2018-03-22  |
| 180106    | 101112    | 978-7-5106-4661-4 | 2018-02-20  | NULL      | NULL      | NULL        |
| 180109    | 101115    | 978-7-5106-4661-4 | 2018-02-20  | NULL      | NULL      | NULL        |
+-----------+-----------+-------------------+-------------+-----------+-----------+-------------+
15 rows in set (0.01 sec)
```

图 3.2.17 多表查询结果 2（1）

（2）查询在图书馆中的图书与已知出版社对应的情况。

分析：由于原始表中的数据进行外连接后看不出与内连接的任何差别，因此新建一个表 t_book1，表结构与 t_book 一致，并将表 t_book 中的数据全部复制至 t_book1。删除 press_id 为“101”的记录，再建立右外连接。具体操作步骤如下：

1）创建表 t_book1，SQL 语句如下：

```
CREATE TABLE t_book1 SELECT * FROM t_book;
```

创建的结果如图 3.2.18 所示。

```
mysql> CREATE TABLE t_book1 SELECT * FROM t_book;
Query OK, 11 rows affected (0.02 sec)
Records: 11  Duplicates: 0  Warnings: 0

mysql> SELECT * FROM t_book1;
```

ISBN	book_name	book_author	book_price	press_id	book_copy	book_inventory
978-7-04-034745-6	3DSMAX2012+VRAY室内效果图案例教程	刘刚	76.0	103	2	1
978-7-04-035413-3	Premiere Pro CS5.5案例教程	李涛	71.0	103	5	2
978-7-04-043916-8	Illustrator CC中文版标准教程	郑国栋	56.0	103	6	2
978-7-04-048617-9	计算机网络安全的理论与实践	王杰	52.0	103	6	1
978-7-113-15131-7	MySQL数据库应用从入门到精通	王飞飞	59.8	105	7	5
978-7-302-29239-6	数据结构	邵增珍	43.0	101	4	3
978-7-302-39346-7	SQL Server教程	郑阿奇	49.9	101	3	2
978-7-302-48586-5	大数据分析与计算	汤羽	89.0	101	5	2
978-7-5106-4661-4	云计算应用技术	张宇	56.0	104	9	4
978-7-5611-8921-4	通信工程设计及概预算	于正永	34.0	106	8	3
978-7-5677-3957-4	MySQL数据库教程	王晶晶	38.0	102	4	1

```
11 rows in set (0.00 sec)
```

图 3.2.18　创建新表 t_book1

2）删除表 t_book1 中的 press_id 为 101 的图书信息。

```
DELETE FROM   t_book1 WHERE press_id='101';
```

删除数据的结果如图 3.2.19 所示。

```
mysql> DELETE FROM t_book1 WHERE press_id='101';
Query OK, 3 rows affected (0.01 sec)

mysql> SELECT * FROM t_book1;
```

ISBN	book_name	book_author	book_price	press_id	book_copy	book_inventory
978-7-04-034745-6	3DSMAX2012+VRAY室内效果图案例教程	刘刚	76.0	103	2	1
978-7-04-035413-3	Premiere Pro CS5.5案例教程	李涛	71.0	103	5	2
978-7-04-043916-8	Illustrator CC中文版标准教程	郑国栋	56.0	103	6	2
978-7-04-048617-9	计算机网络安全的理论与实践	王杰	52.0	103	6	1
978-7-113-15131-7	MySQL数据库应用从入门到精通	王飞飞	59.8	105	7	5
978-7-5106-4661-4	云计算应用技术	张宇	56.0	104	9	4
978-7-5611-8921-4	通信工程设计及概预算	于正永	34.0	106	8	3
978-7-5677-3957-4	MySQL数据库教程	王晶晶	38.0	102	4	1

```
8 rows in set (0.00 sec)
```

图 3.2.19　删除表 t_book1 中的数据

3）建立右外连接。查询在图书馆图书中与已知出版社对应的情况需要查询两张表：出版社表 t_press 和新建的图书表 t_book1。查询图书馆图书对应的出版社情况需要以出版社表为参考，使用右外连接查询方法，查询图书表 t_book1 的图书编号和图书名称信息，出版社表 t_press 的出版社编号和出版社名称信息。两表的关联匹配条件为出版社编号 press_id 相等。SQL 语句如下：

```
SELECT a.ISBN,a.book_name,b.press_id,b.press_name
FROM t_book1 a RIGHT JOIN t_press b
ON a.press_id=b.press_id;
```

查询结果如图 3.2.20 所示，显示图书馆图书中与已知出版社对应的情况，如果图书馆未收藏该出版社的图书，则该出版社对应的图书编号和图书名字字段值显示为 NULL。

```
mysql> SELECT a.ISBN, a.book_name, b.press_id, b.press_name
    -> FROM t_book1 a RIGHT JOIN t_press b
    -> ON a.press_id=b.press_id;
+------------------+-------------------------------------+----------+--------------------+
| ISBN             | book_name                           | press_id | press_name         |
+------------------+-------------------------------------+----------+--------------------+
| 978-7-04-034745-6 | 3DSMAX2012+VRAY室内效果图案例教程   | 103      | 高等教育出版社     |
| 978-7-04-035413-3 | Premiere Pro CS5.5案例教程          | 103      | 高等教育出版社     |
| 978-7-04-043916-8 | Illustrator CC中文版标准教程        | 103      | 高等教育出版社     |
| 978-7-04-048617-9 | 计算机网络安全的理论与实践          | 103      | 高等教育出版社     |
| 978-7-113-15131-7 | MySQL数据库应用从入门到精通         | 105      | 中国铁道出版社     |
| 978-7-5106-4661-4 | 云计算应用技术                      | 104      | 现代教育出版社     |
| 978-7-5611-8921-4 | 通信工程设计及概预算                | 106      | 大连理工大学出版社 |
| 978-7-5677-3957-4 | MySQL数据库教程                     | 102      | 吉林大学出版社     |
| NULL             | NULL                                | 101      | 清华大学出版社     |
+------------------+-------------------------------------+----------+--------------------+
9 rows in set (0.00 sec)
```

图 3.2.20　多表查询结果 2（2）

3. 合并查询

有一数据表 t_press1，数据表如图 3.2.21 所示，要求与 t_press 表中的数据合并。

press_id	press_name	press_website	press_postcode	press_telephone	press_email	press_address
107	重庆大学出版社	http://www.cqup.com.cn		023-88617198	zongbianshi_cd@163.com	重庆市沙坪坝区大学城西路21号
108	中国水利水电出版社	http://www.waterpub.com.cn	100038	010-68317638	hhm@waterpub.com.cn	北京市海淀区玉渊潭南路1号D座
109	人民邮电出版社	http://www.ptpress.com.cn	100164	010-81055075	contact@epubit.com.cn	北京市丰台区寿寺路11号

图 3.2.21　数据表 t_press1

分析：表 t_press1 和表 t_press 表中的数据合并，可以使用关键字“UNION ALL”来实现，SQL 语句如下：

```
SELECT * FROM t_press1
UNION ALL
SELECT * FROM t_press;
```

合并的结果如图 3.2.22 所示。

press_id	press_name	press_website	press_postcode	press_telephone	press_email	press_address
107	重庆大学出版社	http://www.cqup.com.cn		023-88617198	zongbianshi_cd@163.com	重庆市沙坪坝区大学城西路21号
108	中国水利水电出版社	http://www.waterpub.cor	100038	010-68317638	hhm@waterpub.com.cn	北京市海淀区玉渊潭南路1号D座
109	人民邮电出版社	http://www.ptpress.com.(	100164	010-81055075	contact@epubit.com.cn	北京市丰台区寿寺路11号
101	清华大学出版社	http://www.tup.com.cn	100084	010-62770175	c-service@tup.tsing.edu.cn	清华大学学研大厦A座读
102	吉林大学出版社	http://www.jlup.com.cn	130021	0431-8499825	jlup@mail.jlu.edu.cn	吉林省长春朝阳区明德路421号
103	高等教育出版社	http://www.hep.com.cn/	100120	010-58581118	gjdzfwb@pub.hep.cn	北京市西城区德外大街4号
104	现代教育出版社	http://xdjycbs.show.imosi.	100029	010-64423901	mepwtg@yahoo.com.cn	北京市朝阳区安华里504号E座
105	中国铁道出版社	http://www.crphdm.com/	100054	010-51873052	service@crphdm.com	北京市西城区右安门西街8号
106	大连理工大学出版社	http://dutp.dlut.edu.cn/	116024	0411-84708943	dutp@dutp.cn	大连凌水街道软件园路80号

图 3.2.22　t_press 与 t_press1 合并查询结果

4. 子查询

子查询 1
(IN,EXISTS)

（1）查询女读者所有的借阅信息。

分析：前面内连接查询中用的是 INNER JOIN 和全连接，现在用子查询 IN 和 EXISTS 进行改写。要查询的所有借阅信息来自表 t_borrow_record。需满足的条件是“女”，来自表 t_reader，将表 t_reader 嵌套到另一个表 t_borrow_record 中，即来自 t_reader 表中的数据是子查询。两个表公共的字段为 reader_id，具体的 SQL 语句如下：

```
SELECT *
FROM t_borrow_record
WHERE reader_id  IN
  (SELECT reader_id
FROM t_reader
    WHERE reader_sex= " 女 " );
```

IN 子查询可以改写为 EXISTS 子查询，EXISTS 子查询在嵌套的表中要标明两个表连接的字段，但 IN 子查询可以不用标明。具体的 SQL 语句如下：

```
SELECT *
FROM t_borrow_record
WHERE EXISTS
    (SELECT reader_id  FROM t_reader
     WHERE reader_sex=" 女 "
AND t_borrow_record.reader_id=t_reader.reader_id );
```

使用 IN 子查询的结果如图 3.2.23 所示，使用 EXISTS 子查询的结果如图 3.2.24 所示。可以看到两者查询的结果是一致的。

```
mysql> SELECT *
    -> FROM t_borrow_record
    -> WHERE reader_id  IN
    -> (SELECT reader_id
    -> FROM t_reader
    -> WHERE reader_sex= "女" );
+-----------+-----------+-------------------+-------------+
| borrow_id | reader_id | ISBN              | Borrow_date |
+-----------+-----------+-------------------+-------------+
| 170105    | 101106    | 978-7-302-39346-7 | 2017-04-12  |
| 170106    | 101106    | 978-7-302-29239-6 | 2017-04-12  |
| 180103    | 101109    | 978-7-5611-8921-4 | 2018-02-14  |
| 180104    | 101109    | 978-7-5106-4661-4 | 2018-02-14  |
| 180105    | 101109    | 978-7-113-15131-7 | 2018-02-14  |
| 180107    | 101113    | 978-7-302-39346-7 | 2018-02-20  |
| 180108    | 101114    | 978-7-302-29239-6 | 2018-02-20  |
| 180109    | 101115    | 978-7-5106-4661-4 | 2018-02-20  |
+-----------+-----------+-------------------+-------------+
8 rows in set (0.00 sec)
```

图 3.2.23　使用 IN 子查询

```
mysql> SELECT *
    -> FROM t_borrow_record
    -> WHERE EXISTS
    -> (SELECT reader_id  FROM t_reader
    -> WHERE reader_sex="女"
    -> AND t_borrow_record.reader_id=t_reader.reader_id );
+-----------+-----------+-------------------+-------------+
| borrow_id | reader_id | ISBN              | Borrow_date |
+-----------+-----------+-------------------+-------------+
| 170105    | 101106    | 978-7-302-39346-7 | 2017-04-12  |
| 170106    | 101106    | 978-7-302-29239-6 | 2017-04-12  |
| 180103    | 101109    | 978-7-5611-8921-4 | 2018-02-14  |
| 180104    | 101109    | 978-7-5106-4661-4 | 2018-02-14  |
| 180105    | 101109    | 978-7-113-15131-7 | 2018-02-14  |
| 180107    | 101113    | 978-7-302-39346-7 | 2018-02-20  |
| 180108    | 101114    | 978-7-302-29239-6 | 2018-02-20  |
| 180109    | 101115    | 978-7-5106-4661-4 | 2018-02-20  |
+-----------+-----------+-------------------+-------------+
8 rows in set (0.00 sec)
```

图 3.2.24　使用 EXISTS 子查询

（2）查询没有借阅记录的读者的信息。

分析：没有借阅记录的读者信息需要从 t_reader 和 t_borrow_record 两张表中查询得到。使用子查询方法从表 t_reader 查询读者信息，满足 WHERE 条件是读者编号没有借阅记录，使用 NOT EXISTS 进行连接。SQL 语句如下：

```
SELECT *
FROM t_reader a
 WHERE  NOT EXISTS
  (SELECT reader_id FROM t_borrow_record
WHERE reader_id=a.reader_id);
```

查询的结果如图 3.2.25 所示。

```
mysql> SELECT *
    -> FROM t_reader a
    ->  WHERE  NOT EXISTS
    ->  (SELECT reader_id  FROM t_borrow_record
    -> WHERE reader_id=a.reader_id);
+-----------+-------------+------------+-----------------+--------------------+
| reader_id | reader_name | reader_sex | reader_birthday | reader_borrowtotal |
+-----------+-------------+------------+-----------------+--------------------+
| 101102    | 王明峰      | 男         | 1987-05-10      |               NULL |
| 101104    | 秦飞飞      | 男         | 1967-12-11      |               NULL |
| 101105    | 郑琴        | 女         | 1994-07-01      |               NULL |
| 101108    | 肖之瑜      | 男         | 1984-03-12      |               NULL |
| 101110    | 朱强        | 男         | 1982-04-15      |               NULL |
| 101111    | 王中磊      | 男         | 1991-10-31      |               NULL |
| 101116    | 肖明明      | 男         | 1993-04-12      |               NULL |
+-----------+-------------+------------+-----------------+--------------------+
7 rows in set (0.00 sec)
```

图 3.2.25　使用 NOT EXISTS 查询

（3）在 t_reader 表中查询女性读者的年龄大于或等于任意男性读者的信息。

子查询 2（ALL,ANY）

分析：查询条件仅需要从表 t_reader 中得到。使用子查询方法，从表 t_reader 查询读者信息，满足 WHERE 条件是读者为女性并且年龄大于或等于任意男性读者，读者为女性可以直接使用判定语句“reader_sex=' 女 '”，年龄大于或等于任意男性读者的信息需要与子查询得到的男性读者年龄作比较，所以我们需要使用子查询查询年龄大于或等于任意男性读者的信息，使用关键词“>=ANY”，与子查询得到的男性读者年龄进行判定。之前已讲过如何求出读者的年龄，这里依然采用 TIMESTAMPDIFF() 求年龄。具体的 SQL 语句如下：

```
SELECT * FROM t_reader
WHERE reader_sex=' 女 '
AND TIMESTAMPDIFF(year,reader_birthday,CURDATE())>=ANY
     (SELECT TIMESTAMPDIFF(year,reader_birthday,CURDATE())
      FROM t_reader
      WHERE reader_sex=' 男 ');
```

得到的查询结果如图 3.2.26 所示。

```
mysql> SELECT * FROM t_reader
    -> WHERE reader_sex='女'
    -> AND TIMESTAMPDIFF(year,reader_birthday,CURDATE()) >=ANY
    ->         (SELECT TIMESTAMPDIFF(year,reader_birthday,CURDATE())
    ->           FROM t_reader
    ->           WHERE reader_sex='男');
+-----------+-------------+------------+-----------------+-------------------+
| reader_id | reader_name | reader_sex | reader_birthday | reader_borrowtotal |
+-----------+-------------+------------+-----------------+-------------------+
| 101101    | 肖华        | 女         | 1993-03-01      |              NULL |
| 101106    | 张楚楚      | 女         | 1983-04-23      |              NULL |
| 101109    | 张芸        | 女         | 1991-09-04      |              NULL |
+-----------+-------------+------------+-----------------+-------------------+
3 rows in set (0.00 sec)
```

图 3.2.26　使用 ANY 子查询

女性读者的年龄大于或等于任意男性读者，其实就是女性读者的年龄大于或等于男性读者最小的年龄，可以使用 MIN() 来代替，具体的 SQL 语句如下：

```
SELECT * FROM t_reader
WHERE reader_sex=' 女 '
AND TIMESTAMPDIFF(year,reader_birthday,CURDATE())>=
    (SELECT MIN(TIMESTAMPDIFF(year,reader_birthday,CURDATE()))
      FROM t_reader
      WHERE reader_sex=' 男 ');
```

查询的结果如图 3.2.27 所示，可以看到与图 3.2.26 的结果是一致的。

```
mysql> SELECT * FROM t_reader
    -> WHERE reader_sex='女'
    -> AND TIMESTAMPDIFF(year,reader_birthday,CURDATE())>=
    ->         (SELECT MIN(TIMESTAMPDIFF(year,reader_birthday,CURDATE()))
    ->           FROM t_reader
    ->           WHERE reader_sex='男');
+-----------+-------------+------------+-----------------+-------------------+
| reader_id | reader_name | reader_sex | reader_birthday | reader_borrowtotal |
+-----------+-------------+------------+-----------------+-------------------+
| 101101    | 肖华        | 女         | 1993-03-01      |              NULL |
| 101106    | 张楚楚      | 女         | 1983-04-23      |              NULL |
| 101109    | 张芸        | 女         | 1991-09-04      |              NULL |
+-----------+-------------+------------+-----------------+-------------------+
3 rows in set (0.00 sec)
```

图 3.2.27　使用 MIN 子查询

（4）在 t_reader 表中查询男性读者的年龄大于或等于所有女性读者的信息。

分析：男性读者年龄大于或等于所有女性读者，首先从 t_reader 表中查询男性读者的年龄，子查询中查询女性读者的年龄，使用关键词 >=ALL，具体的 SQL 语句如下：

```
SELECT * FROM t_reader
WHERE reader_sex=' 男 '
AND TIMESTAMPDIFF(year,reader_birthday,CURDATE())>=ALL
    (SELECT TIMESTAMPDIFF(year,reader_birthday,CURDATE())
      FROM t_reader
      WHERE reader_sex=' 女 ');
```

查询结果如图 3.2.28 所示。

男性读者年龄大于或等于所有女性读者，其实就是男性读者的年龄大于或等于女性读者最大的年龄，也可使用统计函数 MAX() 判定，具体的 SQL 语句如下：

```
SELECT * FROM t_reader
```

```
WHERE reader_sex=' 男 '
AND TIMESTAMPDIFF(year,reader_birthday,CURDATE())>=
    (SELECT MAX(TIMESTAMPDIFF(year,reader_birthday,CURDATE()) )
     FROM t_reader
     WHERE reader_sex=' 女 ');
```

```
mysql> SELECT *  FROM  t_reader
    -> WHERE reader_sex='男'
    -> AND TIMESTAMPDIFF(year,reader_birthday,CURDATE())>=ALL
    ->             (SELECT TIMESTAMPDIFF(year,reader_birthday,CURDATE())
    ->               FROM t_reader
    ->               WHERE reader_sex='女');
+-----------+-------------+------------+-----------------+-------------------+
| reader_id | reader_name | reader_sex | reader_birthday | reader_borrowtotal |
+-----------+-------------+------------+-----------------+-------------------+
| 101103    | 钟汉生      | 男         | 1976-10-10      |              NULL |
| 101104    | 秦飞飞      | 男         | 1967-12-11      |              NULL |
| 101107    | 王汉        | 男         | 1972-01-12      |              NULL |
| 101110    | 朱强        | 男         | 1982-04-15      |              NULL |
+-----------+-------------+------------+-----------------+-------------------+
4 rows in set (0.00 sec)
```

图 3.2.28　使用 ALL 子查询

查询结果如图 3.2.29 所示，可以看到与图 3.2.28 的结果是一致的。

```
mysql> SELECT *  FROM  t_reader
    -> WHERE reader_sex='男'
    -> AND TIMESTAMPDIFF(year,reader_birthday,CURDATE())>=
    ->             (SELECT MAX(TIMESTAMPDIFF(year,reader_birthday,CURDATE()) )
    ->               FROM t_reader
    ->               WHERE reader_sex='女');
+-----------+-------------+------------+-----------------+-------------------+
| reader_id | reader_name | reader_sex | reader_birthday | reader_borrowtotal |
+-----------+-------------+------------+-----------------+-------------------+
| 101103    | 钟汉生      | 男         | 1976-10-10      |              NULL |
| 101104    | 秦飞飞      | 男         | 1967-12-11      |              NULL |
| 101107    | 王汉        | 男         | 1972-01-12      |              NULL |
| 101110    | 朱强        | 男         | 1982-04-15      |              NULL |
+-----------+-------------+------------+-----------------+-------------------+
4 rows in set (0.00 sec)
```

图 3.2.29　使用 MAX 子查询

学习多表查询要善于大处着眼小处着手

大处着眼，
小处着手。
——曾国藩

“大处着眼，小处着手”的意思是放眼全局在细致处动手，不能眼高手低，也不能眼低手高。我们在进行多表查询的时候，一定要观察数据来自几个表、表与表之间的连接条件是什么，平时一定要多加观察、多加练习，才能熟能生巧。

项目实训

1. 内连接查询

（1）在 t_score 表中查询至少选修了 course_id 为“16610004”和“16610005”两门课程的学生学号。

（2）查询“云计算技术”专业的学生信息。

（3）查询 grade 大于等于 80 分的学生信息。

2. 外连接查询

（1）利用左外连接查询在 t_student 中有基本的学生信息但在 t_score 中却没有成绩信息的学生情况。

（2）利用右外连接查询在 t_major 中有基本的专业设置但在 t_student 中却没有对应专业的学生信息。

3. 合并查询

创建一个新的表 t_major1，表结构与 t_major 一致，并插入新的记录，与 t_major 进行合并查询。

4. 子查询

（1）利用 IN 子查询查询“移动互联应用开发”这门课程的成绩信息。

（2）利用 IN 子查询查询“云计算技术”专业的学生信息。

（3）利用 IN 子查询查询姓“王”的老师讲授课程的基本信息。

（4）利用 EXISTS 查询没有成绩信息的 stu_id 和 stu_name，并修改为 IN 子查询。

任务 3　数据表的增删改

任务描述

在使用图书管理系统进行信息化管理的过程中，图书馆采购了新书，需要插入新书的记录，可以使用 Excel 导入数据。如果有修改的图书信息，需要修改记录。如果有淘汰的图书，需要删除记录，在删除记录时要注意主键与外键的约束关系。

任务要求

本任务要求能够进行以下操作：

（1）插入记录。

1）插入单条记录。

2）插入多条记录。

3）插入来自另一个表的所有记录。

（2）利用 Navicat 与 Excel 交互数据。

（3）更新记录。

（4）删除记录。在删除记录时，要注意主键与外键约束删除的 4 种关系：SET NULL、NO ACTION、RESTRICT 与 CASCADE。这 4 种关系在单元 2 任务 3 中讲过。

相关知识

3.3.1 插入数据记录

1. 插入完整数据记录

语法：

```
INSERT INTO table_name
VALUES(values1, values2……valuesn);
```

说明：

- table_name：需要操作的表名。
- valuesn：值。

注意：在 table_name 后没有任何字段名，插入的值必须与原字段的顺序一致。

【例】图 3.3.1 是一个表 customer 的字段定义，向表中插入一条记录：id 为“1001”，name 为“赵华”，sex 为“女”，pwd（密码）为“123”。

名	类型	长度	十进位	允许空值
id	char	6	0	☑
name	varchar	50	0	☑
sex	char	2	0	☑
pwd	char	6	0	☑

图 3.3.1　表 customer

SQL 语句如下：

```
INSERT INTO customer
VALUES ('1001', ' 赵华 ',' 女 ','123');
```

2. 插入数据记录的一部分

语法：

```
INSERT INTO table_name (col_name1, col_name2……col_namen)
VALUES(values1, values2……valuesn);
```

【例】向表 cumtomer 中插入一条记录，表中本身有 4 个字段，但插入的值的 id 为“1001”，name 为“赵华”，sex 为“女”。SQL 语句如下：

```
INSERT INTO customer(id, name,sex)
VALUES ('1001', ' 赵华 ',' 女 ');
```

3. 插入多条数据记录

语法：

```
INSERT INTO table_name (col_name1, col_name2……col_namen)
VALUES(values11, values21……valuesn1),
        (values12, values22……valuesn2),
        (values13, values23……valuesn3),
            ……
        (values1m, values2m……valuesnm);
```

说明：多条记录之间用“,”进行分隔。

【例】向表 cumtomer 中再插入三条数据，数据分别为：

（1）id 为 "1002"，name 为 " 李宇 "，sex 为 " 女 "，pwd 为 "L12"。

（2）id 为 "1003"，name 为 " 刘莫 "，sex 为 " 男 "，pwd 为 "M35"。

（3）id 为 "1004"，name 为 " 孙松 "，sex 为 " 男 "，pwd 为 "SS56"。

SQL 语句如下：

```
INSERT INTO student (id, name,sex,pwd)
VALUES('1002', ' 李宇 ', ' 女 ', 'L12'),
('1003', ' 刘莫 ', ' 男 ', 'M35'),
('1004', ' 孙松 ', ' 男 ', 'SS56');
```

4. 插入来自另一个表的记录

语法：

```
INSERT INTO table_name1 (col_name1, col_name2……col_namen)
SELECT col_name1, col_name2……col_namen
FROM [db_name.]table_name2;
```

注意：如果是向表 table_name1 中插入所有字段的值，则可以省掉 table_name1 后面的 (col_name1，col_name2……col_namen)，SELECT 后直接用“*”代替。如果 table_name2 来自另一个数据库，要标明数据库名 db_name。

3.3.2 更新数据记录

语法：

```
UPDATE table_name
SET co_name1=values1,
co_name2=values2,
……
co_namen=valuesn
WHERE condition
```

说明：

- table_name：需要操作的表名。
- col_namen：字段名。
- valuesn：值。
- condition：条件。

【例】将表 customer 中 name 为“赵华”的姓名改为“李华”。

```
UPDATE student
SET name=' 李华 '
WHERE name=' 赵华 ';
```

学习数据表增删改的关键在于熟能生巧

功到自然成！

——明 • 吴承恩《西游记》

用 Workbench 或者 Navicat 可以修改数据记录，为什么还要用 SQL 语句来修改呢？因为真实的软件项目都是通过 SQL 语句来修改数据的，所以一定要多加练习，达到信手拈来的境界，自然就会啦！

3.3.3 删除数据记录

语法：

```
DELETE FROM table_name WHERE condition;
```

说明：

- table_name：需要操作的表名。
- condition：条件。

【例】删除表 customer 中 name 为“孙松”的信息，SQL 语句如下：

```
DELETE FROM customer WHERE name=' 孙松 ';
```

注意：可以使用 TRUNCATE 语句删除整个表的所有记录。

任务实施

插入操作

1. 插入数据

（1）向表 t_book1 中插入一条记录，ISBN 的值为“978-7-5677-3957-5”，book_name 为“Python 程序设计”。

分析：假如 t_book1 是一张空表，表结构与 t_book 一致，如图 3.3.2 所示，向表中插入的字段只涉及 ISBN 和 book_name，不是全部字段，因此在表名 t_book1 后一定要写出具体的字段，并将插入的值与字段名进行对应。

```
+------------------+--------------+------+-----+---------+-------+
| Field            | Type         | Null | Key | Default | Extra |
+------------------+--------------+------+-----+---------+-------+
| ISBN             | char(17)     | NO   |     | NULL    |       |
| book_name        | varchar(50)  | YES  |     | NULL    |       |
| book_author      | varchar(50)  | YES  |     | NULL    |       |
| book_price       | decimal(3,1) | YES  |     | NULL    |       |
| press_id         | char(3)      | YES  |     | NULL    |       |
| book_copy        | int(3)       | YES  |     | NULL    |       |
| book_inventory   | int(3)       | YES  |     | NULL    |       |
+------------------+--------------+------+-----+---------+-------+
```

图 3.3.2　t_book 表结构

创建一个新的空表 t_book1，SQL 语句如下：

```
CREATE TABLE t_book1 LIKE t_book;
```

向表 t_book1 中插入数据，SQL 语句如下：

```
INSERT INTO t_book1(ISBN,book_name)
VALUES("978-7-5677-3957-5"," Python 程序设计 ");
```

插入之后用 SELECT 语句查看的结果如图 3.3.3 所示，除了 ISBN 和 book_name 有具体的值，其余字段的值都是 NULL。

```
mysql> INSERT INTO t_book1(ISBN,book_name)
    -> VALUES("978-7-5677-3957-5"," Python程序设计");
Query OK, 1 row affected (0.01 sec)

mysql> SELECT * FROM t_book1;
+-------------------+----------------+-------------+------------+----------+-----------+----------------+
| ISBN              | book_name      | book_author | book_price | press_id | book_copy | book_inventory |
+-------------------+----------------+-------------+------------+----------+-----------+----------------+
| 978-7-5677-3957-5 | Python程序设计 | NULL        |       NULL | NULL     |      NULL |           NULL |
+-------------------+----------------+-------------+------------+----------+-----------+----------------+
1 row in set (0.00 sec)
```

图 3.3.3　插入单条数据

（2）向表 t_book1 中插入多条记录。

具体数据值如下：

ISBN	book_name	book_author	book_price	press_id	book_copy	book_inventory
978-7-5677-3957-4	MySQL数据库教程	王晶晶	38	102	4	1
978-7-04-035413-3	Premiere Pro CS5.5案例教程	李涛	71	103	5	2
978-7-04-048617-9	计算机网络安全的理论与实践	王杰	52	103	6	1
978-7-04-034745-6	3DSMAX2012+VRAY室内效果图案例教程	刘刚	76	103	2	1

分析：由于向表 t_book1 中插入多条数据记录，每一个字段都有对应的数据值，因此可以在表名 t_book1 当中省略具体的字段名，具体的 SQL 语句如下：

```
INSERT INTO t_book1 VALUES
('978-7-5677-3957-4','MySQL 数据库教程 ',' 王晶晶 ',38,'102',4,1),
('978-7-04-035413-3','Premiere Pro CS5.5 案例教程 ',' 李涛 ', 71,'103',5,2),
('978-7-04-048617-9',' 计算机网络安全的理论与实践 ',' 王杰 ', 52,'103',6,1),
('978-7-04-034745-6','3DSMAX2012+VRAY 室内效果图案例教程 ',' 刘刚 ',76,'103',2,1);
```

插入数据后，用 SELECT 语句查看的结果如图 3.3.4 所示。

（3）新建一个表 t_book2，表结构与 t_book 一致，将表 t_book 中的数据全部插入到表 t_book2 中。

```
mysql> INSERT INTO t_book1 VALUES
    -> ('978-7-5677-3957-4','MySQL数据库教程','王晶晶',38,'102',4,1),
    -> ('978-7-04-035413-3','Premiere Pro CS5.5案例教程','李涛', 71,'103',5,2),
    -> ('978-7-04-048617-9','计算机网络安全的理论与实践','王杰', 52,'103',6,1),
    -> ('978-7-04-034745-6','3DSMAX2012+VRAY室内效果图案例教程','刘刚',76,'103',2,1);
Query OK, 4 rows affected (0.00 sec)
Records: 4  Duplicates: 0  Warnings: 0

mysql> SELECT * FROM t_book1;
+-------------------+-----------------------------------+-------------+------------+----------+-----------+----------------+
| ISBN              | book_name                         | book_author | book_price | press_id | book_copy | book_inventory |
+-------------------+-----------------------------------+-------------+------------+----------+-----------+----------------+
| 978-7-5677-3957-5 |  Python程序设计                   | NULL        |       NULL | NULL     |      NULL |           NULL |
| 978-7-5677-3957-4 | MySQL数据库教程                   | 王晶晶      |       38.0 | 102      |         4 |              1 |
| 978-7-04-035413-3 | Premiere Pro CS5.5案例教程        | 李涛        |       71.0 | 103      |         5 |              2 |
| 978-7-04-048617-9 | 计算机网络安全的理论与实践        | 王杰        |       52.0 | 103      |         6 |              1 |
| 978-7-04-034745-6 | 3DSMAX2012+VRAY室内效果图案例教程  | 刘刚        |       76.0 | 103      |         2 |              1 |
+-------------------+-----------------------------------+-------------+------------+----------+-----------+----------------+
5 rows in set (0.00 sec)
```

图 3.3.4　插入多条记录

分析：新建表结构的 SQL 语句如下：

```
CREATE TABLE t_book1 like t_book;
```

使用 SQL 语句插入表 t_book 中的所有数据记录，SQL 语句如下：

```
INSERT INTO t_book1 SELECT * FROM t_book;
```

可以看到表 t_book2 中的数据与表 t_book 中的数据一致，如图 3.3.5 所示。

```
mysql> INSERT INTO t_book2 SELECT * FROM t_book;
Query OK, 11 rows affected (0.01 sec)
Records: 11  Duplicates: 0  Warnings: 0

mysql> SELECT * FROM t_book2;
+-------------------+-----------------------------------+-------------+------------+----------+-----------+----------------+
| ISBN              | book_name                         | book_author | book_price | press_id | book_copy | book_inventory |
+-------------------+-----------------------------------+-------------+------------+----------+-----------+----------------+
| 978-7-04-034745-6 | 3DSMAX2012+VRAY室内效果图案例教程  | 刘刚        |       76.0 | 103      |         2 |              1 |
| 978-7-04-035413-3 | Premiere Pro CS5.5案例教程        | 李涛        |       71.0 | 103      |         5 |              2 |
| 978-7-04-043916-8 | Illustrator CC中文版标准教程      | 郑国栋      |       56.0 | 103      |         6 |              2 |
| 978-7-04-048617-9 | 计算机网络安全的理论与实践        | 王杰        |       52.0 | 103      |         6 |              1 |
| 978-7-113-15131-7 | MySQL数据库应用从入门到精通       | 王飞飞      |       59.8 | 105      |         7 |              5 |
| 978-7-302-29239-6 | 数据结构                          | 邵增珍      |       43.0 | 101      |         4 |              3 |
| 978-7-302-39346-7 | SQL Server教程                    | 郑阿奇      |       49.9 | 101      |         3 |              2 |
| 978-7-302-48586-5 | 大数据分析与计算                  | 汤羽        |       89.0 | 101      |         5 |              2 |
| 978-7-5106-4661-4 | 云计算应用技术                    | 张宇        |       56.0 | 104      |         9 |              4 |
| 978-7-5611-8921-4 | 通信工程设计及概预算              | 于正永      |       34.0 | 106      |         8 |              3 |
| 978-7-5677-3957-4 | MySQL数据库教程                   | 王晶晶      |       38.0 | 102      |         4 |              1 |
+-------------------+-----------------------------------+-------------+------------+----------+-----------+----------------+
11 rows in set (0.00 sec)
```

图 3.3.5　t_book2 表中插入来自 t_book 表的数据

2. 利用 Navicat 与 Excel 交互数据

（1）将 Navicat 中数据表的数据导出到 Excel 中。打开 Navicat，在要导出的数据表上单击右键，选择“导出向导”，如图 3.3.6 所示。

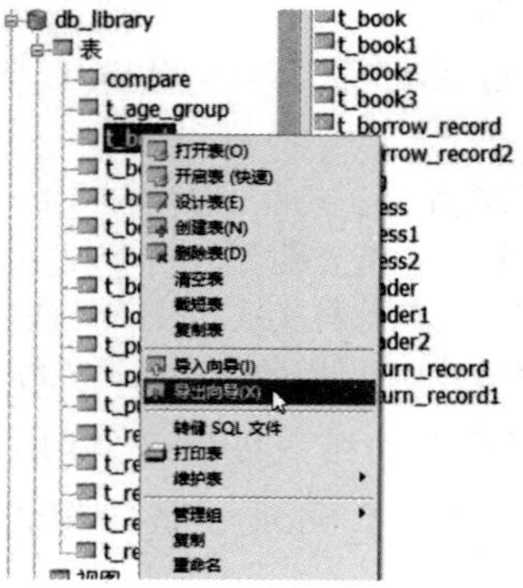

图 3.3.6　选择“导出向导”

在出现的对话框中选择需要导出的类型，如图 3.3.7 所示。一步一步往下操作，就可以导出所需要的 Excel 表。

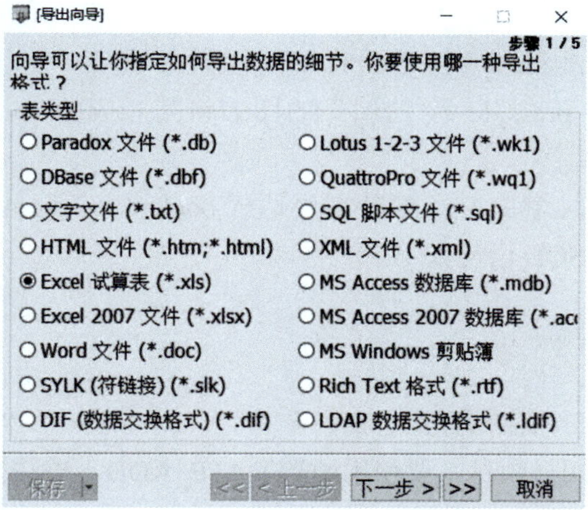

图 3.3.7　选择导出的类型

（2）将 Excel 中的数据导入到 Navicat 数据库中。首先需要在 Navicat 中新建一个与 Excel 相同结构的表，在数据表上单击右键，选择“导入向导”，如图 3.3.8 所示。然后选择需要导入的类型，如图 3.3.9 所示，一步一步根据向导操作，就可以将 Excel 数据导入到数据表中。

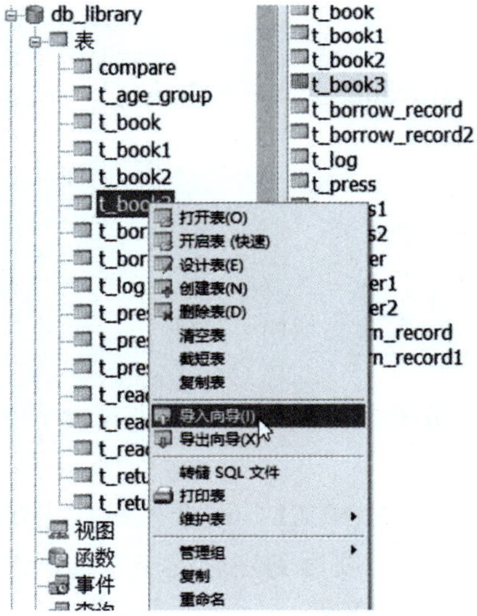

图 3.3.8　选择“导入向导”

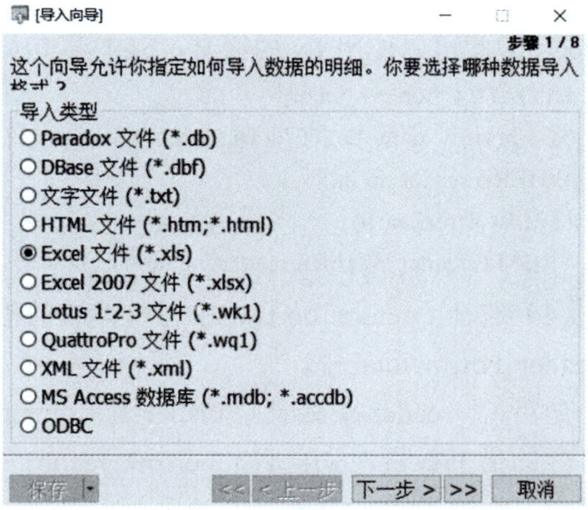

图 3.3.9　选择导入的文件类型

3. 更新数据

（1）在表 t_book 中将 book_name 为“云计算应用技术”的作者姓名改为“张明”。

更新操作

分析：修改的是作者的姓名，使用“book_author='张明'”，要满足的条件是“book_name='云计算应用技术'”，具体的SQL语句如下：

```
UPDATE t_book
SET book_author='张明'
WHERE book_name='云计算应用技术';
```

（2）在表t_book中press_id为“101”的图书将其对应的book_copy（复本量）同时增加10。

分析：将复本量同时增加10，即使用表达式book_copy=book_copy+10，要满足的条件是“press_id='101'”，SQL语句如下：

```
UPDATE t_booksel
SET book_copy=book_copy+10
WHERE press_id='101';
```

（3）将读者“王芝”的借书日期延期一个月。

分析：借书日期延期一个月，要使用函数DATE_ADD，语法格式如下：

```
DATE_ADD(date, INTERVAL expr unit)
```

参数说明：

- date：起始日期或者起始时间。
- expr：指定的是一个间隔值，在起始时间中增加或者减少。注意：expr是一个字符串。对于负值间隔，可以以"-"开头。
- unit：表示的是一个单位，比如，加上的是1天还是一个小时。

借书日期延期一个月，即可表示为

```
DATE_ADD(borrow_date, INTERVAL 1 month)
```

borrow_date来自表t_borrow_record，而作者姓名reader_name为“王芝”来自表t_reader，因此可以使用IN的嵌套，SQL语句如下：

```
UPDATE t_borrow_record
SET borrow_date=DATE_ADD(borrow_date, INTERVAL 1 month)
WHERE reader_id in
(SELECT reader_id
FROM t_reader WHERE reader_name="王芝");
```

（4）统计t_return_borrow中每位读者的借阅图书数量，将数据更新到t_reader中的字段reader_borrowtotal中。

分析：t_reader原始表中reader_borrowtotal的数量都是NULL，现要求统计出每位读者实际的借书数量（来自表t_borrow_record的数据），因此要用到嵌套的子查询，涉及每位读者，对读者的reader_id进行分组，具体的SQL语句如下：

```
UPDATE t_reader SET reader_borrowtotal=
  (SELECT COUNT(*) FROM t_borrow_record
   WHERE t_reader.reader_id=reader_id
   GROUP BY reader_id);
```

得到如图3.3.10所示的结果，可以看到，已经有借阅图书的读者显示了借阅的数量。

```
mysql> UPDATE t_reader SET reader_borrowtotal=
    ->      (SELECT COUNT(*) FROM t_borrow_record
    ->       WHERE t_reader.reader_id=reader_id
    ->       GROUP BY reader_id);
Query OK, 9 rows affected (0.01 sec)
Rows matched: 16  Changed: 9  Warnings: 0

mysql> SELECT * FROM t_reader;
+-----------+-------------+------------+-----------------+--------------------+
| reader_id | reader_name | reader_sex | reader_birthday | reader_borrowtotal |
+-----------+-------------+------------+-----------------+--------------------+
| 101101    | 肖华        | 女         | 1993-03-01      |                  2 |
| 101102    | 王明峰      | 男         | 1987-05-10      |               NULL |
| 101103    | 钟汉生      | 男         | 1976-10-10      |                  2 |
| 101104    | 秦飞飞      | 男         | 1967-12-11      |               NULL |
| 101105    | 郑琴        | 女         | 1994-07-01      |               NULL |
| 101106    | 张楚楚      | 女         | 1983-04-23      |                  2 |
| 101107    | 王汉        | 男         | 1972-01-12      |                  2 |
| 101108    | 肖之瑜      | 男         | 1984-03-12      |               NULL |
| 101109    | 张芸        | 女         | 1991-09-04      |                  3 |
| 101110    | 朱强        | 男         | 1982-04-15      |               NULL |
| 101111    | 王中磊      | 男         | 1991-10-31      |               NULL |
| 101112    | 明道        | 男         | 1992-05-25      |                  1 |
| 101113    | 钟双双      | 女         | 2000-12-18      |                  1 |
| 101114    | 杜晓云      | 女         | 2001-09-10      |                  1 |
| 101115    | 王芝        | 女         | 2000-06-10      |                  1 |
| 101116    | 肖明明      | 男         | 1993-04-12      |               NULL |
+-----------+-------------+------------+-----------------+--------------------+
16 rows in set (0.00 sec)
```

图 3.3.10　更新每位读者的借阅数量

4. 删除数据

删除操作

（1）在表 t_book 中删除 press_id 为“106”的图书信息。

分析：要满足的条件是“press_id='106'”，放在 WHERE 子句中，用 press_id 删除数据时不涉及主键与外键的约束，因此相对来说比较简单。删除数据之前，首先观察一下 t_book 和 t_press 两个表的原始数据，如图 3.3.11 和 3.3.12 所示。

ISBN	book_name	book_author	book_price	press_id	book_copy	book_inventory
978-7-04-034745-6	3DSMAX2012+VRAY	刘刚	76	103	2	1
978-7-04-035413-3	Premiere Pro CS5.5	李涛	71	103	5	2
978-7-04-043916-8	Illustrator CC中文版	郑国栋	56	103	6	2
978-7-04-048617-9	计算机网络安全的理	王杰	52	103	6	1
978-7-113-15131-7	MySQL数据库应用从	王飞飞	59.8	105	7	5
978-7-302-29239-6	数据结构	邵增珍	43	101	4	3
978-7-302-39346-7	SQL Server教程	郑阿奇	49.9	101	3	2
978-7-302-48586-5	大数据分析与计算	汤羽	89	101	5	2
978-7-5106-4661-4	云计算应用技术	张宇	56	104	9	4
978-7-5611-8921-4	通信工程设计及概预	于正永	34	106	8	3
978-7-5677-3957-4	MySQL数据库教程	王晶晶	38	102	4	1

图 3.3.11　t_book 表的原始数据

press_id	press_name	press_website	press_postcode	press_telephone	press_email	press_address
101	清华大学出版社	http://www.tup.com.cn	100084	010-62770175	c-service@tup.tsing.edu.cn	清华大学学研大厦A座读
102	吉林大学出版社	http://www.jlup.com.cn	130021	0431-8499825	jlup@mail.jlu.edu.cn	吉林省长春朝阳区明德路421号
103	高等教育出版社	http://www.hep.com.cn/	100120	010-58581118	gjdzfwb@pub.hep.cn	北京市西城区德外大街4号
104	现代教育出版社	http://xdjycbs.show.imosi.	100029	010-64423901	mepwtg@yahoo.com.cn	北京市朝阳区安华里504号E座
105	中国铁道出版社	http://www.crphdm.com/	100054	010-51873052	service@crphdm.com	北京市西城区右安门西街8号
106	大连理工大学出版社	http://dutp.dlut.edu.cn/	116024	0411-84708943	dutp@dutp.cn	大连凌水街道软件园路80号

图 3.3.12　t_press 表的原始数据

在表 t_book 中删除 press_id 为“106”的图书信息，SQL 语句如下：

```
DELETE FROM t_book WHERE press_id='106';
```

可以看到删除数据成功，如图 3.3.13 所示，从图 3.3.14 中可以看到 t_book 表里边已经没有 press_id 为 '106' 的记录。

```
mysql> DELETE FROM t_book WHERE press_id='106';
Query OK, 1 row affected (0.01 sec)
```

图 3.3.13　执行删除 press_id 为 '106' 的信息

isbn	book_name	book_author	book_price	press_id	book_copy	book_inventory
978-7-04-034745-6	3DSMAX2012+VRAY室内效	刘刚	76	103	2	1
978-7-04-035413-3	Premiere Pro CS5.5案例教	李涛	71	103	5	2
978-7-04-043916-8	Illustrator CC中文版标准教	郑国栋	56	103	6	2
978-7-04-048617-9	计算机网络安全的理论与实	王杰	52	103	6	1
978-7-113-15131-7	MySQL数据库应用从入门到	王飞飞	59.8	105	7	5
978-7-302-29239-6	数据结构	邵增珍	43	101	4	3
978-7-302-39346-7	SQL Server教程	郑阿奇	49.9	101	3	2
978-7-302-48586-5	大数据分析与计算	汤羽	89	101	5	2
978-7-5106-4661-4	云计算应用技术	张宇	56	104	9	4
978-7-5677-3957-4	MySQL数据库教程	王晶晶	38	102	4	1

图 3.3.14　查看已经删除 press_id 为 '106' 的 t_book 表

（2）设置表 t_press 中的 press_id 为主键，表 t_book 中的 press_id 为外键，外键参照主键。删除 press_telephone 以“0431”开始的出版社的信息。

分析：将表 t_press 中的 press_id 设置为主键，表 t_book 中的 press_id 设置为外键，表 t_press 和表 t_book 已经存在，因此使用 ALER 结构来设置，SQL 语句如下：

```
ALTER TABLE t_press ADD PRIMARY KEY(press_id);
ALTER TABLE t_book ADD CONSTRAINT fk_pressid FOREIGN KEY(press_id) REFERENCES
    t_press(press_id);
```

注意：一般先建立数据表的约束，然后输入数据。本任务主要讲解设置了主键与外键的约束之后观察删除数据的结果，所以先输入了数据，再设置主键与外键的约束。

可以看到创建主键与外键成功，如图 3.3.15 所示。

```
mysql> ALTER TABLE t_press ADD PRIMARY KEY(press_id);
Query OK, 0 rows affected (0.06 sec)
Records: 0  Duplicates: 0  Warnings: 0

mysql> ALTER TABLE t_book ADD CONSTRAINT fk_pressid FOREIGN KEY(press_id) REFERENCES t_press(press_id);
Query OK, 10 rows affected (0.06 sec)
Records: 10  Duplicates: 0  Warnings: 0
```

图 3.3.15　为 t_press 创建主键 press_id，为 t_book 创建外键 press_id

删除 press_telephone 以“0431”开始的出版社的信息，SQL 语句如下：

```
DELETE FROM t_press WHERE press_telephone LIKE '0431%';
```

执行 SQL 语句，可以看到删除数据失败，提示信息显示——Cannot delete or update a parent row: a foreign key constraint fails（不能删除或更新一个父行：一个外键约束导致的删除失败），如图 3.3.16 所示。

```
mysql> DELETE FROM t_press WHERE press_telephone LIKE '0431%';
ERROR 1451 (23000): Cannot delete or update a parent row: a foreign key constrain
t fails (`db_library`.`t_book`, CONSTRAINT `fk_pressid` FOREIGN KEY (`press_id`)
REFERENCES `t_press` (`press_id`))
```

图 3.3.16　执行删除 press_telephone 以“0431”开始的出版社的信息失败

（3）修改外键与主键的约束方式为 RESTRICT，删除 press_telephone 以“010”开始的出版社的信息。

分析：要建立新的主键与外键的约束方式，首先删除建立的外键，除了删除设置外键时的约束名称 fk_pressid 外，还应该删除自动建立的索引 fk_pressid，SQL 语句如下：

```
ALTER TABLE t_book DROP FOREIGN KEY fk_pressid;
ALTER TABLE t_book DROP INDEX fk_pressid;
```

可以看到删除外键成功，如图 3.3.17 所示。

```
mysql> ALTER TABLE t_book DROP FOREIGN KEY fk_pressid;
Query OK, 0 rows affected (0.02 sec)
Records: 0  Duplicates: 0  Warnings: 0

mysql> ALTER TABLE t_book DROP INDEX fk_pressid;
Query OK, 0 rows affected (0.01 sec)
Records: 0  Duplicates: 0  Warnings: 0
```

图 3.3.17　执行删除外键 press_id 的操作

重新设置外键与主键的约束方式为 RESTRICT，SQL 语句如下：

```
ALTER TABLE t_book ADD CONSTRAINT fk_pressid FOREIGN KEY(press_id) REFERENCES
    t_press(press_id) ON DELETE RESTRICT;
```

可以看到创建约束方式为 RESTRICT 的外键成功，如图 3.3.18 所示。

```
mysql> ALTER TABLE t_book ADD CONSTRAINT fk_pressid FOREIGN KEY(press_id)
REFERENCES t_press(press_id) ON DELETE RESTRICT;
Query OK, 10 rows affected (0.07 sec)
Records: 10  Duplicates: 0  Warnings: 0
```

图 3.3.18　创建约束方式为 RESTRICT 的外键成功

删除 press_telephone 以“010”开始的出版社的信息，SQL 语句如下：

```
DELETE FROM t_press WHERE press_telephone LIKE '010%';
```

可以看到删除失败，提示信息显示——Cannot delete or update a parent row: a foreign key constraint fails（不能删除或更新一个父行：一个外键约束导致的删除失败），如图 3.3.19 所示。

```
mysql> DELETE FROM t_press WHERE press_telephone LIKE '010%';
ERROR 1451 (23000): Cannot delete or update a parent row: a foreign key
constraint fails (`db_library`.`t_book`, CONSTRAINT `fk_pressid` FOREIGN
 KEY (`press_id`) REFERENCES `t_press` (`press_id`))
```

图 3.3.19　删除 press_telephone 以“010”开始的出版社的信息执行失败

（4）修改外键与主键的约束方式为 SET NULL，删除 press_telephone 以“010”开始的出版社的信息。

分析：要创建外键与主键的约束方式为 SET NULL，首先删除创建的外键，SQL 语句如下：

```
ALTER TABLE t_book DROP FOREIGN KEY fk_pressid;
ALTER TABLE t_book DROP INDEX fk_pressid;
```

可以看到删除成功，如图 3.3.20 所示。

```
mysql> ALTER TABLE t_book DROP FOREIGN KEY fk_pressid;
Query OK, 0 rows affected (0.01 sec)
Records: 0  Duplicates: 0  Warnings: 0

mysql> ALTER TABLE t_book DROP INDEX fk_pressid;
Query OK, 0 rows affected (0.02 sec)
Records: 0  Duplicates: 0  Warnings: 0
```

图 3.3.20　删除外键 press_id

创建新的外键约束方式为 SET NULL，SQL 语句如下：

```
ALTER TABLE t_book ADD CONSTRAINT fk_pressid FOREIGN KEY(press_id) REFERENCES
    t_press(press_id) ON DELETE SET NULL;
```

可以看到创建成功，如图 3.3.21 所示。

```
mysql> ALTER TABLE t_book ADD CONSTRAINT fk_pressid FOREIGN KEY(press_id)
 REFERENCES t_press(press_id) ON DELETE SET NULL;
Query OK, 10 rows affected (0.06 sec)
Records: 10  Duplicates: 0  Warnings: 0
```

图 3.3. 21　创建约束方式为 SET NULL 的外键

删除 press_telephone 以“010”开始的出版社的信息，SQL 语句如下：

```
DELETE FROM t_press WHERE press_telephone LIKE '010%';
```

可以看到删除数据成功，如图 3.3.22 所示。

```
mysql> DELETE FROM t_press WHERE press_telephone LIKE '010%';
Query OK, 4 rows affected (0.01 sec)
```

图 3.3.22　删除 press_telephone 以“010”开始的出版社的信息执行成功

t_book 表中对应的 press_id 已经变为 NULL，如图 3.3.23 所示。t_press 表中已经没有 press_telephone 以“010”开始的出版社的信息，如图 3.3.24 所示。

isbn	book_name	book_author	book_price	press_id	book_copy	book_inventory
978-7-04-034745-6	3DSMAX2012+VRAY室内效	刘刚	76	(Null)	2	1
978-7-04-035413-3	Premiere Pro CS5.5案例教程	李涛	71	(Null)	5	2
978-7-04-043916-8	Illustrator CC中文版标准教程	郑国栋	56	(Null)	6	2
978-7-04-048617-9	计算机网络安全的理论与实	王杰	52	(Null)	6	1
978-7-113-15131-7	MySQL数据库应用从入门到	王飞飞	59.8	(Null)	7	5
978-7-302-29239-6	数据结构	邵增珍	43	(Null)	4	3
978-7-302-39346-7	SQL Server教程	郑阿奇	49.9	(Null)	3	2
978-7-302-48586-5	大数据分析与计算	汤羽	89	(Null)	5	2
978-7-5106-4661-4	云计算应用技术	张宇	56	(Null)	9	4
978-7-5677-3957-4	MySQL数据库教程	王晶晶	38	102	4	1

图 3.3.23　删除 press_telephone 以“010”开始的出版社的信息后的 t_book 表数据

press_id	press_name	press_website	press_telephone	press_email	press_address	press_postcode
102	吉林大学出版社	http://www.jlup.com	0431-8499825	jlup@mail.jlu.edu.cn	吉林省长春朝阳区明	130021
106	大连理工大学出版社	http://dutp.dlut.edu.	0411-84708943	dutp@dutp.cn	大连凌水街道软件园	116024

图 3.3.24　press_telephone 以“010”开始的出版社的信息的 t_press 数据

（5）修改外键与主键的约束方式为 CASCADE，删除 press_telephone 以“0431”开始的出版社的信息。

分析：修改外键与主键的约束方式为 CASCADE，首先删除建立的外键，SQL 语句如下：

```
ALTER TABLE t_book DROP FOREIGN KEY fk_pressid;
ALTER TABLE t_book DROP INDEX fk_pressid;
```

可以看到删除成功，如图 3.3.25 所示。

```
mysql> ALTER TABLE t_book DROP FOREIGN KEY fk_pressid;
Query OK, 0 rows affected (0.01 sec)
Records: 0  Duplicates: 0  Warnings: 0

mysql> ALTER TABLE t_book DROP INDEX fk_pressid;
Query OK, 0 rows affected (0.01 sec)
Records: 0  Duplicates: 0  Warnings: 0
```

图 3.3.25　删除外键 press_id

创建外键与主键的约束方式为 CASCADE，SQL 语句如下：

```
ALTER TABLE t_book ADD CONSTRAINT fk_pressid FOREIGN KEY(press_id) REFERENCES
    t_press(press_id) ON DELETE CASCADE;
```

可以看到创建成功，如图 3.3.26 所示。

```
mysql> ALTER TABLE t_book ADD CONSTRAINT fk_pressid FOREIGN KEY(press_id)
 REFERENCES t_press(press_id) ON DELETE CASCADE;
Query OK, 10 rows affected (0.07 sec)
Records: 10  Duplicates: 0  Warnings: 0
```

图 3.3.26　创建外键与主键的约束方式为 CASCADE

删除 press_telephone 以“0431”开始的出版社的信息，SQL 语句如下：

```
DELETE FROM t_press WHERE press_telephone LIKE '0431%';
```

可以看到删除数据成功，如图 3.3.27 所示。

```
mysql> DELETE FROM t_press WHERE press_telephone LIKE '0431%';
Query OK, 1 row affected (0.00 sec)
```

图 3.3.27　删除 press_telephone 以“0431”开始的出版社的信息

查看 t_press 表中的数据，已经删除了 press_telephone 以“0431”开始的出版社的信息，如图 3.2.28 所示。查看 t_book 表中的数据，已经删除了 press_telephone 以“0431”开始对应的 press_id 为“102”的图书信息，如图 3.3.29 所示。

press_id	press_name	press_website	press_telephone	press_email	press_address	press_postcode
106	大连理工大学出版社	http://dutp.dlut.edu.	0411-84708943	dutp@dutp.cn	大连凌水街道软件园	116024

图 3.3.28　删除了 press_telephone 以“0431”开始的出版社的信息的 t_press 表

isbn	book_name	book_author	book_price	press_id	book_copy	book_inventory
978-7-04-034745-6	3DSMAX2012+VRAY室内效	刘刚	76	(Null)	2	1
978-7-04-035413-3	Premiere Pro CS5.5案例教程	李涛	71	(Null)	5	2
978-7-04-043916-8	Illustrator CC中文版标准教程	郑国栋	56	(Null)	6	2
978-7-04-048617-9	计算机网络安全的理论与实	王杰	52	(Null)	6	1
978-7-113-15131-7	MySQL数据库应用从入门到	王飞飞	59.8	(Null)	7	5
978-7-302-29239-6	数据结构	邵增珍	43	(Null)	4	3
978-7-302-39346-7	SQL Server教程	郑阿奇	49.9	(Null)	3	2
978-7-302-48586-5	大数据分析与计算	汤羽	89	(Null)	5	2
978-7-5106-4661-4	云计算应用技术	张宇	56	(Null)	9	4

图 3.3.29　删除了 press_telephone 以“0431”开始的出版社的信息的 t_book 表

项目实训

1. 插入数据

（1）新建一个表 t_student1，表结构与 t_student 一致，将表 t_student 中的男同学的数据插入到表 t_student1 中。

（2）新建一个表 t_course1，表结构与 t_course 一致，将表 t_course 中的数据列 course_id、course_name、course_credit 中的数据插入到表 t_course1 对应的 3 列中。

（3）新建一个表 t_student2，表结构与 t_student 一致，将“云计算专业”的所有学生信息插入到表中。

（4）新建一个表 t_course2，表结构与 t_course 一致，将“海飞”老师所教的课程信息全部插入到表中。

（5）使用 Navicat 将 t_student 中的信息导出到 Excel 中，新建一个空表，Excel 文件导入到新建的空表中。

2. 更新数据

（1）在表 t_student1 中将 stu_name 为“王洪”的 major_id 改为“31601”。

（2）在表 t_course1 中将 course_name 为“C 语言”的 course_credit 改为 4。

（3）将“李强”老师所教的课程更改为“Web 程序设计”。

（4）将“C 语言”的成绩统一减 10 分。

（5）在表 t_major 中添加一个字段“专业人数”，将表 t_student 中统计的专业人数更新到表 t_major 中的“专业人数”。

3. 删除数据

（1）删除表 t_student1 中 stu_birthday 为“1999-1-1”之前的所有记录。

（2）删除表 t_course1 中 course_name 为“软件工程”的记录。

（3）删除学生编号“1631607101”所有的成绩信息。

（4）删除教师“张敏”老师所教的课程信息。

（5）删除专业编号为“31601”的学生信息（先设置与 t_major 外键的约束关系在删除的时候为 restrict）。

（6）删除“选修课”的所有课程信息（先设置与 t_teacher 外键的约束关系在删除的时候为 set null）。

专业能力测评

专业核心能力	评价指标	自测结果
单表查询	1．能对数据表进行简单查询 2．能对数据表设置条件查询 3．能对数据表进行分组与排序查询	优□ 良□ 中□ 差□ 优□ 良□ 中□ 差□ 优□ 良□ 中□ 差□
多表查询	1．能正确地进行内连接查询 2．能正确地进行外连接查询 3．能正确地进行合并连接查询 4．能正确地进行子查询	优□ 良□ 中□ 差□ 优□ 良□ 中□ 差□ 优□ 良□ 中□ 差□ 优□ 良□ 中□ 差□
数据表的增删改	1．能正确地向数据表插入数据 2．能正确地更新数据表数据 3．能正确地删除数据表数据	优□ 良□ 中□ 差□ 优□ 良□ 中□ 差□ 优□ 良□ 中□ 差□

单元测验

可登录中国大学 MOOC 网测验并获得成绩。

一、单选题（每小题 2 分）

1．信贷额度关系 credit-in（C_name，limit，Credit_balance）中的三个属性分别表示用户姓名、信贷额度和到目前为止的花费。若要查询每个用户还能花费多少，相应的 SQL 语句应为 SELECT（　　）FROM credit-in。

A．C_name，Credit balance-limit　　B．C_name，limit-Credit_balance

C．C_name，limit，Credit_balance　　D．C_name，Credit_balance

2．若某企业的数据库系统中有如下所示的员工关系和仓库关系，每个仓库可有多名员工，但只有一名负责人。

员工关系 (employee)

员工编号 (employeeID)	员工姓名 (name)	部门 (department)	职务 (position)
001	李蕾	仓储部	组长
002	张明	仓储部	组长
003	何苗	仓储部	保管员

仓库关系 (warehouse)

仓库编号 (warehouseID)	仓库名称 (name)	地址 (address)	负责人编号 (pricipalID)
01	仓库 A	地址 A	001
02	仓库 B	地址 B	002
03	仓库 C	地址 C	001

则创建仓库表结构的 SQL 语句为（　　）。

A．CREATE TABLE(employeeID CHAR(2) NOT NULL UNIQUE,
name CHAR(30) NOT NULL,
address CHAR(40),
pricipalID CHAR(3));

B．CREATE TABLE((warehouseID CHAR(2) PRIMARY KEY,
name CHAR(30) NOT NULL,
address CHAR(40),
pricipalID CHAR(3));
employee(employeeID));

C．CREATE TABLE((warehouseID CHAR(2) PRIMARY KEY,
name CHAR(30)NOT NULL,
address CHAR(40),
pricipalID CHAR(3),
FOREIGN KEY(pricipalID) REFERENCES employee(employeeID));

D．CREATE TABLE((warehouseID CHAR(2),
name CHAR(30)NOT NULL,
address CHAR(40),
pricipalID CHAR(3),
PRIMARY KEY(warehouseID),
FOREIGN KEY(employeeID) REFERENCES employee(employeeID));

3．设有关系 Students（学号，姓名，年龄，性别，系名，家庭住址），如果要查询姓“李”的且家庭住址包含“科技路”的学生学号、姓名及所在系，则对应的 SELECT 语句如下：

```
SELECT 学号，姓名，系名
FROM Students
WHERE 姓名 LIKE '李%' AND （　　）;
```

A．家庭住址 LIKE '%科技路%'　　　　B．家庭住址 LIKE '*科技路*'

C．家庭住址 AS '%科技路%'　　　　D．家庭住址 AS '*科技路*'

4．商品关系 P（商品名，条形码，产地，价格）中的条形码可以作为该关系的主键。查询由“北京”生产的 185 升电冰箱的 SQL 语句如下：

```
SELECT 商品名，产地
FROM P
WHERE 产地 =' 北京 ' AND （　　）;
```

A．条形码 =185 升电冰箱　　　　B．条形码 ='185 升电冰箱'

C．商品名 =185 升电冰箱　　　　D．商品名 ='185 升电冰箱'

5．学生关系模式为 S（Sno, Sname, SD, Sage），其中：Sno 表示学生学号，Sname 表示学生姓名，SD 表示学生所在系，Sage 表示学生年龄。试将下面的 SQL 语句空缺部分补充完整，使其可以查询计算机系学生的学号、姓名和年龄。

```
SELECT Sno,Sname,Sage
FROM S
WHERE （　　）;
```

A．SD= 计算机　　　　B．SD=' 计算机 '

C．'SD'= 计算机　　　　D．'SD= 计算机 '

6．设有关系 student（学号，姓名，年龄，性别，系名），如果要查询姓名至少包括 5 个字母且倒数第二个字母为“G”的学生的学号、姓名及所在系，则对应的 SELECT 语句如下：

```
SELECT 学号，姓名，系名
FROM Students
WHERE 姓名 LIKE （　　）;
```

A．"_ _ _G_%"　　　　B．"_ _ _%G_"

C．姓名　　　　D．"_ _ _G%"

7．对于 Students 和 SC 关系，属性 Sno 表示学号，Sname 表示姓名，Sex 表示性别，SX 表示专业，Age 表示年龄，Con 表示课程号，Grade 表示成绩。查询“至少选修了两门课程的每个学生的平均成绩”的 SQL 语句如下：

```
SELECT Sno, AVG(Grade)
FEOM SC
GROUP BY Sno
（　　）>1;
```

A．WHERE COUNT (Cno)　　　　B．WHERE COUNT(DISTINCT(Cno))

C．HAVING COUNT (Cno)　　　　D．HAVING COUNT(DISTINCT(Cno))

Students

Son	Sname	Sex	SD	Age
310001	张静	女	计算机	18
310002	陈继军	男	计算机	19
410003	李丽丽	女	机械	18
410004	刘华东	男	机械	19
110041	赵庆民	男	通信	20
110042	范建华	男	通信	20

SC

Son	Sname	Sex
310002	1	93
310002	2	84
310002	3	84
410004	2	83

续表

Son	Sname	Sex
410004	3	93
110042	1	84
110042	2	82

8．设有一个关系 EMP（职工号，姓名，部门名，工种，工资），若需查询不同部门中担任“钳工”的职工的平均工资，则相应的 SELECT 语句为：

```
SELECT 部门名，AVG（工资） AS 平均工资
FROM EMP
GROUP BY （      ）
HAVING 工种 =' 钳工 ';
```

A．职工号　　B．姓名　　C．部门名　　D．工种

9．有学生表 S、课程表 C 和选课表 SC，结构分别如下：

```
s( 学号 , 姓名 , 性别 , 年龄 )
c( 课程号 , 课程名 , 学分 )
sc( 学号 , 课程号 , 成绩 )
```

检索学号、姓名、学生所修课程的课程名和成绩，正确的 SQL 语句是（　　）。

A．SELECT 学号 , 姓名 , 课程名 , 成绩 FROM s, c, sc WHERE s. 学号 =sc. 学号 AND sc. 学号 =c. 学号

B．SELECT 学号 , 姓名 , 课程名 , 成绩 FROM s INNER JOIN sc ON s. 学号 =sc. 学号 INNER JOIN c ON sc. 课程号 =c. 课程号

C．SELECT s. 学号 , 姓名 , 课程名 , 成绩 FROM s INNER JOIN sc INNER JOIN c ON s. 学号 =sc. 学号 ON sc. 课程号 =c. 课程号

D．SELECT s. 学号 , 姓名 , 课程名 , 成绩 FROM s INNER JOIN sc ON s. 学号 =sc. 学号
INNER JOIN c ON sc. 课程号 =c. 课程号

10．要求满足连接条件的记录及连接条件左侧的表中记录都包含在结果中，应使用（　　）。

A．左连接　　B．右连接

C．内部连接　　D．完全连接

11．有如下三个数据库表：

```
图书 ( 索书号 , 书名 , 出版社 , 定价 , ISBN)
借书证 ( 借书证号 , 姓名 , 性别 , 专业 , 所在单位 )
借书记录 ( 借阅号 , 索书号 , 借书证号 , 借书日期 , 还书日期 )
```

查询 2018 年被借过的图书书名、出版社和借书日期，正确的 SQL 语句是（　　）。

A．SELECT A. 书名 , A. 出版社 , B. 借书日期 FROM 图书 A
INNER JOIN 借书记录 B ON A. 索书号 =B. 索书号
WHERE B. 借书日期 =2018

B．SELECT A. 书名 , A. 出版社 , B. 借书日期 FROM 图书 A
INNER JOIN 借书记录 B ON A. 索书号 =B. 索书号
WHERE B. 借书日期 =YEAR(2018)

C．SELECT A. 书名 , A. 出版社 , B. 借书日期 FROM 图书 A
INNER JOIN 借书记录 B ON A. 索书号 =B. 索书号
WHERE YEAR(B. 借书日期)=2018

D．SELECT A. 书名 , A. 出版社 , B. 借书日期 FROM 图书 A
INNER JOIN 借书记录 B ON A. 索书号 =B. 索书号
WHERE YEAR(B. 借书日期)=YEAR(2018)

12．在成绩表中，查询数学成绩最好的三名学生的学生姓名，正确的语句是（　　）。

A．SELECT 姓名 FROM 成绩表 ORDER BY 数学 DESC LIMIT 1, 3

B．SELECT 姓名 FROM 成绩表 ORDER BY 数学 DESC LIMIT 1, 2

C．SELECT 姓名 FROM 成绩表 ORDER BY 数学 DESC LIMIT 0, 3

D．SELECT 姓名 FROM 成绩表 ORDER BY 数学 DESC LIMIT 0, 2

13．查询 1997 年、1999 年出生的同学信息，正确的 SELECT 语句是（　　）。

A．SELECT * FROM student WHERE YEAR(birthday) NOT IN(1997, 1999)

B．SELECT * FROM student WHERE YEAR(birthday)=1997 AND YEAR(birthday) =1999

C．SELECT * FROM student WHERE YEAR(birthday) IN(1997, 1999)

D．SELECT * FROM student WHERE YEAR(birthday) EXISTS(1997, 1999)

14．统计档案表中学生来自多少个城市，下面 SQL 语句正确的是（　　）。

A．SELECT SUM(DISTINCT 家庭住址) FROM 档案表

B．SELECT DISTINCT 家庭住址 FROM 档案表

C．SELECT COUNT(家庭住址) FROM 档案表

D．SELECT COUNT(DISTINCT 家庭住址) FROM 档案表

15．学生表 student 包含 sname、sex、age 三个属性列，其中 age 的默认值是 20，执行如下 SQL 语句的结果是（　　）。

```
INSERT INTO student(sex,sname,age) VALUES('M','Lili');
```

A．执行成功，sname,sex,age 的值分别是 Lili,M,20

B．执行成功，sname,sex,age 的值分别是 M,Lili,20

C．SQL 语句不正确，执行失败

D．执行成功，sname,sex,age 的值分别是 M,Lili,NULL

16．先按学号升序排列，再按成绩降序排列检索出选课表中的所有信息，下面 SQL 语句正确的是（　　）。

A．SELECT * FROM 选课表 ORDER BY 学号 , 成绩

B．SELECT * FROM 选课表 GROUP BY 学号 , 成绩

C．SELECT * FROM 选课表 ORDER BY 学号 , 成绩 DESC

D. SELECT * FROM 选课表 ORDER BY 学号 DESC, 成绩

17. 与 WHERE dno IN ('IM', 'CS') 条件等价的查询表达式是（　　）。

A. WHERE dno BETWEEN 'IM' OR 'CS'

B. WHERE dno BETWEEN 'IM' AND 'CS'

C. WHERE dno='IM' OR dno='CS'

D. WHERE dno='IM' AND dno='CS'

18. 在成绩表中，查找数学分数最高的学生记录，下面 SQL 语句的空缺部分应填入的是（　　）。

```
SELECT * FROM 成绩 WHERE 数学 >= (     ) (SELECT 数学 FROM 成绩表 )
```

A. SOME　　B. EXISTS　　C. ANY　　D. ALL

19. 在一个查询中嵌套一个或多个查询，被嵌套的查询称为（　　）。

A. 子查询　　B. 主查询　　C. 相关查询　　D. 非相关查询

20. 在教师表中查找"工龄"还没有输入数据的记录，使用的 SQL 语句是（　　）。

A. SELECT * FROM 教师表 WHERE 工龄 IS NOT NULL;

B. SELECT * FROM 教师表 WHERE 工龄 =0;

C. SELECT * FROM 教师表 WHERE 工龄 IS NULL;

D. SELECT * FROM 教师表 WHERE 工龄 =NULL;

21. 关系 R 和 S 具有相同的关系模式，由属于 R 但不属于 S 的元组组成的集合称为（　　）。

A. 并　　B. 交　　C. 差　　D. 投影

22. 若课程域 D1={ 数据库 , 操作系统 , 面向对象 }，教师域 D2={ 王强 , 刘亦 }，学生域 D3={ 刘海华 , 张刚 , 吴琨 , 梁谦 }，在关系代数运算中，D1×D2 的结果有（　　）个元组。

A. 3　　B. 4　　C. 5　　D. 6

23. 对关系进行垂直分割，消去某些列并重新安排列的顺序，再删去重复元组，称为（　　）。

A. 投影　　B. 选择　　C. 交　　D. 差

二、判断题（每小题 2 分）

1. 没有联系的两个表之间也可以实现连接查询。（　　）

A. 是　　B. 否

2. 连接查询中，使用 ON 指定两个表的连接字段。（　　）

A. 是　　B. 否

3. 所谓表中相同意义的字段，是指在多个表中名字不一定相同但取值的含义相同的字段，这是表之间实现连接查询的前提。（　　）

A. 是　　B. 否

4．MySQL 要实现左连接查询，需要使用 RIGHT JOIN 的方式。（　　）

A．是　　　　　　B．否

5．ORDER BY 后可以指定多个排序关键字。（　　）

A．是　　　　　　B．否

6．MySQL 中，INSERT 语句不能一次性向表中插入多条记录。（　　）

A．是　　　　　　B．否

7．在 CREATE TABLE 命令中可以使用 SELECT 语句复制表的结构和数据为新表。（　　）

A．是　　　　　　B．否

8．删除表中的部分记录，可以使用 TRUNCATE 语句。（　　）

A．是　　　　　　B．否

9．SELECT 后只能出现表的字段名，不能是表达式。（　　）

A．是　　　　　　B．否

单元 4　索引和视图的创建

单元导读

创建索引和视图的目的都是提高从表中检索数据的速度。索引是一种逻辑排序，可以分为普通索引、唯一索引与全文索引。视图是一种虚拟表，在数据库中并没有存储具体的物理数据。视图的数据依赖于原始表中的数据，可以来自一个表，也可以来自多个表。

教学目标

- 理解索引的基本概念
- 掌握创建索引的基本方法
- 理解视图的基本概念
- 掌握创建视图的基本方法

任务 1 创建索引

任务描述

数据表创建好后，通常会创建索引，对数据表中的一列或多列的值进行逻辑排序，可快速访问数据表中的特定信息。如果想查找图书信息中的书名，就对其书名这个字段建立索引，只对这一列进行查询，可以更快地获取所需的信息。

任务要求

本任务要求能完成如下操作：

（1）为已经创建好的表建立索引。

（2）在创建一个新表时创建索引。

（3）在一个表中建立多列索引。

在创建索引时，注意关键字 UNIQUE INDEX 与 FULLTEXT INDEX 的区别、ASC 与 DESC 的区别。

相关知识

索引的概述

4.1.1 索引的概述

1. 索引的基本概念

在学习什么是索引之前，我们先看一个例子——在图书馆借书时我们是如何取书的呢？首先要找到书目的类型，然后在对应的书架上找到我们想要的书籍，这样查找的效率比在图书馆从书架头到尾寻找要快得多。那如何更快速的在数据库表中查询一条记录呢？我们需要使用索引，索引是为了加速对表中数据行的检索而创建的一种分散的存储结构。

索引由数据表中的一列或多列组合而成，是一种将数据库中单列或者多列的值进行排序的结构。创建索引的目的是提高从表中检索数据的速度，用户创建的索引指向数据库中具体数据所在位置，当通过索引查询数据库中的数据时，不需要遍历所有数据库中的数据，从而大幅度提高查询效率。MySQL 中的所有数据类型都可以被索引，MySQL 的索引类型主要分为普通索引、唯一索引、全文索引。根据创建索引的字段又分为单列索引和多列索引等。

2. 适合创建索引的情况

通过索引查询数据，可以提高查询速度。用户查询数据时，系统不必遍历数据表中的所有记录，而是查询索引列。索引类似于图书的目录，当查找书中具体内容时，可通过目录定位到某章节的具体知识点。这样就在查找内容的过程中节约大量时间，有效地提高查找速度。适合创建索引的情况如下：

（1）经常被查询的字段，即在 WHERE 子句中出现的字段。

（2）在分组中的字段，即在 GROUP BY 子句中出现的字段。

（3）存在依赖关系的子表和父表之间的联合查询，即主键和外键字段。

（4）为经常需要排序、分组和表连接操作的字段建立索引，这样可以加快排序、分组和连接的速度。

学好索引的关键在于提高学习效率

时间就是效率！

——俗语

加快检索可以提升工作效率，建立索引就可以充分体现这一点。同学们在学习中也要注意提升学习效率哦。

3. 不适合创建索引的情况

在使用索引时，并非用户所有的查询都需要使用索引来提高查询速度。创建索引和维护需要耗费时间，并且耗费时间与数据量的大小成正比。另外，索引需要占用物理空间，给数据的维护造成很多麻烦。

不适合创建索引的情况如下：

（1）在查询中很少被使用的字段。

（2）拥有许多重复值的字段。

（3）避免对经常更新的表创建过多的索引，系统会因为频繁修改索引而耗费大量时间，从而导致系统变慢。

（4）数据量小的表最好不要建立索引。

4.1.2 创建和查看普通索引

普通索引就是创建索引时，不附加任何限制条件（唯一、非空等限制）。该类型的索引可以创建在任何数据类型的字段上。普通索引有以下三种创建方式。

1. 创建表时创建普通索引

语法：

```
CREATE TABLE table_name (
col_name1 data_type,
col_name2 data_type,
```

```
……
col_namen data_type,
INDEX index_name(col_name ASC|DESC)
);
```

2. 在已经存在的表上创建普通索引

语法：

```
CREATE INDEX index_name ON table_name (col_name ASC|DESC);
```

3. 通过 SQL 语句 ALTER TABLE 创建普通索引

语法：

```
ALTER TABLE table_name ADD INDEX index_name (col_name ASC|DESC);
```

说明：

- index_name：创建的索引名。
- col_name：索引对应的字段名称。
- ASC|DESC：ASC 表示升序排列，DESC 表示降序排列。

4.1.3 创建和查看唯一索引

唯一索引就是在创建索引时，限制索引的值必须是唯一的。唯一索引的生成方式有以下两种。

（1）自动索引：在数据库表里设置完整性约束时，该表会被系统自动创建索引。比如当设置表中的某个字段为主键或唯一完整性约束时，系统就会自动创建关联该字段的唯一索引。

（2）手动索引：手动在表上创建索引。

唯一索引有以下三种创建方式。

1. 创建表时创建唯一索引

语法：

```
CREATE TABLE table_name (
col_name1 data_type,
col_name2 data_type,
……
col_namen data_type,
UNIQUE INDEX index_name(col_name ASC|DESC)
);
```

2. 在已经存在的表上创建唯一索引

语法：

```
CREATE UNIQUE INDEX index_name ON table_name (co_name ASC|DESC);
```

3. 通过 SQL 语句 ALTER TABLE 创建唯一索引

语法：

```
ALTER TABLE table_name ADD UNIQUE INDEX index_name (col_name ASC|DESC);
```

说明：

- index_name：创建的索引名。
- col_name：索引对应的字段名称。
- ASC|DESC：ASC 表示升序排列，DESC 表示降序排列。

4.1.4 创建和查看全文索引

全文索引主要关联在数据类型为 CHAR、VARCHAR 和 TEXT 的字段上，以便能够快速地查询数据量较大的字符串类型的字段。

全文索引有以下三种创建方式。

1. 创建表时创建全文索引

语法：

```
CREATE TABLE table_name (
col_name1 data_type,
col_name2 data_type,
……
col_namen data_type,
FULLTEXT INDEX index_name(col_name ASC|DESC)
);
```

2. 在已经存在的表上创建全文索引

语法：

```
CREATE FULLTEXT INDEX index_name ON table_name (col_name ASC|DESC);
```

3. 通过 SQL 语句 ALTER TABLE 创建全文索引

语法：

```
ALTER TABLE table_name ADD FULLTEXT INDEX index_name (col_name ASC|DESC);
```

说明：

- index_name：创建的索引名。
- col_name：索引对应的字段名称。
- ASC|DESC：ASC 表示升序排列，DESC 表示降序排列。

4.1.5 创建和查看多列索引

创建索引时，所关联的字段不是一个字段，而是多个字段。虽然可以通过所关联的字段进行查询，但是只有查询条件中使用了所关联字段中的第一个字段，多列索引才会被使用。多列索引有以下三种创建方式。

1. 创建表时创建多列索引

语法：

```
CREATE TABLE table_name (
col_name1 data_type,
```

```
col_name2 data_type,
……
col_namen data_type,
INDEX index_name(col_name1 ASC|DESC, col_name2 ASC|DESC,
……
col_namen ASC|DESC)
);
```

2. 在已经存在的表上创建多列索引

语法：

```
CREATE INDEX index_name ON table_name (col_name1 ASC|DESC, col_name2 ASC|DESC, ……,
co_namen ASC|DESC) ;
```

3. 通过 SQL 语句 ALTER TABLE 创建多列索引

语法：

```
ALTER TABLE table_name ADD INDEX index_name (col_name ASC|DESC, col_name2 ASC|DESC,
……, col_namen ASC|DESC );
```

说明：

- index_name：创建的索引名。
- col_name1,col_name2,……,col_namen：索引对应的字段名称。
- ASC|DESC：ASC 表示升序排列，DESC 表示降序排列。

4.1.6　删除索引

在创建索引后，如果不再需要该索引，则可以删除指定表的索引。已经存在且不常使用的索引可能会占用系统资源，也可能导致更新速度下降，这极大地影响了数据表的性能。因此，当不需要该表的索引时，可以手动删除指定索引。删除索引可以通过 DROP 语句来实现。其基本语法如下：

```
DROP INDEX index_name ON table_name;
```

说明：

- index_name：创建的索引名。
- table_name：数据库表名称。

任务实施

创建索引

1. 为已经创建好的表建立索引

（1）为已经创建好的表 t_reader2 的字段名 reader_id 创建普通升序索引。

从本单元开始，主要使用图形管理工具 Navicat 来操作。

创建索引的具体步骤如下：

1）打开 Navicat，单击右键，选择“打开连接”，如图 4.1.1 所示。

2）单击 db_library，单击“查询”→“创建查询”，如图 4.1.2 所示。

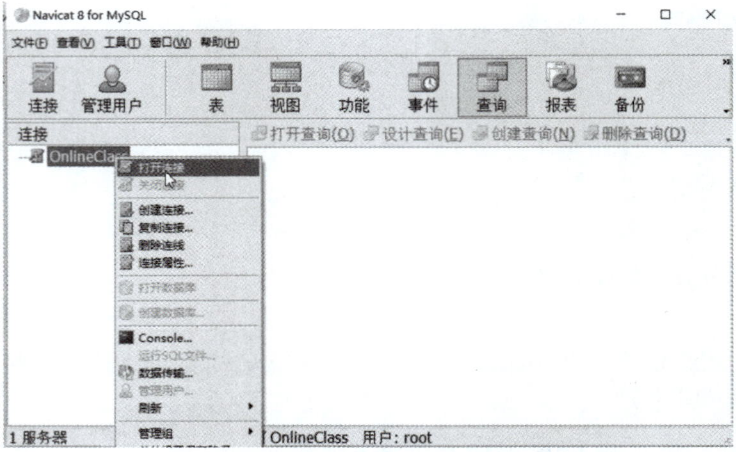

图 4.1.1　选择“打开连接”

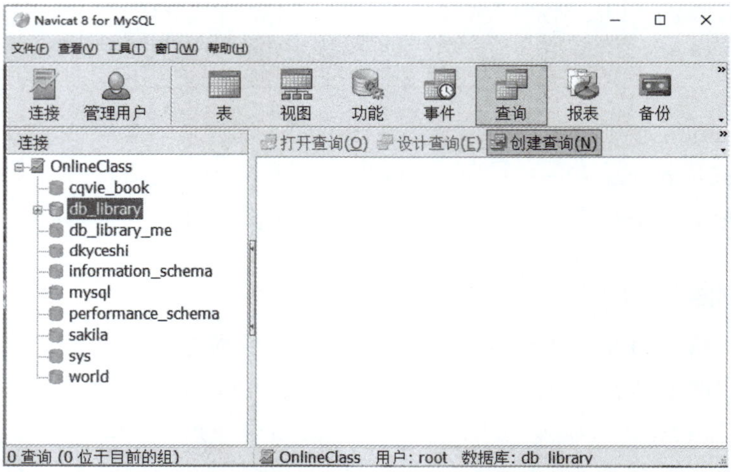

图 4.1.2　单击“创建查询”

3）用 CREATE 方法创建索引。

创建索引的 SQL 语句如下：

```
CREATE INDEX index_rid ON t_reader2(reader_id ASC);
```

在查询窗口中输入 SQL 语句，如图 4.1.3 所示，单击“运行”，可以看到创建索引成功，如图 4.1.4 所示。

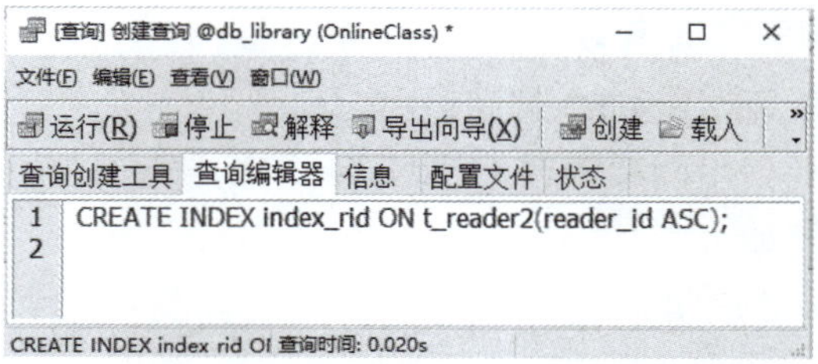

图 4.1.3　输入创建索引 index_rid 的 SQL 语句

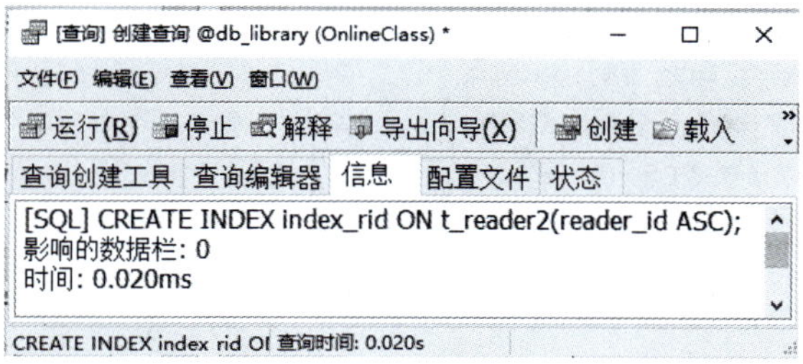

图 4.1.4　创建索引 index_rid 成功

4）查看创建的索引。返回“查询编辑器”，输入如下 SQL 语句：

```
SHOW INDEX FROM t_reader2;
```

选择输入的 SQL 语句，单击右键，选择“运行所选”，如图 4.1.5 所示。

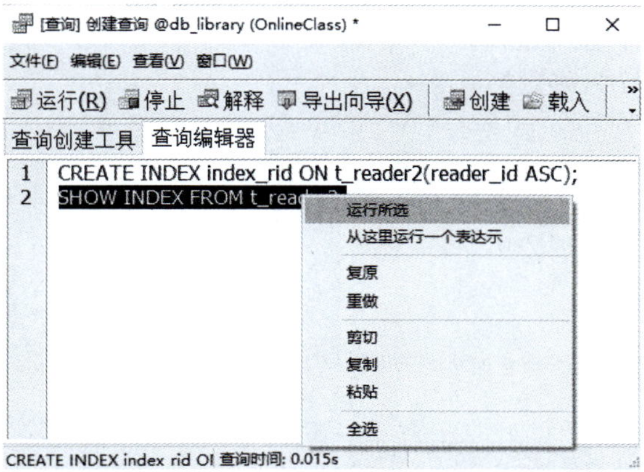

图 4.1.5　选择“运行所选”

可以看到索引创建成功，如图 4.1.6 所示。

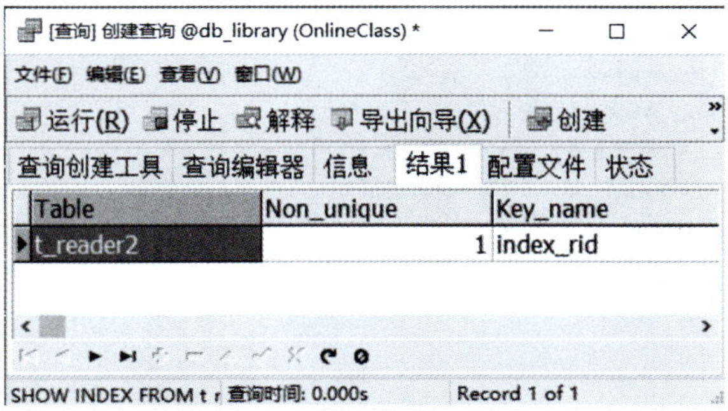

图 4.1.6　查看创建的索引 index_rid

5）删除创建的索引。返回“查询编辑器”，输入如下 SQL 语句：

```
DROP INDEX index_rid ON t_reader2;
```

选择 SQL 语句，单击右键，选择“运行所选”，如图 4.1.7 所示。

可以看到删除索引成功，如图 4.1.8 所示。

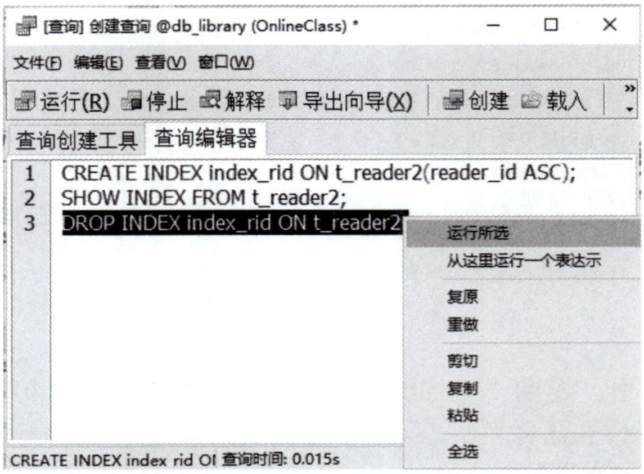

图 4.1.7　运行删除索引的 SQL 语句

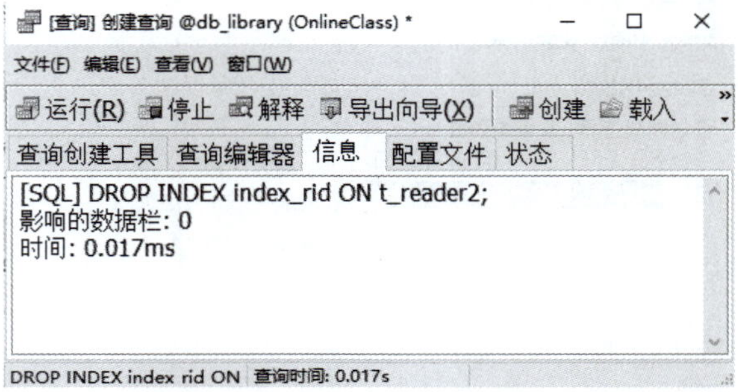

图 4.1.8　删除索引

6）用 ALTER 方法创建索引，SQL 语句如下：

```
ALTER TABLE t_reader2 ADD INDEX index_rid (reader_id ASC);
```

返回“查询编辑器”，输入创建索引的 SQL 语句，选择 SQL 语句，单击右键，选择“运行所选”，如图 4.1.9 所示。

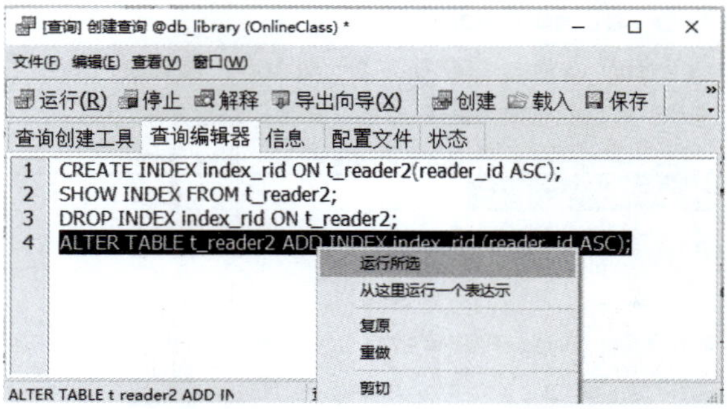

图 4.1.9　运行创建索引的 SQL 语句

可以看到创建索引成功，如图 4.1.10 所示。

可以同样使用查看索引的 SQL 语句进行查看。

（2）为表 t_press2 的字段列 press_name 创建全文索引。

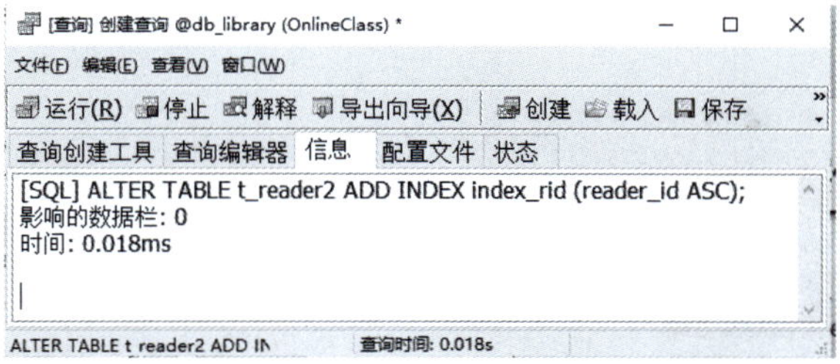

图 4.1.10　用 ALTER 语句创建索引成功

1）创建索引，SQL 语句如下：

```
ALTER TABLE t_press2 ADD FULLTEXT INDEX index_name1(press_name);
```

打开 Navicat，创建一个新的查询，输入创建索引的 SQL 语句，如图 4.1.11 所示。

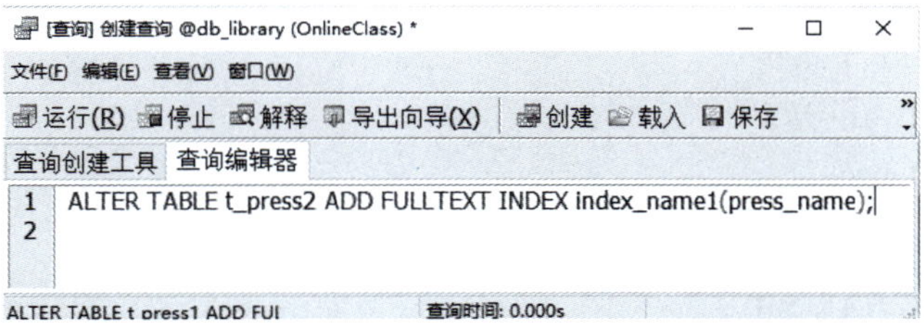

图 4.1.11　输入创建索引 index_name1 的 SQL 语句

可以看到创建索引成功，如图 4.1.12 所示。

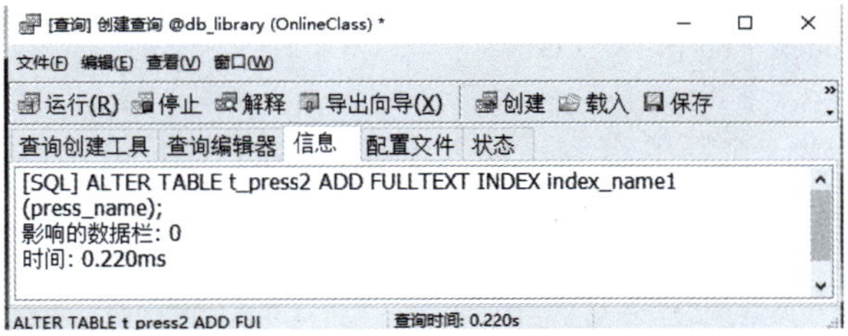

图 4.1.12　创建索引 index_name1 成功

2）查看索引。返回“查询编辑器”，输入如下 SQL 语句：

```
SHOW INDEX FROM t_press2;
```

选择 SQL 语句，单击右键，选择“运行所选”，如图 4.1.13 所示。

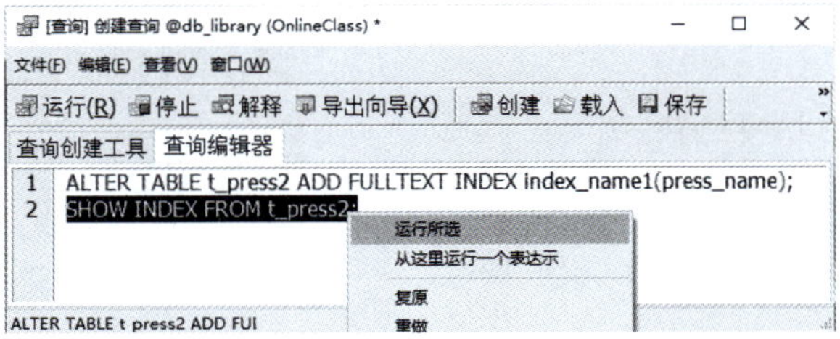

图 4.1.13　运行查看索引的 SQL 语句

可以看到索引创建成功，如图 4.1.14 所示。

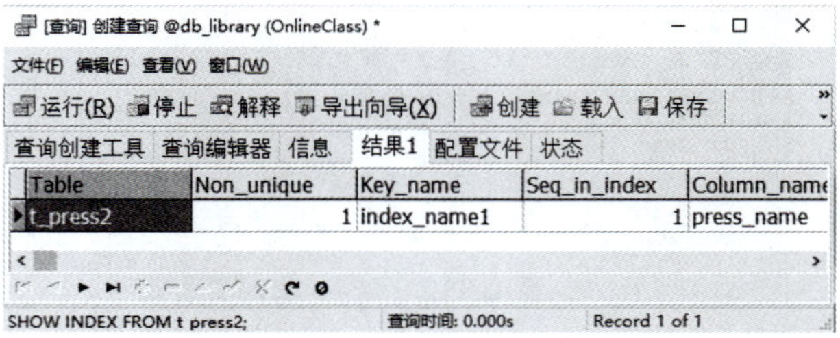

图 4.1.14　查看创建的索引 index_name1

2. 在创建一个新表时创建索引

（1）创建表 t_book2，与 t_book 结构一致（不能复制表结构），在创建表的过程中为 ISBN 创建一个唯一降序索引。

创建索引，SQL 语句如下：

```
CREATE TABLE t_book2
(
  ISBN CHAR(17) ,
  book_name VARCHAR(50),
  book_author VARCHAR(50),
  book_price DECIMAL(3,1),
  press_id CHAR(3),
  book_copy INT(3),
  book_inventory INT(3),
  UNIQUE INDEX index_isbn(ISBN DESC)
);
```

打开 Navicat，创建一个新的查询，输入创建索引的 SQL 语句，如图 4.1.15 所示。单击“运行”可以看到，创建新表时创建索引成功，如图 4.1.16 所示。

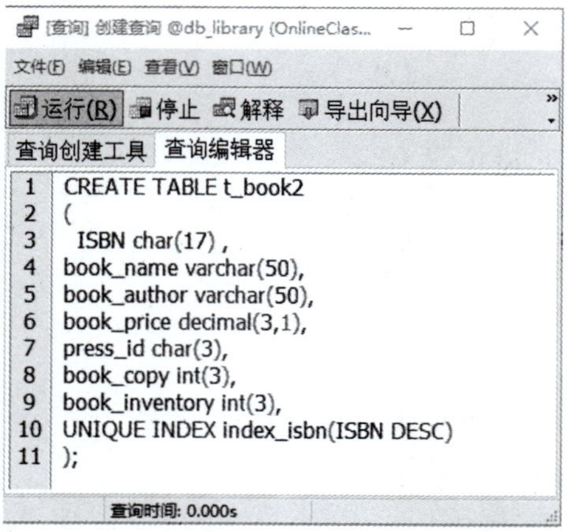

图 4.1.15　输入创建索引 index_isbn 的 SQL 语句

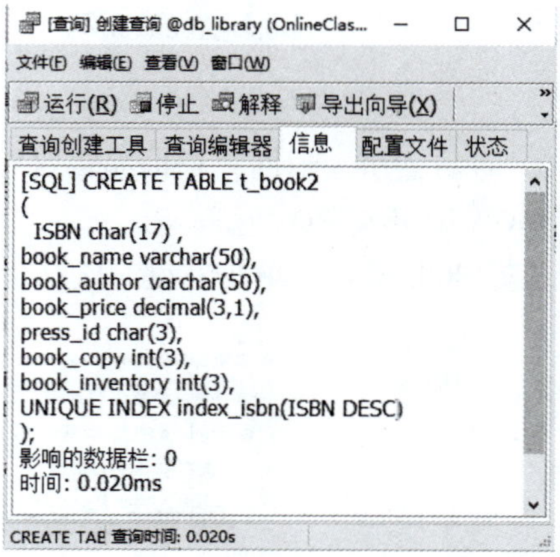

图 4.1.16　创建索引 index_isbn 成功

（2）回到查询编辑器，输入查询索引的 SQL 语句：

```
SHOW INDEX FROM t_book2;
```

选择输入的 SQL 语句，单击右键，选择“运行所选”，如图 4.1.17 所示。

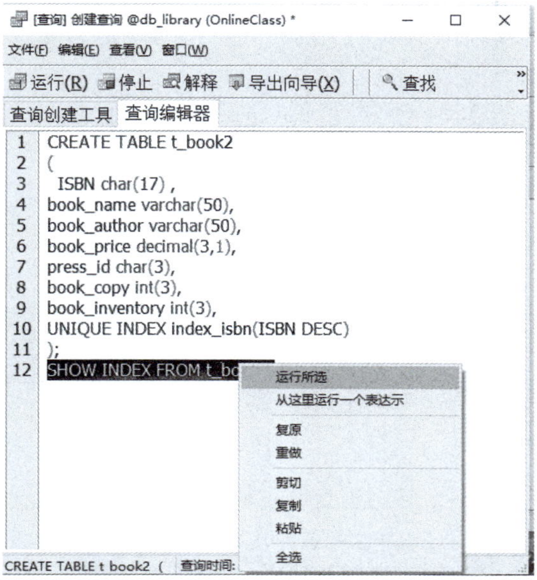

图 4.1.17　运行查看索引的 SQL 语句

可以看到创建的索引 index_isbn，如图 4.1.18 所示。

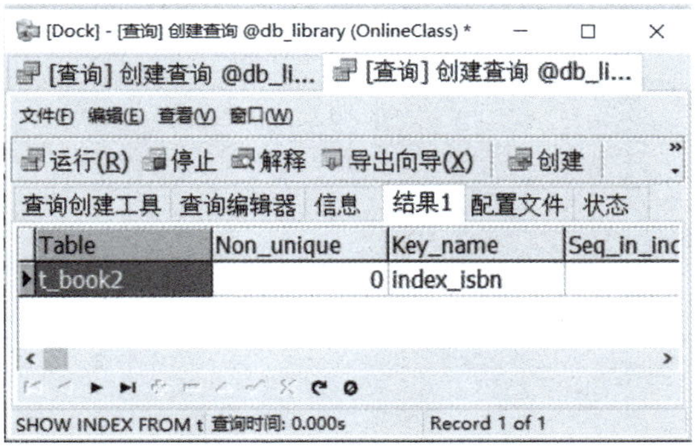

图 4.1.18　查看创建的索引

3. 在一个表中建立多列索引

为表 t_borrow_record2 建立多列索引，字段列 borrow_id 进行升序排列，borrow_id 列相同的情况下按 reader_id 的升序排列。

（1）创建索引的 SQL 语句如下：

```
CREATE INDEX index_bid1 ON t_borrow_record2(borrow_id DESC, reader_id ASC);
```

打开 Navicat，创建一个新的查询，输入创建索引的 SQL 语句，如图 4.1.19 所示。

单击“运行”，可以看到创建索引成功，如图 4.1.20 所示。

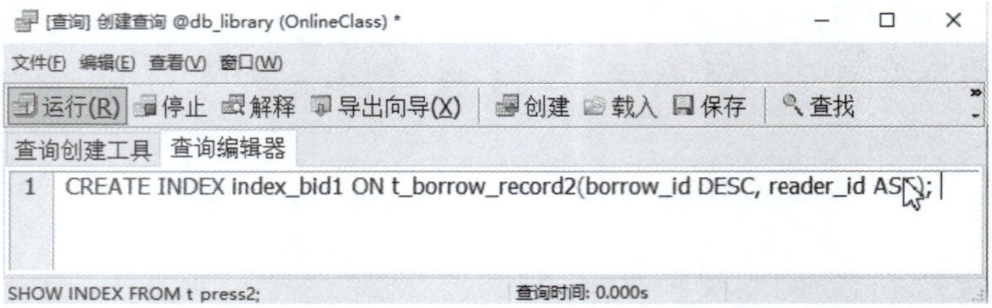

图 4.1.19　输入创建索引 index_bid1 的 SQL 语句

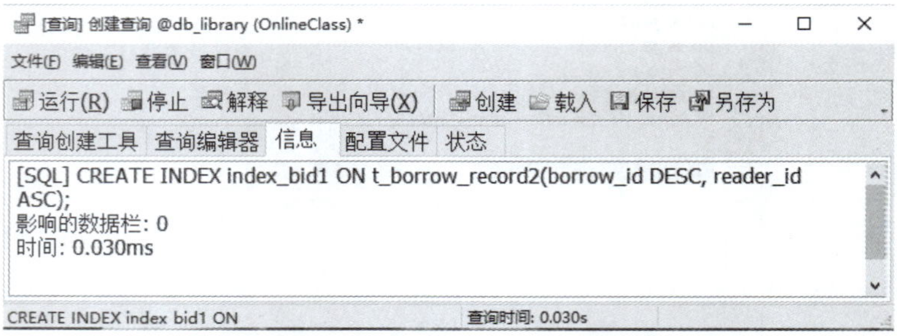

图 4.1.20　创建索引 index_bid1 成功

（2）查看索引，SQL 语句如下：

```
SHOW INDEX FROM t_borrow_record2;
```

选择输入的 SQL 语句，单击右键，选择“运行所选”，如图 4.1.21 所示。

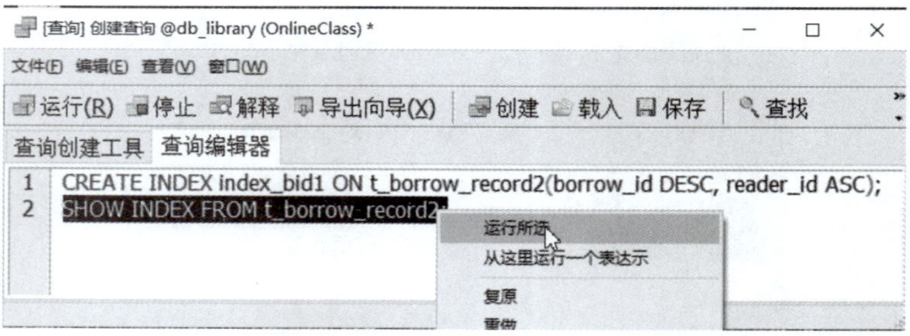

图 4.1.21　运行查看索引的 SQL 语句

可以查看到创建的索引，如图 4.1.22 所示。

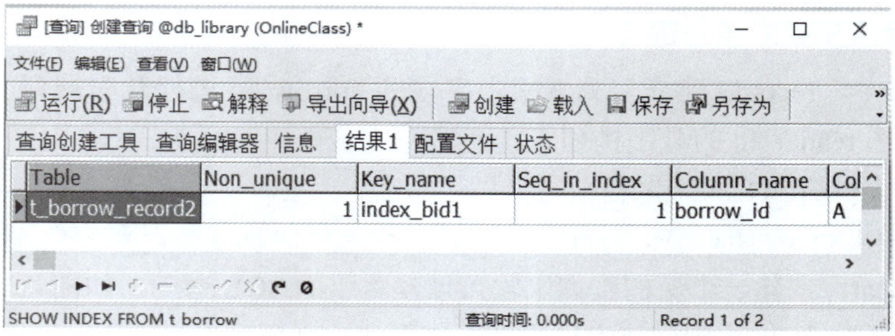

图 4.1.22　查看创建的索引

项目实训

1. 为已经创建好的表建立索引

（1）用 CREATE INDEX 方法在已经创建好的表 t_student2 上为其字段名 stu_id 创建普通降序索引。

（2）用 ALTER TABLE…ADD INDEX 方法为表 t_course2 的字段列 course_name 创建全文索引。

2. 创建新表时创建索引

创建表 t_teacher2，与 t_teacher 结构一致（不能复制表结构），在创建表的过程中创建索引，为 teacher_id 创建一个唯一升序索引。

3. 创建多列索引

（1）创建新表 t_score2，与表 t_score 结构一致，在创建表的时候建立多列索引，字段列 stu_id 进行升序排列，stu_id 列相同的情况下按 grade 的升序排列。然后删除其新建的索引。

（2）用 CREATE INDEX 的方法创建索引，然后将其删除。

（3）用 ALTER TABLE…ADD INDEX 的方法创建索引。

任务 2　创建视图

任务描述

视图是原始数据的一种变换，是查看表中数据的另一种方式。它是从一个或多个实际表中导出的虚拟表，一个视图也可以从另一个视图中产生。视图的定义存在数据库中，与此定义相关的数据并没有存一份于数据库中，通过视图看到的数据存放在基表中。

任务要求

1. 创建视图

使用 CREATE VIEW 创建来自单表或者多表数据的视图。

2. 修改视图

使用 ALTER VIEW 修改已经创建好的视图。

3. 删除视图

使用 DROP VIEW 删除创建好的视图。

相关知识

4.2.1 视图的基本知识

视图的概述

1. 视图的概念

用户在查询数据时，往往只关心数据表中的一部分内容，如读者关心自己借阅的图书ISBN与图书名称。同样，图书管理员也会只关心读者借阅的图书ISBN与图书名称。通常将这些使用频率较高的信息做成一张虚表，供读者或图书管理员查询使用。数据库中有些数据是敏感的，同样可以将这些敏感的信息做成一张虚表，只对部分用户公开，这种虚表就是视图。

视图本质上是一种虚拟表，其内容与真实的表相似，包含一系列带有名称的列和行数据，但视图并不在数据库中以存储的数据值形式存在。数据库中只存放了视图的定义，而没有存放视图中的数据。这些数据存放在原来的表中。使用视图查询数据时，数据库管理系统会从原来的表中取出对应的数据。因此，视图中的数据依赖于原来的表中的数据。一旦表中的数据改变，显示在视图中的数据也会改变。

视图的英文单词是 view，它还有另外的中文含义：视野，风景。我们可以简单地理解为：每个人眼里的风景不一样。在数据库里其实就是每类用户获取与关心的数据是不一样的。这样理解视图是不是容易多了呢？

学习视图要注意领悟难懂的知识点

大道至简，
悟者天成。
——老子《道德经》

老子说：大道至简，悟者天成。意思是道理简单到一两句话就能说明白，有悟性的人能从简单的事情中获得最深的道理，从而成功。我们学习数据库是相同的道理，对于看似复杂难懂的知识点，我们都可以找到简单的方法去理解。

2. 为什么使用视图？

视图的作用可以归纳为以下几点。

（1）简单性。视图可以简化用户对数据的理解和对数据的操作。较复杂的查询逻辑可被定义为视图，从而方便后续的查询。

（2）安全性。视图可以增强数据的安全性，防止未授权的用户查看特定的行或列，权限用户只能看到表中特定的数据。

（3）数据独立性。视图可以使应用程序和数据库表在一定程度上独立。程序可以建立在视图之上，使程序与数据库表被视图分隔开。当数据库表发生变化时，可以通过视图屏蔽表的变化，从而使应用程序不需要改变；当应用程序发生变化时，可以通过视图屏蔽程序的变化，从而使表不需要改变。

3. 视图的特点

视图的特点可以归纳为以下几点。

（1）视图的列可以来自不同的表，是表的抽象和在逻辑意义上建立的新关系。

（2）视图是由基本表（实表）产生的表（虚表）。

（3）视图的建立和删除不影响基本表。

（4）对视图内容的更新（添加、删除和修改）直接影响基本表。

（5）当视图来自多个表时，不允许添加和删除数据。

4.2.2 视图的操作命令

1. 创建视图

语法：

```
CREATE VIEW view_name [( 属性清单 )] AS
SELECT 语句
[WITH [CASCADED|LOCAL] CHECK OPTION]
```

说明：

- view_name：创建的视图名。
- 属性清单：可选参数，指定视图中的各个属性名，默认情况下与 SELECT 语句中查询的属性名相同。
- WITH CHECK OPTION：可选参数，表示更新视图时要保证在该视图的权限范围内。

2. 查看视图

查看视图是指查看数据库中已经存在的视图，主要方法包括 SHOW TABLES 语句、SHOW TABLE STATUS 语句、SHOW CREATE VIEW 语句和 DESCRIBE 语句。

（1）SHOW TABLES 语句。可以使用 SHOW TABLES 语句查看视图名称。

语法：

```
SHOW TABLES [LIKE 'view_name'];
```

说明：

- LIKE：需要匹配的字符串。
- view_name：需要查看的视图名称，需要使用单引号。

（2）SHOW TABLE STATUS 语句。可以使用 SHOW TABLE STATUS 语句查看视图详细名称。

语法：

```
SHOW TABLE STATUS [LIKE 'view_name'];
```

说明：

- LIKE：需要匹配的字符串。
- view_name：需要查看的视图名称，需要使用单引号。

（3）SHOW CREATE VIEW 语句。可以使用 SHOW CREATE VIEW 语句查看视图定义信息。

语法：

```
SHOW CREATE VIEW view_name;
```

说明：

- view_name：需要查看的视图名称。

（4）DESCRIBE 语句。可以使用 DESCRIBE 语句查看视图设计信息。

语法：

```
DESCRIBE|DESC view_name;
```

说明：

- view_name：需要查看的视图名称。

3. 修改视图

修改视图是指修改数据库中已经存在的视图，主要方法包括 CREATE OR REPLACE VIEW 语句和 ALTER VIEW 语句。

（1）CREATE OR REPLACE VIEW 语句。CREATE OR REPLACE VIEW 语句可以用来修改视图。该语句的使用非常灵活，在视图已经存在的情况下，对视图进行修改，视图不存在时，可以创建视图。

语法：

```
CREATE OR REPLACE VIEW view_name [( 属性清单 )] AS
SELECT 语句
[WITH [CASCADED|LOCAL] CHECK OPTION];
```

说明：

- view_name：创建或修改的视图名。
- 属性清单：可选参数，指定视图中的各个属性名，默认情况下与 SELECT 语句中查询的属性名相同。
- WITH CHECK OPTION：可选参数，表示更新视图时要保证在该视图的权限范围内。

（2）ALTER VIEW 语句。

语法：

```
ALTER VIEW view_name [( 属性清单 )] AS
SELECT 语句
[WITH [CASCADED|LOCAL] CHECK OPTION];
```

说明：

- view_name：修改的视图名。

- 属性清单：可选参数，指定视图中的各个属性名，默认情况下与 SELECT 语句中查询的属性名相同。
- WITH CHECK OPTION：可选参数，表示更新视图时要保证在该视图的权限范围内。

4. 删除视图

删除视图是指删除数据库中已存在的视图。删除视图时，只能删除视图的定义，不会删除数据。可以使用 DROP VIEW 语句来删除视图。

语法：

```
DROP VIEW IF EXISTS view_name [CASCADE|RESTRICT];
```

说明：

- view_name：待删除的视图名。
- IF EXISTS：用于判断视图是否存在，如果存在则执行删除操作，如果不存在则不执行删除操作。

任务实施

创建视图

1. 创建视图

（1）创建“90 后”读者信息的视图 view_after90。

创建视图的 SQL 语句如下：

```
CREATE VIEW view_after90 AS
SELECT *
FROM t_reader
WHERE reader_birthday BETWEEN '1990-1-1' AND '1999-12-31';
```

具体操作步骤如下：

1）打开 Navicat，单击“创建查询”，在查询窗口中输入 SQL 语句，单击“运行”，如图 4.2.1 所示。

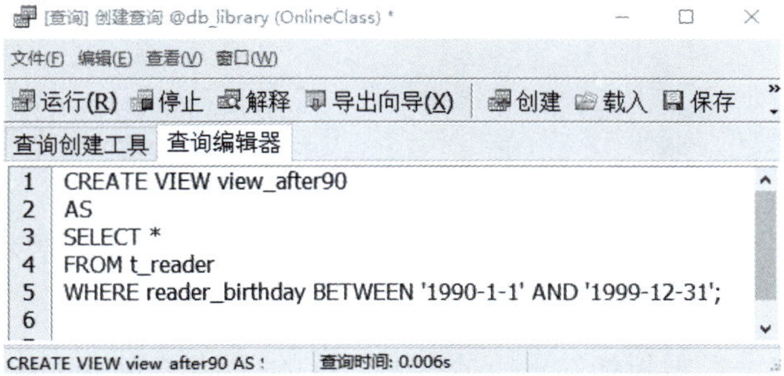

图 4.2.1　创建视图 view_after90

2）查看已经创建的视图，SQL 语句如下：

```
SHOW TABLES;
```

可以看到创建好的视图，如图 4.2.2 所示。

3）查看创建的视图信息，SQL 语句如下：

```
SELECT * FROM view_after90;
```

返回“查询编辑器”，输入 SQL 语句，选择输入的 SQL 语句，单击右键，选择“运行所选”，如图 4.2.3 所示。

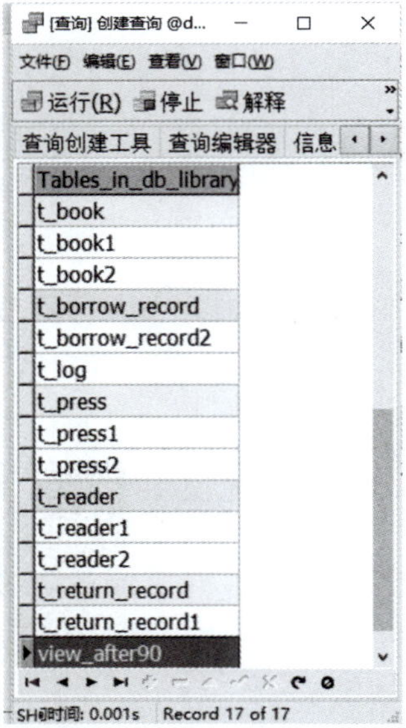

图 4.2.2 查看创建好的视图

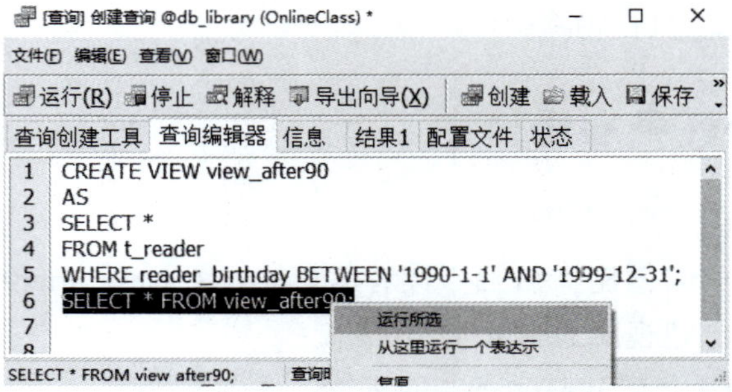

图 4.2.3 运行查看视图的 SQL 语句

可以看到结果如图 4.2.4 所示。

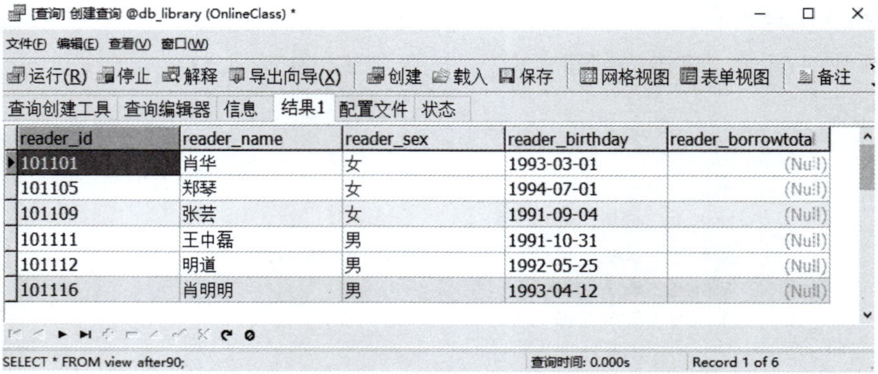

图 4.2.4 查看视图信息

（2）创建“清华大学出版社”出版的图书信息的视图 view_qinghua。

创建视图的 SQL 语句如下：

```
CREATE VIEW view_qinghua
AS
SELECT a.* from t_book a,t_press b
```

```
WHERE a.press_id=b.press_id
AND b.press_name=' 清华大学出版社 ';
```

具体操作步骤如下：

1）打开 Navicat，创建一个新的查询，输入创建视图的 SQL 语句，单击“运行”，如图 4.2.5 所示。

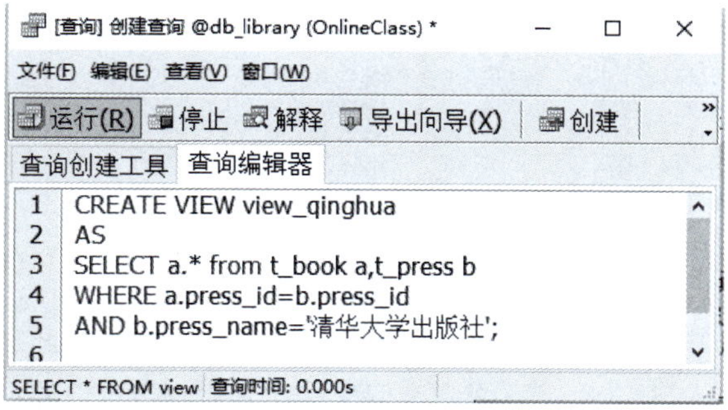

图 4.2.5　创建视图 view_qinghua

2）查看创建的视图信息。SQL 语句如下：

```
SELECT * FROM view_qinghua;
```

查看到的视图信息如图 4.2.6 所示。

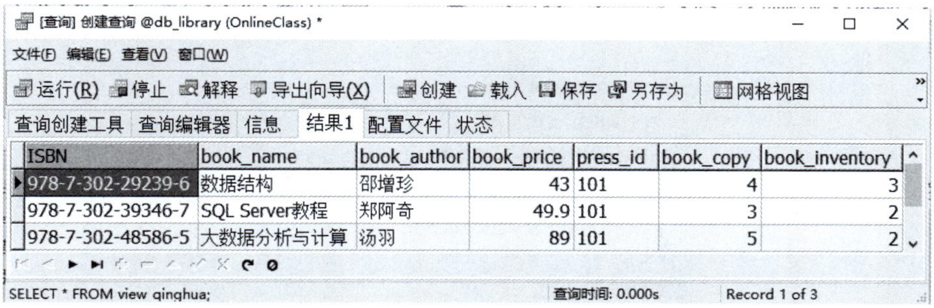

图 4.2.6　查看视图 view_qinghua 的信息

2. 修改视图

修改视图 view_after90，改为包含“00 后”读者信息。

修改视图的 SQL 语句如下：

```
ALTER VIEW view_after90
AS
  SELECT *
  FROM t_reader
  WHERE reader_birthday between "1990-1-1" and "2009-12-31";
```

修改视图后用如下的 SQL 语句查询：

```
SELECT * FROM view_after90;
```

可以看到修改后的视图已经包含了“00 后”读者信息，如图 4.2.7 所示。

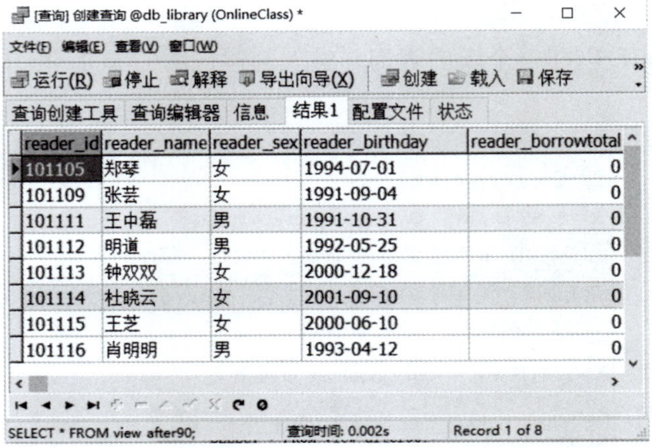

图 4.2.7　查看修改后的视图 view_after90 的信息

3. 删除视图

删除视图 view_after90，SQL 语句如下：

```
DROP VIEW view_after90;
```

在查询编辑器输入删除视图的 SQL 语句，单击“运行”，就可以删除视图，如图 4.2.8 所示。

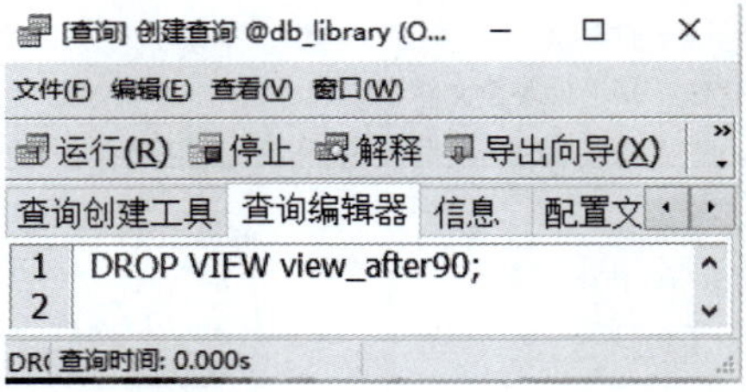

图 4.2.8　删除视图

项目实训

1. 创建视图

（1）创建一个视图 view_basic_info，数据来源于 t_student 表中的 stu_id、stu_name、stu_sex 和 stu_birthday。

（2）创建一个视图 view_req_course，数据为必修课的课程信息。

（3）创建一个视图 view_optional，数据来源于女同学选修的课程信息。

2. 修改视图

修改视图 view_optional，数据来源于男女同学选修的课程信息。

3. 删除视图

删除视图 view_req_course。

专业能力测评

专业核心能力	评价指标	自测结果
创建索引	1. 能创建普通索引 2. 能创建唯一索引 3. 能创建全文索引 4. 能创建多列索引	优□ 良□ 中□ 差□ 优□ 良□ 中□ 差□ 优□ 良□ 中□ 差□ 优□ 良□ 中□ 差□
创建视图	1. 能创建视图 2. 能修改视图	优□ 良□ 中□ 差□ 优□ 良□ 中□ 差□

单元测验

可登录中国大学 MOOC 网测验并获得成绩。

一、单选题（每小题 2 分）

1. 为数据表创建索引的目的是（　　）。

   A. 提高查询的检索性能　　B. 归类

   C. 创建唯一索引　　D. 创建主键

2. 以下关于索引的描述正确的是（　　）。

   A. 一个数据库表只能创建一个索引

   B. 索引的关键字只能是表中的一个字段

   C. 索引需要额外的存储空间

   D. 数据库中同一个索引允许有多个关键字，每个关键字可以来自不同的表

3. （　　）不是基于索引实现的。

   A. 非空约束　　B. 主键约束

   C. 唯一性约束　　D. 外键约束

4. （　　）关键字是用来创建唯一索引的。

   A. UNIUQE INDEX　　B. FULLTEXT INDEX

   C. INDEX　　D. CREATE INDEX

5. （　　）字段可以删除视图。

   A. DROP VIEW　　B. ALTER VIEW

   C. DELETE VIEW　　D. DEL VIEW

二、判断题（每小题 2 分）

1. 经常在 WHERE 子句中出现的字段，适合创建索引。（　　）

2．设置唯一完整性约束的字段，不适合创建索引。（　　）
3．创建索引的关键字为 CREATE INDEX。（　　）
4．为已存在的表创建索引只能通过 ALTER TABLE 方式实现。（　　）
5．视图本质上是数据库中实际存在的物理表。（　　）
6．数据库中只存放了视图的定义，而没有存放视图中的数据。（　　）
7．创建视图需要使用 SELECT 语句。（　　）
8．DESC view_name; 可以查看视图。（　　）

三、多选题（每小题 3 分）

1．根据创建索引的字段，索引可以分为（　　）。
A．单列索引　　B．多列索引　　C．普通索引　　D．唯一索引
2．使用视图的原因主要有（　　）。
A．简单性　　B．安全性　　C．数据独立性　　D．可扩展性

单元 5　存储过程和触发器的创建

单元导读

存储过程和触发器通常是一组 SQL 语句的组合，放置于 BEGIN 和 END 之间，可以提高系统执行的性能。存储过程根据参数的不同分为 3 类：输入、输出和输入 / 输出。创建触发器的目的是保护数据表中的数据，实现数据库中数据的完整性。触发器根据功能的不同分为插入、删除与更新 3 种。

教学目标

- 理解存储过程的基本概念
- 掌握创建存储过程的基本方法
- 理解触发器的基本概念
- 掌握创建触发器的基本方法

任务 1　创建存储过程

任务描述

在数据库系统中，为了保证数据的完整性、一致性，同时也为提高其应用性能，大多数据库常采用存储过程和存储函数技术。MySQL 在 5.0 版本后，也支持了存储过程。如果想一次性完成插入、修改、删除和查询操作中的若干语句，使用存储过程就可以达到高效的目的。

任务要求

通过本任务的学习，能完成存储过程的创建及调用。

（1）创建普通的存储过程并进行调用。

（2）创建带参数的存储过程（IN、OUT、INOUT）并进行调用。

（3）创建带控制条件的存储过程（条件、循环）并进行调用。

（4）创建函数并进行调用。

相关知识

存储过程的基本语法

5.1.1　存储过程的特点

存储过程和存储函数经常是一组 SQL 语句的组合，这些语句被当作整体存入 MySQL 数据库服务器中，是数据库对象之一。它由声明式的 SQL 语句（如 CREATE、UPDATE 和 SELECT 等语句）和过程式 SQL 语句（如 IF-THEN-ELSE 语句）组成。存储过程可以由程序、触发器或另一个存储过程来调用它而激活，实现代码段中的 SQL 语句。

使用存储过程的优点如下：

（1）存储过程在服务器端运行，执行速度快。

（2）存储过程执行一次后，其执行规划就驻留在高速缓冲存储器中，在以后的操作中，只需从高速缓冲存储器中调用已编译好的二进制代码来执行，提高了系统性能。

（3）确保数据库的安全。使用存储过程可以完成所有数据库操作，并可通过编程方式控制数据库操作对数据库信息访问的权限。

5.1.2　常量与变量

1. 常量

常量的主要作用是参与运算或给变量赋值。常量的类型主要有以下 5 种：

（1）字符串：用成对的单引号或双引号括起来。

（2）数值型：二进制、十进制、八进制、十六进制。

（3）日期时间型：‘年 - 月 - 日 [时 : 分 : 秒 [. 微秒]]’。

（4）布尔值：TRUE 对应数值 1，FALSE 对应数值 0。

（5）NULL：表示“未知”“待定”“没有值”“无数据”。

2. 变量

变量的作用是用于记录或暂时存放某一时段的状态值。MySQL 主要有两种变量：全局系统变量和用户变量。系统变量是可以直接使用的，用户变量一定要先定义才能使用。用户变量又可以分为局部变量和会话变量。局部变量只在定义该局部变量的 BEGIN…END 范围内有效，会话变量在整个存储过程范围内均有效。

（1）全局系统变量。MySQL 启动时会根据系统配置定义全局系统变量并初始化为默认值。MySQL 大约有 393 个全局系统变量，生存期从 MySQL 服务启动时起，直到 MySQL 服务停止或重启为止，作用范围是整个系统，其值改变会影响整个系统。

（2）用户变量。

1）局部变量。局部变量只在一段封装的存储程序内部起作用。在存储程序调用结束后释放局部变量。在存储过程中可以声明局部变量来存储临时结果。局部变量以关键字 DECLARE 声明，后跟变量名和变量类型。在声明局部变量的同时也可以对其赋初始值。

语法：

```
DECLARE 变量 […] 类型 [DEFAULT 值 ]
```

说明：DEFAULT 子句给变量指定一个默认值，如果不指定，默认为 NULL。例如：

```
DECLARE a INT
```

当然，在声明局部变量时也可以用关键字 DEFAULT 为变量指定默认值，例如：

```
DECLARE a INT DEFAULT 10
```

请看如下代码：

```
DELIMITER
CREATE PROCEDURE fg1()
BEGIN
   DECLARE x CHAR(10) DEFAULT 'outer ';
   BEGIN
      DECLARE x CHAR(10) DEFAULT 'inner ';
      SELECT x;
   END;
   SELECT x;
END ;
DELIMITER ;
```

上述代码为读者展示如何在 MySQL 存储过程中定义局部变量及其使用方法。在该例中，分别在内层和外层 BEGIN…END 块中都定义同名的变量 x，按照语句从上到下执行的顺序，如果变量 x 在整个程序中都有效，则最终结果应该都为 inner，但真正的输出结果却不同，这说明在内部 BEGIN…END 块中定义的变量只在该块内有效。程序运行的结果如图 5.1.1 所示。

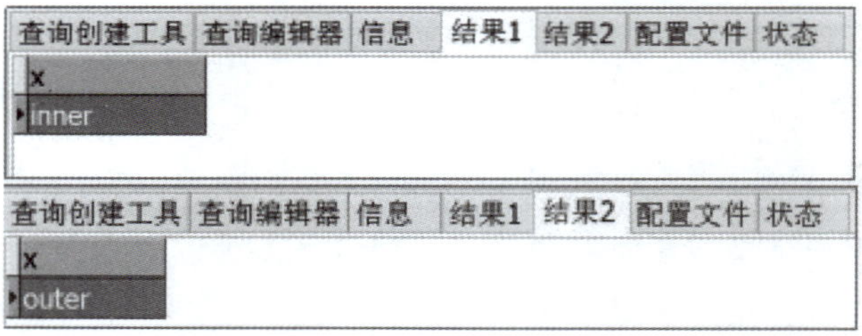

图 5.1.1　调用存储过程 fg1() 的运行结果

2）会话变量。MySQL 中的会话变量不必声明即可使用，会话变量在整个过程中有效，会话变量名以字符“@”作为起始字符。

【例】分别在内部和外部 BEGIN…END 块中都定义了同名的会话变量 @t，并且最终输出相同结果，从而说明会话变量的作用范围为整个程序。设置全局变量的代码如下：

```
DELIMITER
CREATE PROCEDURE fg2()
BEGIN
SET @t=1;
BEGIN
SET @t=2; SELECT @t;
END;
SELECT @t;
END;
DELIMITER $
```

应用 MySQL 调用该存储过程的运行结果如图 5.1.2 所示。

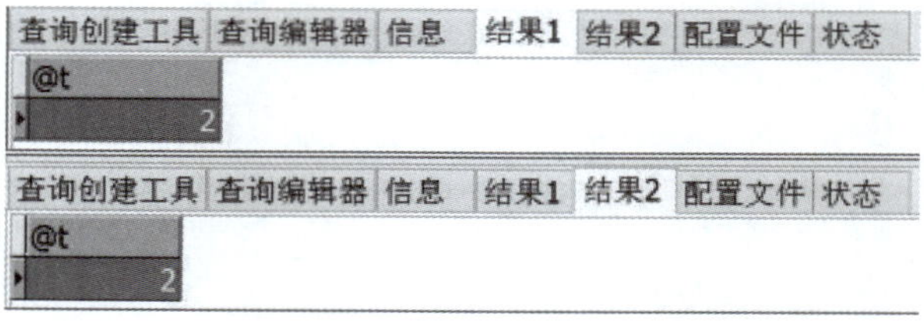

图 5.1.2　调用存储过程 p2() 运行结果

（3）为变量赋值。MySQL 中可以使用关键字 DECLARE 来定义变量，其基本语法如下：

```
DECLARE var_name[,...] type [DEFAULT value]
```

说明：DECLARE 是用来声明变量的；var_name 参数是设置变量的名称，如果用户需要，也可以同时定义多个变量；type 参数用来指定变量的类型；DEFAULT value 的作用是指定变量的默认值，不对该参数进行设置时，其默认值为 NULL。

MySQL 中可以使用关键字 SET 为变量赋值，其基本语法如下：

```
SET var_name=expr[,var_name=expr] ...
```

说明：SET 关键字是用来为变量赋值的；var_name 参数是变量的名称；expr 参数是赋值表达式。一个 SET 语句可以同时为多个变量赋值，各个变量的赋值语句之间用“,”隔开。例如，为变量 mr_soft 赋值，代码如下：

```
SET mr_soft=10;
```

另外，MySQL 中还可以应用另一种方式为变量赋值，其语法如下：

```
SELECT col_name[,...] INTO var_name[,...] FROM table_name WHERE condition;
```

说明：col_name 参数标识查询的字段名称；var_name 参数是变量的名称；table_ name 参数为指定数据表的名称；condition 参数为指定查询条件。

【例】从 t_book 表中查询 book_name 为“MySQL 数据库教程”的记录，并将该记录下的 book_author 字段内容赋值给变量 author，其关键代码如下：

```
SELECT book_author INTO author FROM t_book WHERE book_name= ' MySQL 数据库教程 ';
```

5.1.3　程序控制结构

在 MySQL 中，常见的过程式 SQL 语句可以用在一个存储过程体中，如 IF 语句、CASE 语句、LOOP 语句、WHILE 语句和 LEAVE 语句。

1. 分支语句

（1）IF 语句。IF-THEN-ELSE 语句是控制程序根据不同条件执行不同的操作。

语法：

```
IF 条件 1 THEN 语句序列 1
[ELSE IF 条件 2 THEN 语句序列 2]
...
[ELSE 语句序列 n]
END IF
```

说明：条件 1, 条件 2,…, 条件 n 是判断的条件，当条件为真时，就执行相应的 SQL 语句。语句序列 1, 语句序列 2,…, 语句序列 n 的每个序列中包含一个或多个 SQL 语句。IF 语句不同于系统的内置函数 IF() 函数。

程序流程图如图 5.1.3 所示。

【例】判断输入的两个参数 n1 和 n2 哪一个更大，结果放在变量 result 中。

```
BEGIN
IF n1>n2 THEN
   SET result=' 大于 ';
ELSE IF n1=n2 THEN
   SET result=' 等于 ';
ELSE
   SET result=' 小于 ';
```

```
END IF;
END IF;
END
```

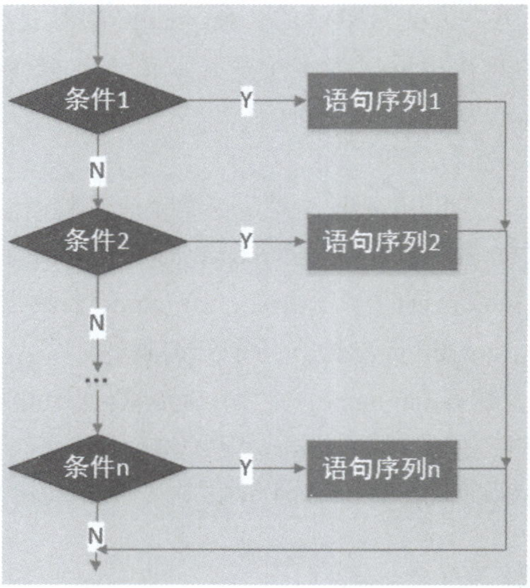

图 5.1.3　分支语句的程序流程图

（2）CASE 语句。CASE 语句可以应用于选择列，也可以应用于存储过程中，两者用法略有不同，下面介绍 CASE 语句应用在存储过程中。

语法：

```
CASE 表达式
WHEN 值 1 THEN 语句序列 1
[WHEN 值 2 THEN 语句序列 2]...
  [ELSE 语句序列 n]
END CASE
```

或者

```
CASE
WHEN 条件 1 THEN 语句序列 1
[WHEN 条件 2 THEN 语句序列 2]...
  [ELSE 语句序列 n]
END CASE
```

说明：

1）第 1 种格式中表达式是被判断的值或表达式，接下来是一系列的 WHEN-THEN 块，每一块的值参数都要与表达式的值比较，如果为真，就执行语句序列中的 SQL 语句。如果前面的每一个块都不匹配，就会执行 ELSE 块指定的语句，CASE 语句最后以 END CASE 结束。

2）第 2 种格式中 CASE 关键字后面没有参数，在 WHEN-THEN 块中，条件指定了一个比较表达式，表达式为真时执行 THEN 后面的语句。

第 2 种格式与第 1 种格式相比，能够实现更为复杂的条件判断，使用起来更方便。一个 CASE 语句经常可以充当一个 IF-THEN-ELSE 语句。

程序流程图如图 5.1.4 所示。

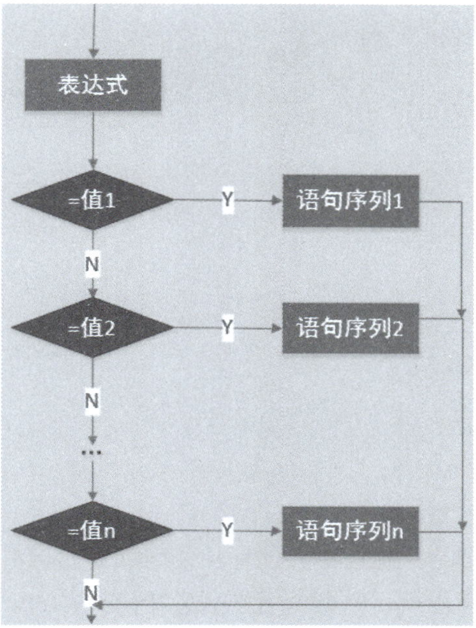

图 5.1.4　CASE 语句程序流程图

【例】当给定参数为 U 时返回“上升”，给定参数为 D 时返回“下降”，给定其他参数时返回“不变”。

```
BEGIN
CASE str
  WHEN 'U' THEN SET direct=' 上升 '; WHEN 'D' THEN SET direct=' 下降 '; ELSE SET direct=' 不变 ';
  END CASE;
END
```

以上的 CASE 语句用第 2 种格式来编写，代码如下：

```
BEGIN
CASE
  WHEN str='U' THEN SET direct=' 上升 ;
  WHEN str='D' THEN SET direct=' 下降 '
    ELSE SET direct=' 不变 ';
  END CASE;
END
```

2. 循环语句

MySQL 支持 3 条用来创建循环的语句，分别是 WHILE、REPEAT 和 LOOP 语句。在存储过程中可以定义 0 个、1 个或多个循环语句。循环语句程序流程图如图 5.1.5 所示。

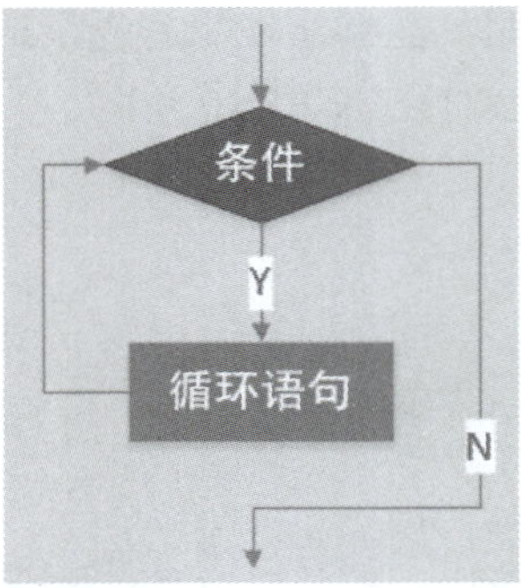

图 5.1.5　循环语句程序流程图

（1）WHILE 语句。

语法：

```
[ 开始标号 :]WHILE 条件 DO
程序段
END WHILE[ 结束标号 ]
```

说明：语句首先判断条件是否为真，为真则执行程序段中的语句，然后再次进行判断，为真则继续循环，为假则结束循环。

开始标号和结束标号是 WHILE 语句的标注，除非开始标号存在，否则不能单独出现结束标号，并且如果两者都出现，它们的名字必须相同。

【例】用 WHILE 执行 5 次循环的过程，代码如下：

```
BEGIN
DECLARE a INT DEFAULT 5;
WHILE a>0 DO
SET a=a-1;
END WHILE;
END
```

当调用该存储过程时，首先判断 a 的值是否大于 0，如果大于 0 则执行 a-1，否则结束循环。

（2）REPEAT 语句。

语法：

```
[ 开始标号 :]REPEAT
程序段
UNTIL 条件
END REPEAT[ 结束标号 ]
```

说明：REPEAT 语句首先执行程序段中的语句，然后判断条件是否为真，为真则继续循环，为假则停止循环。REPEAT 也可以被标注。

用 REPEAT 语句替换 WHILE 循环过程如下：

```
REPEAT
a=a-1; UNTIL a<1;
END REPEAT;
```

REPEAT 语句和 WHILE 语句的区别在于：REPEAT 语句先执行语句，后进行判断；而 WHILE 语句是先判断，条件为真时才执行语句。

（3）LOOP 语句。

语法：

```
[ 开始标号：]LOOP
程序段
END LOOP[ 结束标号 ]
```

说明：LOOP 允许某特定语句或语句群的重复执行，实现一个简单的循环构造，程序段是需要重复执行的语句。在循环体内的语句一直重复运行至循环被退出，退出时通常伴随着一个 LEAVE 语句。

LEAVE 语句经常和 BEGIN...END 或循环一起使用，语法：

```
LEAVE 语句标号；
```

语句标号是语句中标注的名字，该名字是自定义的，加上 LEAVE 关键字就可以用来退出被标注的循环语句。

【例】使用 LOOP 语句重写 WHILE 循环，代码如下：

```
BEGIN
SET @a=5;
Label: LOOP
SET @a=@a-1;
IF @a<1 THEN
LEAVE Label;
END IF;
END LOOP Label;
```

代码中首先定义了一个用户变量并赋值为 5，接着进入 LOOP 循环，标注为 Label，执行减 1 语句，然后判断用户变量 a 是否小于 1，是则使用 LEAVE 语句跳出循环。

5.1.4 创建存储过程的语法

存储过程可以使用 CREATE PROCEDURE 语句创建。要在 MySQL 中创建存储过程，必须具有 CREATE ROUTINE 权限。

语法：

```
CREATE PROCEDURE sp_name ([proc_parameter[...]]) [characteristic ...] routine_body
```

说明：

（1）sp_name：存储过程的名称，默认在当前数据库中创建。需要在特定数据库中创建存储过程时，则要在名称前面加上数据库的名称，格式为 db_name.sp_name。值得注意的是存储过程名称应当尽量避免与 MySQL 内置函数相同，否则会发生错误。

（2）proc_parameter：存储过程的参数，格式如下：

```
[IN | OUT | INOUT] 参数名 类型
```

当有多个参数时中间用逗号隔开。存储过程可以有 0 个、1 个或多个参数。MySQL 存储过程支持 3 种类型的参数——输入参数、输出参数和输入 / 输出参数，关键字分别是

IN、OUT 和 INOUT。

输入参数使数据可以传递给一个存储过程。当需要返回一个答案或结果时，存储过程使用输出参数。输入 / 输出参数既可以充当输入参数也可以充当输出参数。存储过程也可以不加参数，但名称后面的括号不可省略。另外，参数的名字不要使用列的名字，否则虽然不会返回出错消息，但是存储过程中的 SQL 语句会将参数名看作列名，从而引发不可预知的结果。

（3）characteristic：指定存储过程的特性，一般可以省略。

（4）routine_body：存储过程的主体部分，里面包含了在过程调用时必须执行的语句，该部分总是以 BEGIN 开始，以 END 结束。但是，当存储过程中只有一个 SQL 语句时可以省略 BEGIN-END 标志。

在开始创建存储过程之前，先介绍一个很实用的命令，即 DELIMITER 命令。在 MySQL 中，服务器处理语句时以分号为结束标志。但是在创建存储过程时，存储过程中可能包含多个 SQL 语句，每个 SQL 语句都以分号为结尾，这时服务器处理程序遇到第 1 个分号就会认为程序结束，因此使用 DELIMITER 命令将 MySQL 语句的结束标志修改为其他符号。

语法：

```
DELIMITER $
```

说明：$ 是用户定义的结束符，通常该符号可以是一些特殊的符号，如 1 个“#”、1 个“¥”等。当使用 DELIMITER 命令时，应该避免使用反斜杠（“\”）字符，因为它是 MySQL 的转义字符。

将 MySQL 结束符修改为 1 个“#”符号。

```
DELIMITER #;
```

执行完这条命令后，程序结束的标志就换为“#”了。接下来的语句使用“#”结束，如：

```
SELECT reader_name FROM t_reader WHERE reader_id='101102' #
```

要想恢复使用分号“；”作为结束符，运行下面命令即可。

```
DELIMITER ;
```

一个完整的存储过程 SQL 代码如下：

```
DELIMITER $
CREATE PROCEDURE del_borrow_record(IN id char(6))
BEGIN
DELETE FROM t_borrow_record WHERE reader_id=id;
END $
DELIMITER;
```

在关键字 BEGIN 和 END 之间指定了存储过程体，因为在程序开始用 DELIMITER 语句转换了语句结束标志为“$”，所以 BEGIN 和 END 被看作一个整体，在 END 后用“$”结束。当然，BEGIN-END 复合语句还可以嵌套使用。

当调用该存储过程时，MySQL 根据提供的参数 id 的值，删除对应在 t_borrow_ record

表中的数据。调用存储过程的命令是 CALL 命令，后面会介绍。

5.1.5　显示存储过程

存储过程创建以后，用户可以查看存储过程的状态和定义。通过 SHOW STATUS 语句查看存储过程状态，通过 SHOW CREATE 语句查看存储过程的定义。

1. SHOW STATUS 语句

在 MySQL 中可以通过 SHOW STATUS 语句查看存储过程和存储函数的状态。其基本语法结构如下：

```
SHOW {PROCEDURE } STATUS [LIKE 'pattern']
```

说明：PROCEDURE 参数表示查询存储过程；LIKE 'pattern' 参数用来匹配存储过程名称。

2. SHOW CREATE 语句

MySQL 中可以通过 SHOW CREATE 语句来查看存储过程和函数的状态，其语法结构如下：

```
SHOW CREATE{PROCEDURE } sp_name;
```

说明：PROCEDURE 参数表示存储过程；sp_name 参数表示存储过程的名称。

5.1.6　调用存储过程

存储过程创建完后，可以在程序、触发器或者存储过程中被调用，调用时都必须使用 CALL 语句。调用存储过程后，数据库系统将执行存储过程中的语句，然后将结果返回给输出值。CALL 语句的基本语法形式如下：

```
CALL sp_name([parameter[,…]]);
```

说明：

- sp_name：存储过程的名称，如果要调用某个特定数据库的存储过程，则需要在前面加上该数据库的名称。
- parameter：存储过程的参数，这条语句中的参数个数必须总是等于存储过程定义中的参数个数。

【例】调用一个已经创建好的存储过程 query_readers，不带参数，代码如下：

```
CALL query_readers();
```

5.1.7　修改存储过程

修改存储过程和存储函数是指修改已经定义好的存储过程和函数。MySQL 中通过 ALTER PROCEDURE 语句来修改存储过程，通过 ALTER FUNCTION 语句来修改存储函数。

语法：

```
ALTER {PROCEDURE | FUNCTION} sp_name [characteristic ...] characteristic:
```

```
{ CONTAINS SQL | NO SQL | READS SQL DATA | MODIFIES SQL DATA }
| SQL SECURITY { DEFINER | INVOKER }
| COMMENT 'string'
```

其参数说明见表 5.1.1。

表 5.1.1　修改存储过程的语法的参数说明

参数	说明
sp_name	存储过程的名称
characteristic	指定存储过程的特性
CONTAINS SQL	表示子程序包含 SQL 语句，但不包含读写数据的语句
NO SQL	表示子程序不包含 SQL 语句
READS SQL DATA	表示子程序中包含读数据的语句
MODIFIES SQL DATA	表示子程序中包含写数据的语句
SQL SECURITY{DEFINER| INVOKER}	指明权限执行。DEFINER 表示只有定义者自己才能够执行；INVOKER 表示调用者可以执行
COMMENT 'string'	是注释信息

5.1.8　删除存储过程

需要删除存储过程时使用 DROP PROCEDURE 语句。在此之前，必须确认该存储过程没有任何依赖关系，否则会导致其他与之关联的存储过程无法运行。

语法：

```
DROP PROCEDURE [IF EXISTS] sp_name;
```

说明：

- sp_name：指要删除的存储过程名称。
- IF EXISTS 子句：是 MySQL 的扩展，如果存储过程不存在，则防止发生错误。

【例】删除存储过程 query_readers()，代码如下：

```
DROP PROCEDURE IF EXISTS query_readers;
```

任务实施

1. 创建普通的存储过程

创建普通的存储过程

创建一个存储过程，查询所有读者的基本信息。

创建该存储过程的 SQL 语句如下：

```
DELIMITER $
CREATE PROCEDURE p1()
COMMENT " 查询所有读者的信息 "
  BEGIN
    SELECT *
    FROM t_reader;
```

```
  END $
DELIMITER ;
```

分析：存储过程用 DELIMITER $ 作为起始语句，DELIMITER ; 作为结束语句，查询语句 SELECT * FROM t_reader 要放在 BEGIN 和 END 之间，END 后一定要用 $ 结束，COMMENT 后是注释。

具体的操作过程如下：

（1）创建存储过程。打开 Navicat，创建新的查询，输入创建存储过程的 SQL 语句，单击“运行”，如图 5.1.6 所示。

可以看到运行的结果如图 5.1.7 所示，创建存储过程成功。

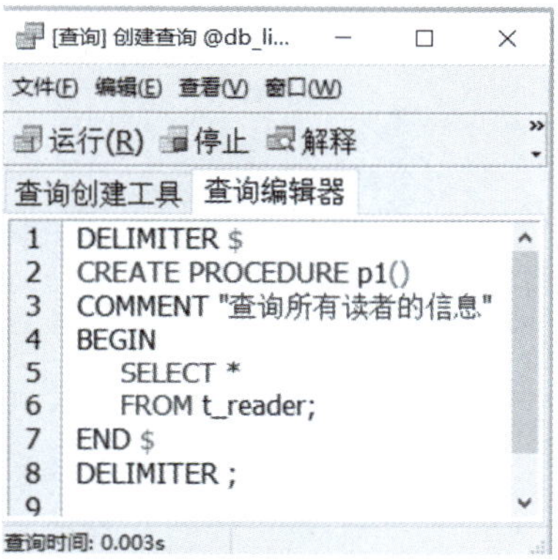

图 5.1.6　创建存储过程 p1

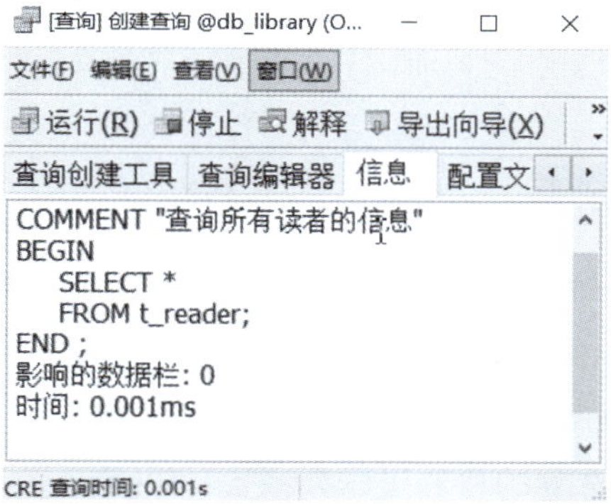

图 5.1.7　运行存储过程 p1

（2）调用存储过程。调用存储过程的 SQL 语句如下：

```
CALL p1();
```

返回查询编辑器，输入调用存储过程的 SQL 语句，选择 SQL 语句，单击右键，选择“运行所选”，如图 5.1.8 所示。

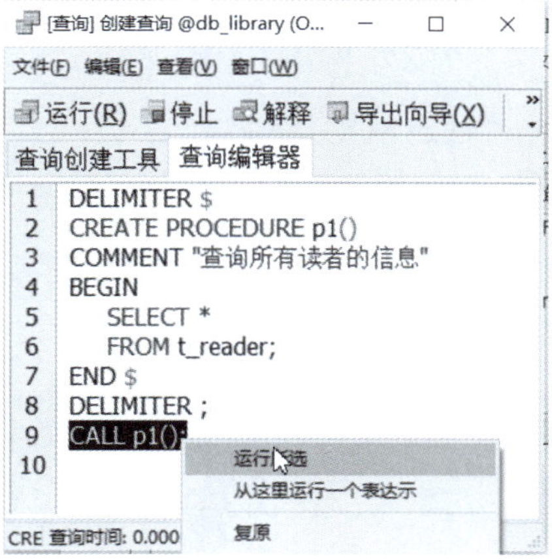

图 5.1.8　调用存储过程 p1

得到运行结果如图 5.1.9 所示。

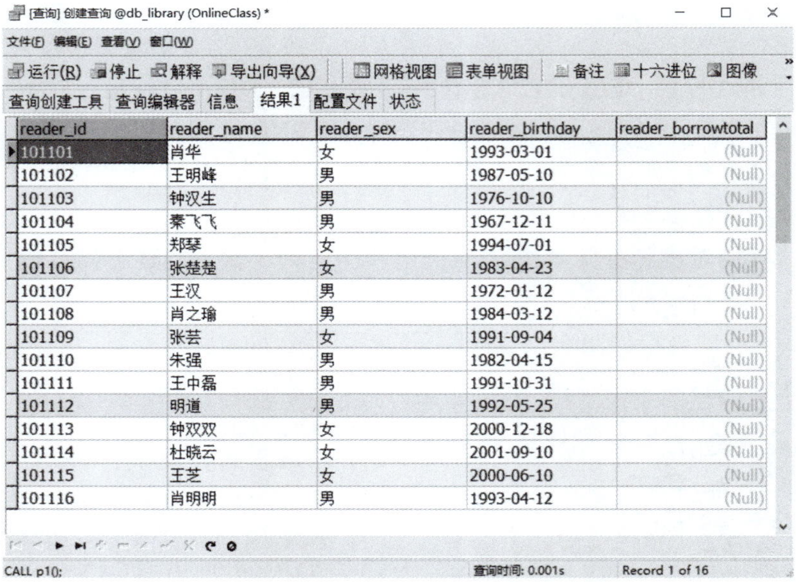

reader_id	reader_name	reader_sex	reader_birthday	reader_borrowtotal
101101	肖华	女	1993-03-01	(Null)
101102	王明峰	男	1987-05-10	(Null)
101103	钟汉生	男	1976-10-10	(Null)
101104	秦飞飞	男	1967-12-11	(Null)
101105	郑琴	女	1994-07-01	(Null)
101106	张楚楚	女	1983-04-23	(Null)
101107	王汉	男	1972-01-12	(Null)
101108	肖之瑜	男	1984-03-12	(Null)
101109	张芸	女	1991-09-04	(Null)
101110	朱强	男	1982-04-15	(Null)
101111	王中磊	男	1991-10-31	(Null)
101112	明道	男	1992-05-25	(Null)
101113	钟双双	女	2000-12-18	(Null)
101114	杜晓云	女	2001-09-10	(Null)
101115	王芝	女	2000-06-10	(Null)
101116	肖明明	男	1993-04-12	(Null)

图 5.1.9　调用存储过程 p1 的执行结果

（3）查看存储过程。查看存储过程的 SQL 语句如下：

```
SHOW PROCEDURE STATUS LIKE 'p1';
```

查看到的存储过程如图 5.1.10 所示。

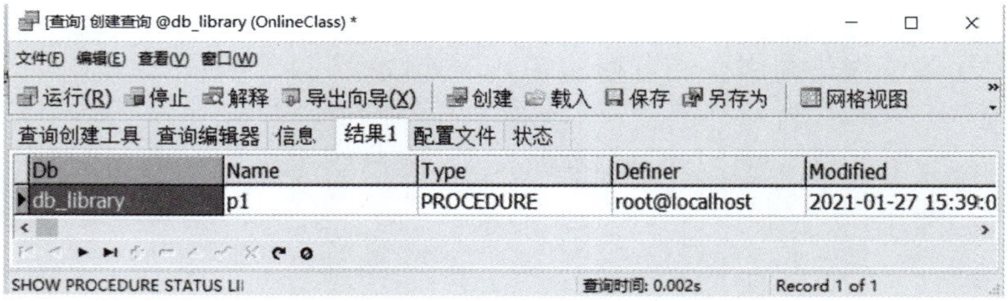

Db	Name	Type	Definer	Modified
db_library	p1	PROCEDURE	root@localhost	2021-01-27 15:39:0

图 5.1.10　查看存储过程 1

也可以输入以下查看存储过程的 SQL 语句：

```
SHOW CREATE PROCEDURE p1;
```

查看到的存储过程如图 5.1.11 所示。

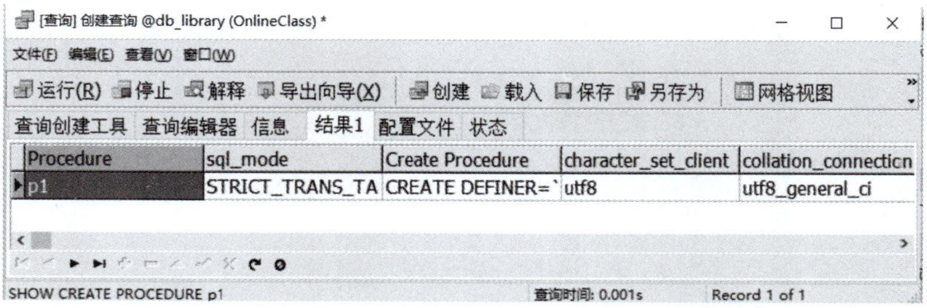

Procedure	sql_mode	Create Procedure	character_set_client	collation_connection
p1	STRICT_TRANS_TA	CREATE DEFINER=`	utf8	utf8_general_ci

图 5.1.11　查看存储过程 2

同时在 Navicat 主窗口中也可以看到刚创建的存储过程 p1，如图 5.1.12 所示。

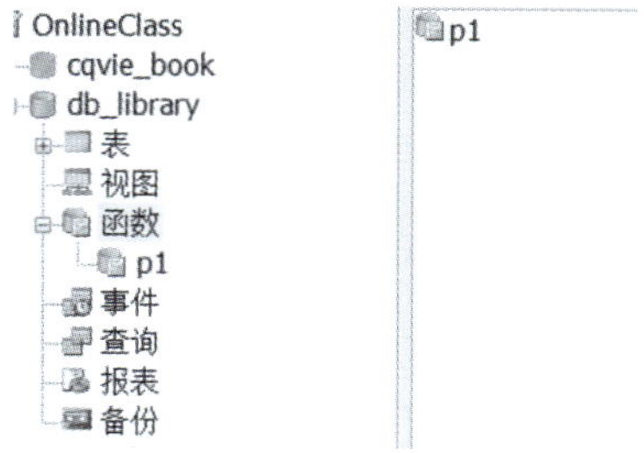

图 5.1.12　通过 Navicat 主窗口查看存储过程

如果要删除存储过程，直接在存储过程 p1 上单击右键，选择“删除”即可。也可以使用 SQL 语句“DROP PROCEDURE p1;”删除存储过程。

创建带参数的存储过程

2. 创建带参数的存储过程

（1）创建带输入参数的存储过程，查询某个读者 ID 对应的读者姓名。创建该存储过程的 SQL 语句如下：

```
DELIMITER $
CREATE PROCEDURE p_in(IN pid CHAR(6))
COMMENT " 查询某个 ID 对应的读者姓名 "
  BEGIN
    SELECT reader_name
    FROM t_reader
    WHERE reader_id=pid;
  END $
DELIMITER;
```

分析：本存储过程的输入参数是 pid，前面一定要加上 IN，参数的数据类型是 CHAR，长度为 6 位。查询语句中“reader_id=pid”表示在调用存储过程时 reader_id 为输入参数的值。

操作过程如下：

1）创建存储过程。打开 Navicat，创建新的查询，输入创建存储过程的 SQL 语句，如图 5.1.13 所示。

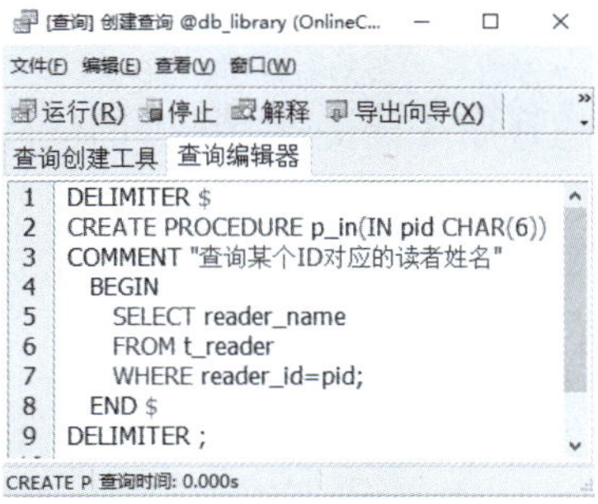

图 5.1.13　创建存储过程 p_in

单击“运行”，可以看到创建存储过程成功，如图 5.1.14 所示。

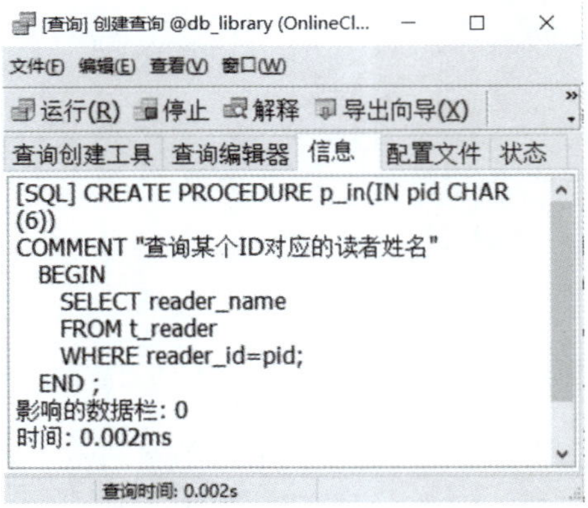

图 5.1.14　创建存储过程 p_in 成功

2）调用存储过程。调用存储过程的 SQL 语句如下：

```
CALL p_in('101101');
```

表示输入参数的值是 '101101'。

返回查询编辑器，输入调用存储过程的 SQL 语句，选择 SQL 语句，单击右键，选择“运行所选”，如图 5.1.15 所示。

得到的运行结果如图 5.1.16 所示，即 reader_id 为 '101101' 对应的读者姓名为“肖华”。也可以将参数改成其他的值进行调用。

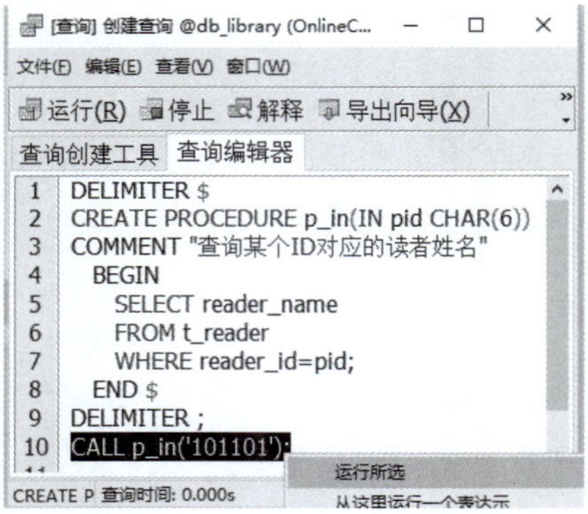

图 5.1.15　运行存储过程 p_in

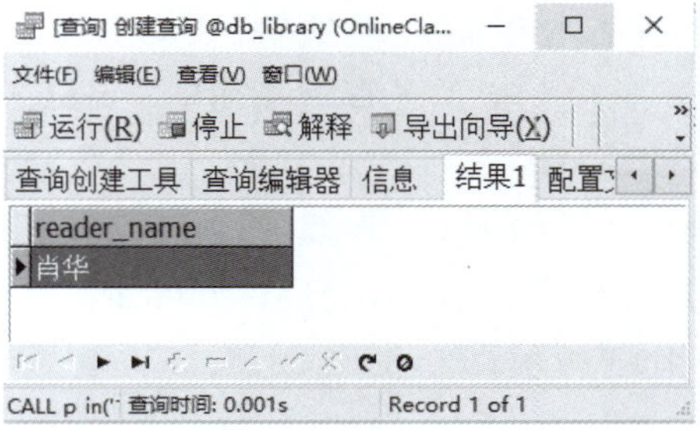

图 5.1.16　调用存储过程 p_in 执行的结果

（2）创建一个带输出参数的存储过程，查询图书的最低价格、最高价格和平均价格。创建该存储过程的 SQL 语句如下：

```
DELIMITER $
CREATE PROCEDURE p_out
(OUT para_min FLOAT, OUT para_max FLOAT, OUT para_avg FLOAT)
COMMENT " 查询图书的最低价格、最高价格和平均价格 "
 BEGIN
   SELECT MIN(book_price),
```

```
            MAX(book_price),
            AVG(book_price)
        INTO para_min,para_max,para_avg
        FROM t_book;
    END $
DELIMITER;
```

分析：本存储过程有三个输出参数——para_min、para_max 和 para_avg，均定义为 FLOAT 类型，para_min 用于存放图书的最低价格，para_max 用于存放图书的最高价格，para_avg 用于存放图书的平均价格。

1）创建存储过程。打开 Navicat，创建新的查询，输入创建存储过程的 SQL 语句，如图 5.1.17 所示。

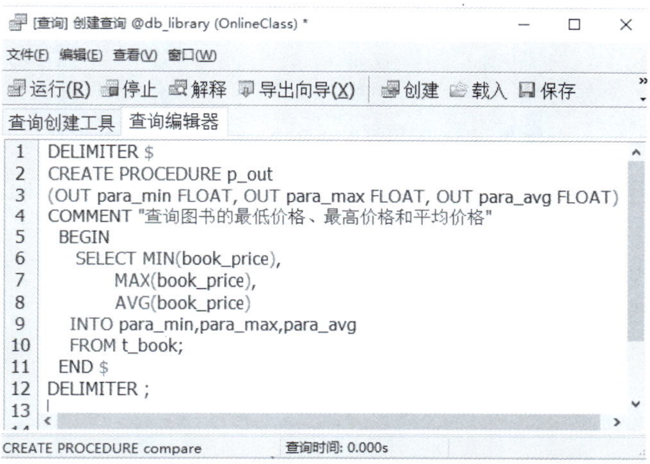

图 5.1.17　创建存储过程 p_out

单击“运行”，可以看到创建成功，如图 5.1.18 所示。

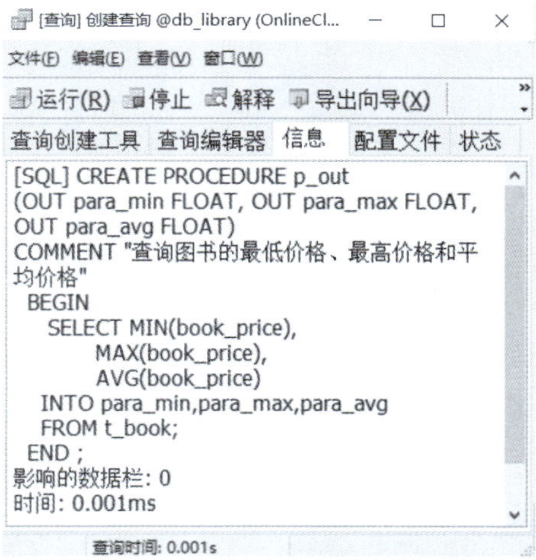

图 5.1.18　创建存储过程 p_out 成功

2）调用存储过程。输入如下 SQL 语句调用存储过程：

```
CALL p_out(@para_min,@para_max,@para_avg);
```

当调用存储过程时，在输出参数前加上一个 @ 符号。

3）查看调用的结果，输入如下 SQL 语句并运行。

```
SELECT @para_min,@para_max,@para_avg;
```

得到的运行结果如图 5.1.19 所示，可以看到图书的最低价格、最高价格与平均价格。

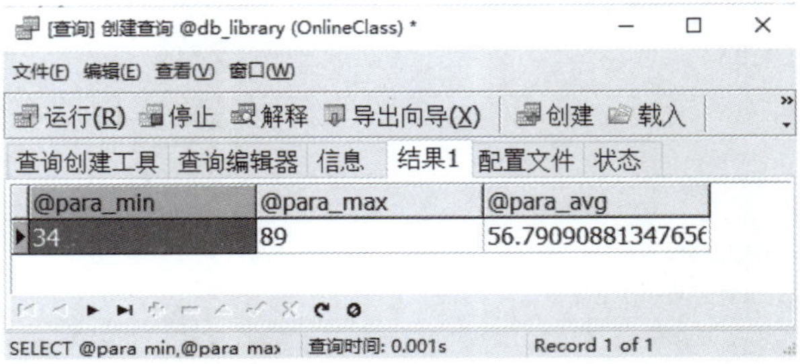

图 5.1.19　调用存储过程 p_out 执行的结果

（3）创建一个带输入 / 输出参数的存储过程，对某本书的价格增加 10 元。

创建该存储过程的 SQL 语句如下：

```
DELIMITER $
CREATE PROCEDURE p_inout(INOUT price FLOAT)
COMMENT " 对某本书的价格增加 10 元 "
 BEGIN
     SET price=price+10;
   END $
DELIMITER;
```

分析：本存储过程有一个输入 / 输出参数 price，输入 / 输出参数指在存储过程中既有输入值也有输出值。

具体操作步骤如下：

1）创建存储过程。打开 Navicat，创建新的查询，输入创建存储过程的 SQL 语句，如图 5.1.20 所示。

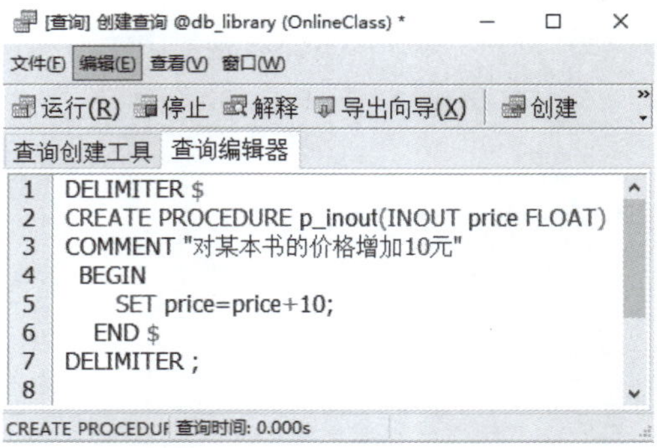

图 5.1.20　创建存储过程 p_inout

单击“运行”，可以看到创建存储过程成功，如图 5.1.21 所示。

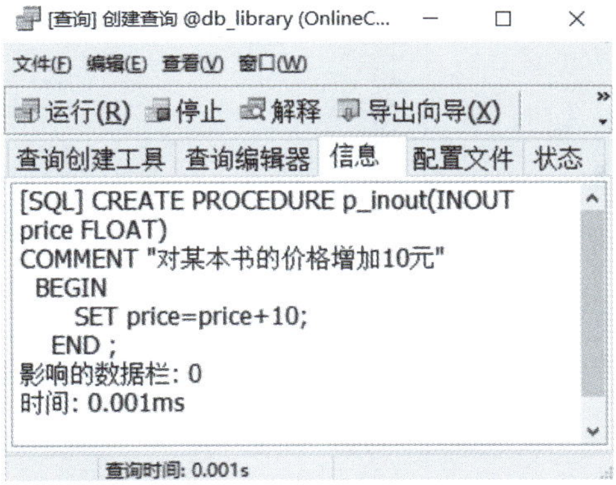

图 5.1.21　创建存储过程 p_inout 成功

2）调用存储过程。首先输入如下 SQL 语句，设置变量的初始值。

```
SET @price=5.5;
```

接着输入如下 SQL 语句调用存储过程。

```
CALL p_inout(@price);
```

3）输入如下 SQL 语句查看调用的结果。

```
SELECT (@price);
```

得到的结果如图 5.1.22 所示，可以看到 price 的初始值设置为 5.5，调用存储过程得到的结果是 15.5。

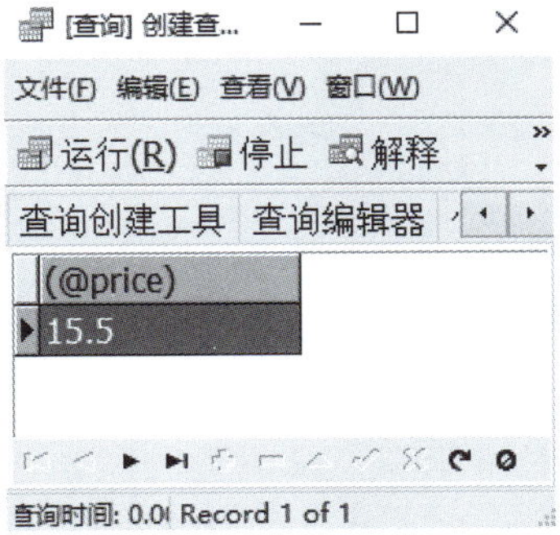

图 5.1.22　调用存储过程 p_inout 执行的结果

创建带控制条件的存储过程

3. 创建带控制条件的存储过程

（1）创建一个存储过程，计算 100 以内的所有整数之和。

```
DELIMITER $
CREATE PROCEDURE p_sum(OUT total INT)
COMMENT " 计算 1 至 100 的总和 "
  BEGIN
      DECLARE num int DEFAULT 0;
```

```
        SET total:=0;
        WHILE num<100 DO
            SET num:=num+1;
            SET total:=total+num;
        END WHILE;
    END $
DELIMITER;
```

分析：因为要存储 100 以内所有整数之和，设置了一个输出参数 total，声明一个变量 num，初始值为 0，用 WHILE 循环来控制。

操作过程如下：

1）创建存储过程。打开 Navicat，创建新的查询，输入创建存储过程的 SQL 语句，如图 5.1.23 所示。

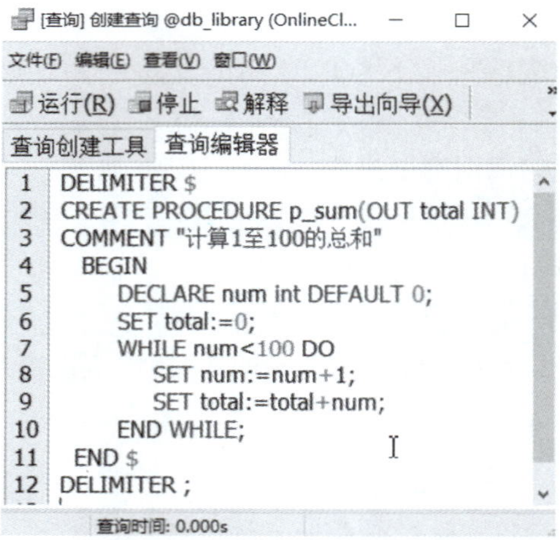

图 5.1.23　创建存储过程 p_sum

单击“运行”，可以看到创建存储过程成功，如图 5.1.24 所示。

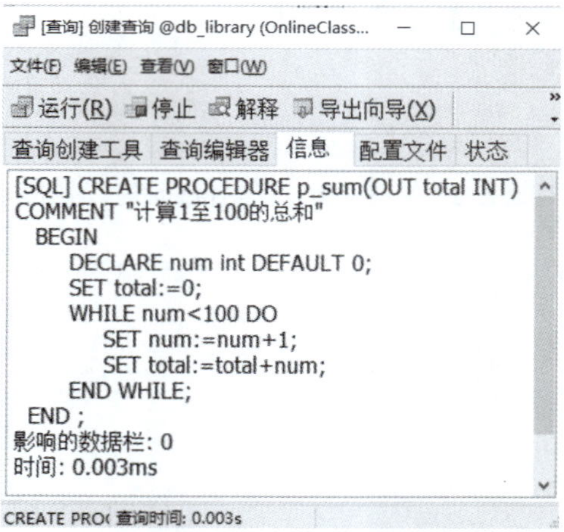

图 5.1.24　创建存储过程 p_sum 成功

2）调用存储过程，SQL 语句如下：

```
CALL p_sum(@sum);
```

3）查看调用的结果，SQL 语句如下：

```
SELECT @sum;
```

得到运行的结果如图 5.1.25 所示。

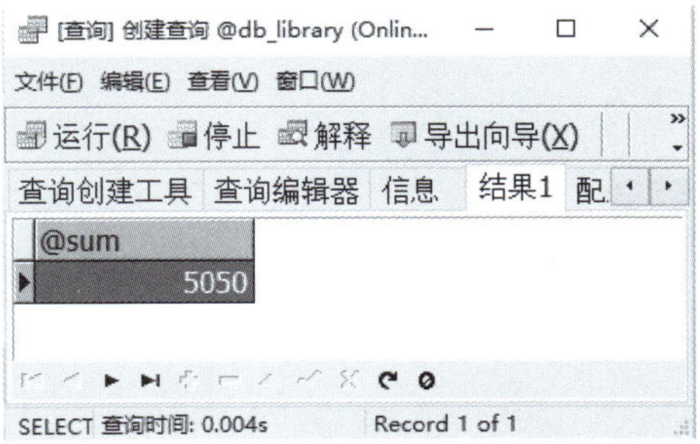

图 5.1.25　调用存储过程 p_sum 执行的结果

（2）创建一个存储过程，比较两位读者年龄的大小。

创建该存储过程的 SQL 语句如下：

```
DELIMITER $
CREATE PROCEDURE compare_age
(OUT age1 INTEGER,OUT age2 INTEGER,IN name1 VARCHAR(50),
IN name2 VARCHAR(50),OUT result CHAR(20))
  BEGIN
    SELECT YEAR(CURDATE())-YEAR(reader_birthday) INTO age1
    FROM t_reader WHERE reader_name=name1;
    SELECT YEAR(CURDATE())-YEAR(reader_birthday) INTO age2
    FROM t_reader WHERE reader_name=name2;
    IF age1>age2 THEN
        SET result=CONCAT(name1, " 的年龄大于 ",name2);
    ELSE IF age1=age2 THEN
        SET result=CONCAT(n1, " 与 ",n2, " 同岁 ");
        ELSE
            SET result=CONCAT(name1, " 的年龄小于 ",name2);
        END IF;
    END IF;
  END $
DELIMITER;
```

分析：本存储过程使用了 3 个输出参数，分别用于存放比较的年龄 1、年龄 2 和最后比较的结果；使用了两个输入参数，用于输入比较的姓名 1 和姓名 2。CONCAT() 函数的主要功能是用于连接字符串。存储过程中用了条件语句 IF，用于判断两个年龄的大小。

具体的操作步骤如下：

1）创建存储过程。打开 Navicat，创建新的查询，输入创建存储过程的 SQL 语句，如图 5.1.26 所示。

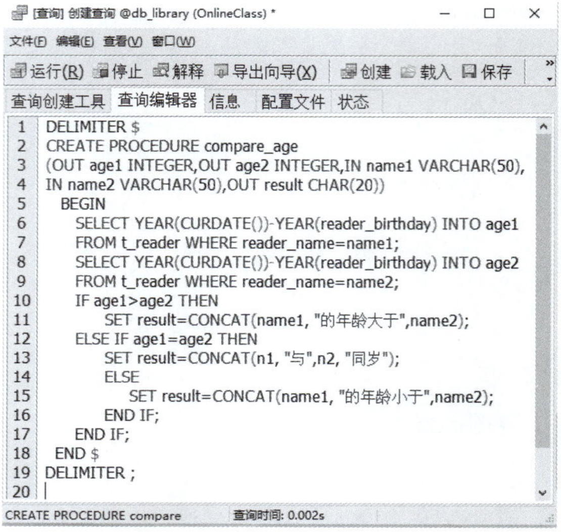

图 5.1.26 创建存储过程 compare_age

单击“运行”，可以看到创建存储过程成功，如图 5.1.27 所示。

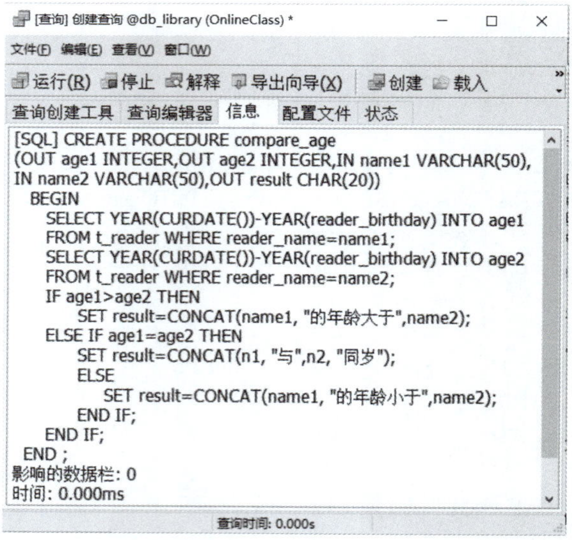

图 5.1.27 创建存储过程 compare_age 成功

2）调用存储过程，SQL 语句如下：

```
CALL compare_age(@age1,@age2,' 肖华 ',' 郑琴 ',@result);
```

3）查看调用结果，SQL 语句如下：

```
SELECT @result;
```

得到运行的结果如图 5.1.28 所示。

（3）创建一个存储过程，判断书的价格，如果价格大于等于 100，显示为“昂贵”，小于等于 50 显示为“便宜”，如果价格是空，则显示“无此图书”，否则显示价格为“中等”。

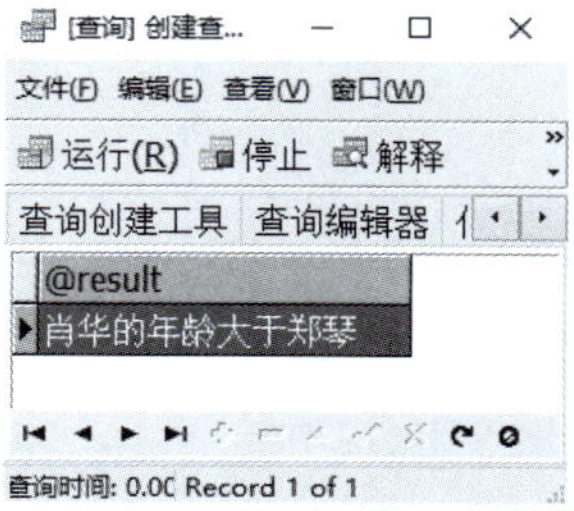

图 5.1.28　调用存储过程 compare_age 执行的结果

创建该存储过程的 SQL 语句如下：

```
DELIMITER $
CREATE PROCEDURE proc_price
(IN bname VARCHAR(50),OUT price float,OUT result VARCHAR(10))
 BEGIN
   SELECT book_price INTO price
   FROM t_book
   WHERE book_name=bname;
   CASE
        WHEN price>=100 THEN SET result=" 昂贵 ";
        WHEN price<=50 THEN SET result=" 便宜 ";
        WHEN price is NULL THEN SET result=" 无此图书 ";
        ELSE SET result=" 中等 ";
   END CASE;
  END $
DELIMITER;
```

分析：本存储过程有 1 个输入参数，用于输入图书的书名；有 2 个输出参数，用于输出图书的价格及判断的结果。本存储过程采用条件语句 CASE……WHEN 结构。

1）创建存储过程。打开 Navicat，创建新的查询，输入创建存储过程的 SQL 语句，如图 5.1.29 所示。

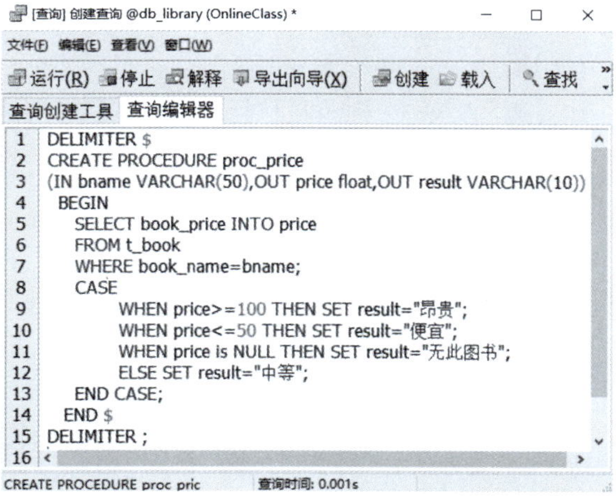

图 5.1.29　创建存储过程 proc_price

单击“运行”，可以看到创建存储过程成功，如图 5.1.30 所示。

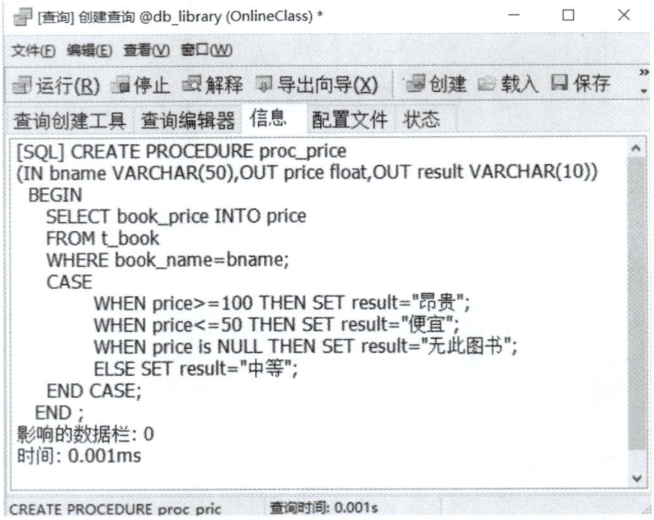

图 5.1.30　创建存储过程 proc_price 成功

2）调用存储过程，SQL 语句如下：

```
CALL proc_price(' 云计算应用技术 ',@price,@b);
```

3）查看调用的结果，SQL 语句如下：

```
SELECT @price,@b);
```

查看的结果如图 5.1.31 所示。

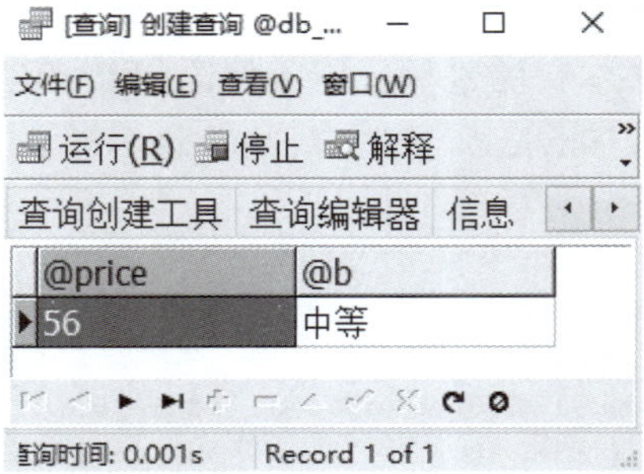

图 5.1.31　调用存储过程 proc_price 执行的结果

4. 创建函数

创建函数

创建一个函数，根据图书 id 查询某本图书的复本量。创建函数的 SQL 语句如下：

```
DELIMITER $
CREATE FUNCTION func_bookcopy(bookid CHAR(17))
RETURNS INT(3) COMMENT ' 查询某本图书的复本量 '
    BEGIN
```

```
        RETURN(SELECT book_copy
            FROM t_book
            WHERE ISBN=bookid);
      END $
DELIMITER;
```

分析：本函数有一个参数 bookid，用于输入图书的 ISBN，在函数中参数不用带 IN、OUT 或者 INOUT。函数中用 RETURN 来返回值，后面的查询语句要带上一对括号。

（1）创建函数。打开 Navicat，创建新的查询，输入创建存储过程的 SQL 语句，如图 5.1.32 所示。

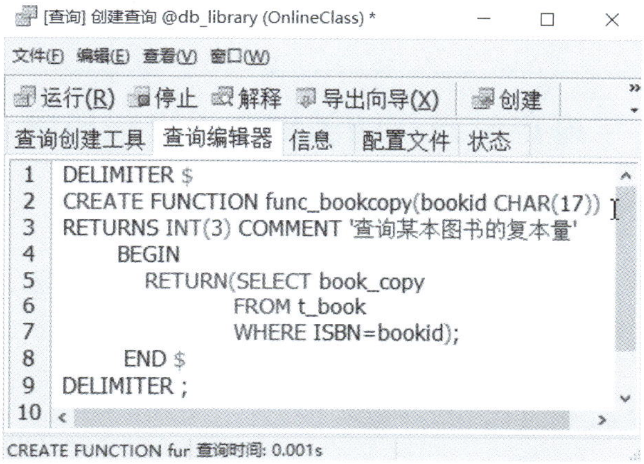

图 5.1.32　创建函数 func_bookcopy

单击“运行”，可以看到创建函数成功，如图 5.1.33 所示。

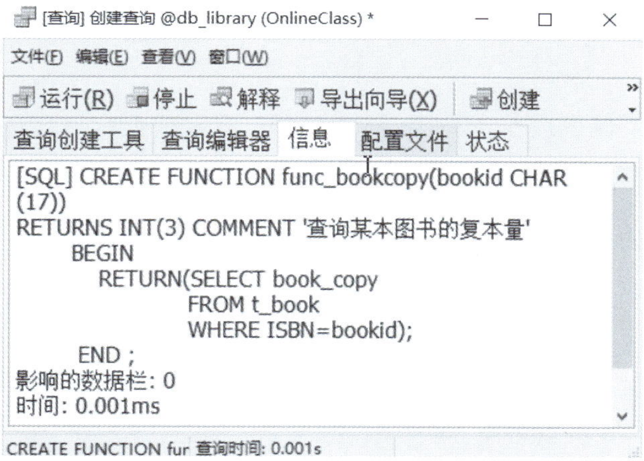

图 5.1.33　创建函数 func_bookcopy 成功

（2）调用函数，SQL 语句如下：

```
SELECT func_bookcopy('978-7-04-034745-6');
```

得到的结果如图 5.1.34 所示。

图 5.1.34　调用函数 func_bookcopy 执行的结果

学好存储过程的关键在于日积月累

万丈高楼平地起！

——中国俗语

很高的楼都是从地面上一层一层建起来的。学习存储过程是一样的道理，只有将单个的 SQL 语句掌握了，才能创建好一个存储过程。假如你每天敲 50 行代码，一天一天地积累，你就会成为一个优秀的程序员。

项目实训

1. 创建普通的存储过程

创建一个存储过程，查询女同学选修的课程信息。

2. 创建带参数的存储过程

（1）创建一个带输入参数的存储过程，输入 t_student 表中某个学号，查询对应的学生信息。

（2）创建一个带输入参数的存储过程，输入 t_course 表中某个老师的姓名，输出该老师讲授的课程 course_id 与 course_name。

（3）创建一个带输出参数的存储过程，输出教师的总人数。

（4）创建一个带输入 / 输出参数的存储过程，输入某个学生姓名，输出该生的平均成绩。

（5）创建一个带输入 / 输出参数的存储过程，对某个成绩减 20 分。

（6）创建一个带输入 / 输出参数的存储过程，输入某门课程，输出该门课程的任课教师。

3. 创建带控制条件的存储过程

创建存储过程，输入某个学生的姓名，判断其成绩：如果大于等于 90 分，则显示优秀；如果大于等于 80 分，则显示良好；如果大于等于 70 分，则显示中等；如果大于等于 60 分，则显示及格；否则显示不及格。

4. 创建函数

（1）创建一个函数，查询老师的总人数。

（2）创建一个函数，查询某个学生学号对应的姓名。

（3）创建一个函数，求出某个数以内的所有奇数之和。

任务 2　创建触发器

任务描述

触发器用于保护数据表中的数据，触发器不需要调用，当有操作影响到触发器保护的数据时，触发器自动执行。利用触发器可以方便地实现数据库中数据的完整性。例如，小王想要删除 db_library 库中 t_book 表中的一本图书信息时，该图书在 t_borrow_record 表中的所有数据也应该同时被删除，这样才不会出现多余数据。像这种情况就可以采用定义 DELETE 触发器来实现该约束。

任务要求

通过本任务的学习可以创建以下三类触发器：

（1）创建插入触发器。

（2）创建更新触发器。

（3）创建删除触发器。

在创建触发器的过程中灵活掌握 NEW 和 OLD 的使用方法。

相关知识

触发器概述

5.2.1　什么是触发器？

触发器是指在数据表中发生了某件事（插入、删除、更新操作），然后自动触发了预先编写好的若干条 SQL 语句的执行。触发事件的操作和触发器里的 SQL 语句是一个事务操作，具有原子性，要么全部执行，要么都不执行，如银行转账。

触发器的英文单词是 trigger，原意是指手枪的扳机，当扣动扳机时，子弹可以顺势而发。在数据库中创建触发器的作用是一样的，当插入、删除、更新某些数据时，可以立即触发某些约束操作，以保证数据的完整性。

5.2.2 为什么需要触发器？

触发器很少用于操作数据，主要用来管理数据库。例如在一个读者基本表中，有字段读者编号、读者姓名，每增加或删除一条读者的记录时，立即重新进行读者总数的统计。怎样才能进行读者人数的统计呢？不可能每次插入或删除后都用统计函数进行统计，那样会很浪费时间，这时只需要创建一个插入触发器或删除触发器，即可解决统计问题。又如在一个图书基本表中，每次增加图书信息时都需要检查图书添加的 ISBN 格式是否正确，这时也只需要创建插入触发器即可。

因为 DELETE 语句、INSERT 语句、UPDATE 语句会自动执行触发器的操作，所以对应的触发器被称为删除触发器、插入触发器和更新触发器。

5.2.3 创建触发器

使用 CREATE TRIGGER 语句创建触发器。

语法：

```
CREATE TRIGGER trigger_name trigger_time trigger_event
  ON table_name FOR EACH ROW [trigger_order] trigger_body;
```

说明：

（1）trigger_name：触发器的名称，触发器在当前数据库中必须具有唯一的名称。如果要在某个特定数据库中创建，名称前面应该加上数据库的名称。

（2）trigger_time：触发器触发的时刻，有两个选项 AFTER 和 BEFORE，以表示触发器是在激活它的语句之前或之后触发。如果想要在激活触发器的语句执行之后执行，通常使用 AFTER 选项；如果想要验证新数据是否满足使用的限制，则使用 BEFORE 选项。

（3）trigger_event：指明了激活触发程序的语句类型。可以是以下触发事件：

- INSERT：将新行插入表时激活触发器，如使用 INSERT、LOAD DATA 和 REPLACE 语句。
- UPDATE：更改某一行时激活触发器，如使用 UPDATE 语句。
- DELETE：从表中删除某一行时激活触发器，如使用 DELETE 和 REPLACE 语句。

（4）table_name：与触发器相关的表名，在该表上发生触发事件才会激活触发器。同一个表不能拥有两个具有相同触发时刻和事件的触发器。例如，对于某一表不能有 2 个 BEFORE UPDATE 触发器，但可以有 1 个 BEFORE UPDATE 触发器和 1 个 BEFORE INSERT 触发器，或 1 个 BEFORE UPDATE 触发器和 1 个 AFTER UPDATE 触发器。

（5）FOR EACH ROW：该声明指定对于受触发事件影响的每一行都要激活触发器的动作。例如，使用一条语句向一个表中添加一组行，触发器会对每一行执行相应触发器动作。

（6）trigger_body：包含触发器激活时将要执行的语句。如果要执行多个语句，可使用 BEGIN...END 复合语句结构。这样就能使用存储过程中允许的相同语句。

触发器不能返回任何结果到客户端，为了阻止从触发器返回结果，不要在触发器定义中包含 SELECT 语句。同样，也不能调用将数据返回客户端的存储过程。

MySQL 中定义了 NEW 表和 OLD 表，用来表示引用触发器中发生变化的记录内容，具体的说明如下：

- 在 INSERT 型触发器中，NEW 用来表示将要（BEFORE）或已经（AFTER）插入的新数据。
- 在 UPDATE 型触发器中，OLD 用来表示将要或已经被修改的原数据，NEW 用来表示将要或已经被修改的新数据。
- 在 DELETE 型触发器中，OLD 用来表示将要或已经被删除的原数据。

5.2.4　查看触发器

语法：

```
SHOW TRIGGERS;
SHOW CREATE TRIGGER trigger_name;
```

说明：trigger_name 表示触发器的名称。

【例】查看创建的触发器 trigger_update，SQL 语句如下：

```
SHOW CREATE TRIGGER trigger_update;
```

5.2.5　删除触发器

语法：

```
DELETE TRIGGER trigger_name;
```

说明：trigger_name 表示触发器的名称。

任务实施

创建插入触发器

1. 创建插入触发器

（1）每向 t_book 表中插入一条记录后，则向 t_log 表中插入该表的表名 t_book 和插入的时间。

具体操作步骤如下：

1）首先创建一个新表 t_log，有字段 logno、tname 和 logtime 三个字段，具体的 SQL 语句如下：

```
CREATE TABLE t_log
 (logno INT AUTO_INCREMENT PRIMARY KEY,
 tname VARCHAR(20),
 logtime DATETIME);
```

2）创建触发器。创建触发器的 SQL 语句如下：

```
CREATE TRIGGER trigger_log
  AFTER INSERT
     ON t_book FOR EACH ROW
         INSERT INTO t_log (tname,logtime) VALUES('t_book',now());
```

说明：由于是插入数据之后触发的事件，因此使用 AFTER。

打开 Navicat，新建一个查询，输入创建触发器的 SQL 语句，如图 5.2.1 所示。

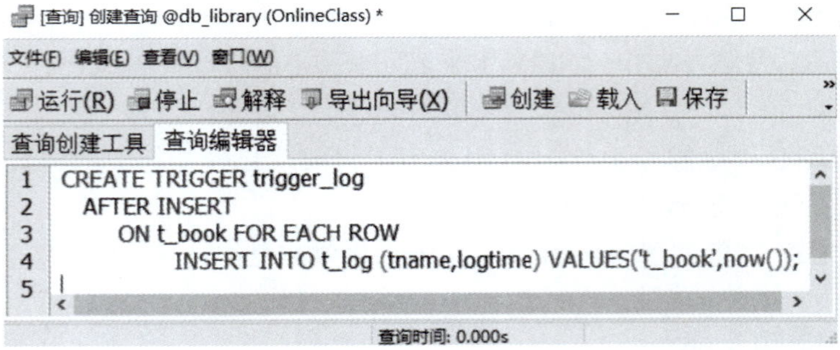

图 5.2.1　输入创建触发器 trigger_log 的 SQL 语句

单击“运行”，触发器创建成功，如图 5.2.2 所示。

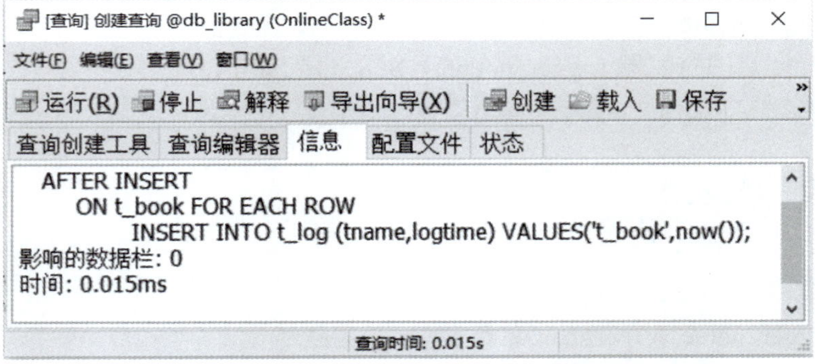

图 5.2.2　创建触发器 trigger_log 成功

3）查看触发器。创建好触发器后，可以在 Navicat 的主窗口中找到数据库 db_library 下的 t_book 表，在表上单击右键，选择“设计表”，如图 5.2.3 所示，就可以打开表结构。

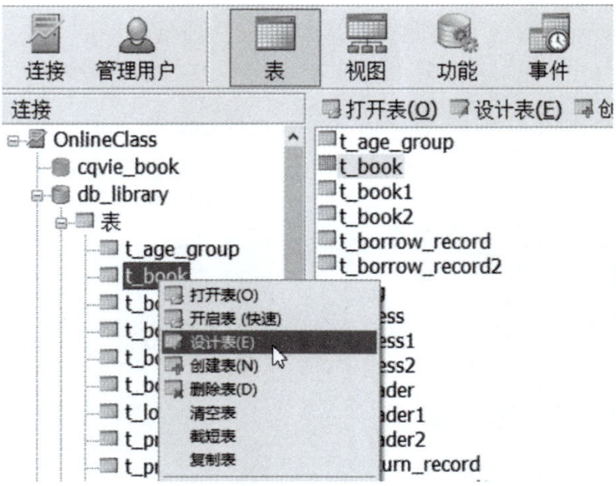

图 5.2.3　选择“设计表”

单击“触发器”选项，就可以看到刚创建的触发器，如图 5.2.4 所示。

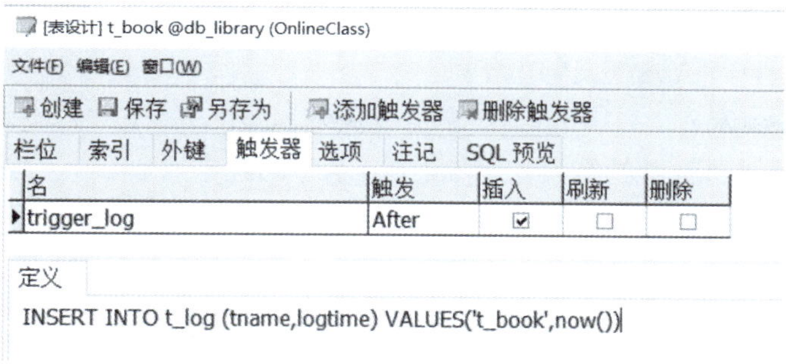

图 5.2.4　查看创建的触发器 trigger_log

如果要删除触发器，可以直接单击工具栏中的“删除触发器”。

也可以使用查看存储器的 SQL 语句进行查看。使用如下 SQL 语句查看触发器，得到的结果如图 5.2.5 所示。

```
SHOW TRIGGERS;
```

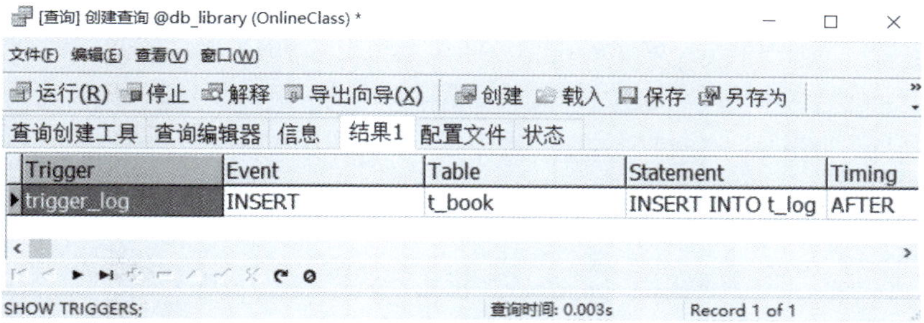

图 5.2.5　使用 SHOW TRIGGERS; 查看触发器

使用如下 SQL 语句查看触发器，得到的结果如图 5.2.6 所示。

```
SHOW CREATE TRIGGER trigger_name;
```

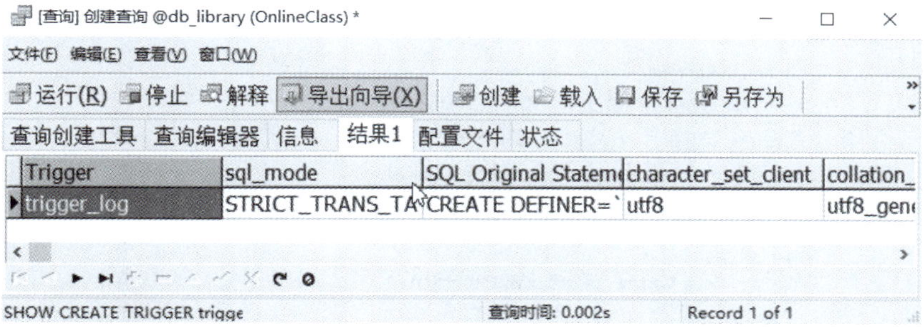

图 5.2.6　使用 SHOW CREATE TRIGGER trigger_name; 查看触发器

如果要删除触发器，可以使用如下 SQL 语句：

```
DROP TRIGGER trigger_log;
```

4）向表 t_book 中插入数据，SQL 语句如下：

```
INSERT INTO t_book (isbn,book_name)
```

```
VALUES('978-7-115-45663-2', 'MySQL 数据库管理与开发 ');
```

5）查看触发器事件，SQL 语句如下：

```
SELECT * FROM t_log;
```

可以看到的触发器触发的结果如图 5.2.7 所示，已经向表 t_log 中插入了一条数据。

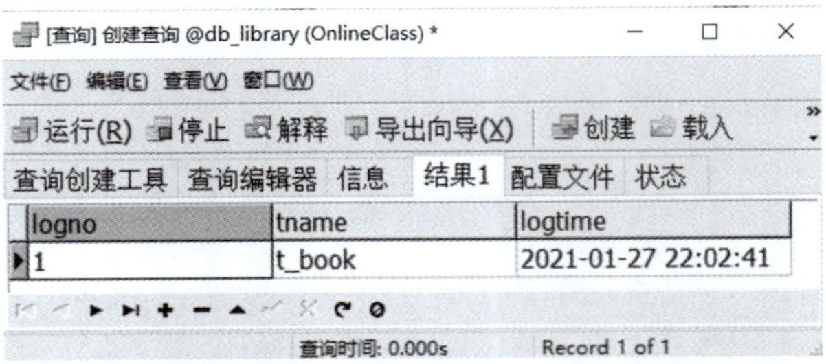

图 5.2.7　查看触发器触发的事件

（2）创建一个 t_borrow_record 表的插入触发器，当向 t_borrow_record 表中插入一条数据时，该记录对应的图书库存量自动 -1，对应的读者的借阅量自动 +1。

1）创建触发器。创建触发器的 SQL 语句如下：

```
DELIMITER $
CREATE TRIGGER trigger_insert2
AFTER INSERT
    ON t_borrow_record FOR EACH ROW
    BEGIN
        UPDATE t_reader set reader_borrowtotal=reader_borrowtotal+1
        WHERE reader_id=new.reader_id;
        UPDATE t_book SET book_inventory=book_inventory-1
        WHERE ISBN=NEW.ISBN;
END $
DELIMITER ;
```

打开 Navicat，创建一个新的查询，输入创建触发器的 SQL 语句，如图 5.2.8 所示。

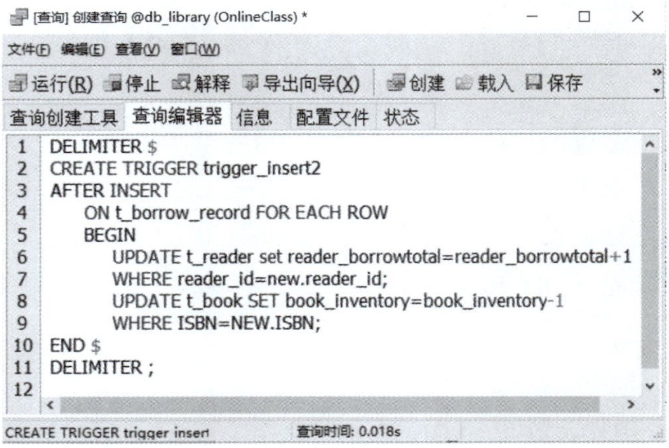

图 5.2.8　输入创建触发器 trigger_insert2 的 SQL 语句

单击“运行”，可以看到创建成功，如图 5.2.9 所示。

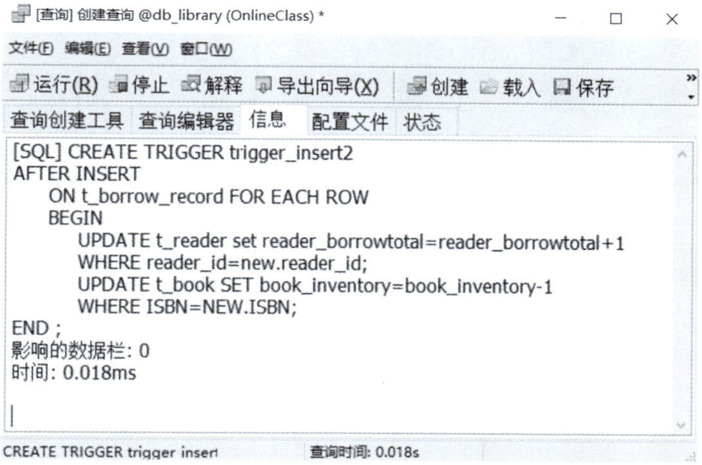

图 5.2.9 创建触发器 trigger_insert2 成功

2）查看 t_reader 和 t_book 原始表的数据。

SQL 语句如下：

```
SELECT * FROM t_reader;
SELECT * FROM t_book;
```

可以看到 t_reader 表中所有的借阅总量为 0，如图 5.2.10 所示。t_book 表中原始数据如图 5.2.11 所示。

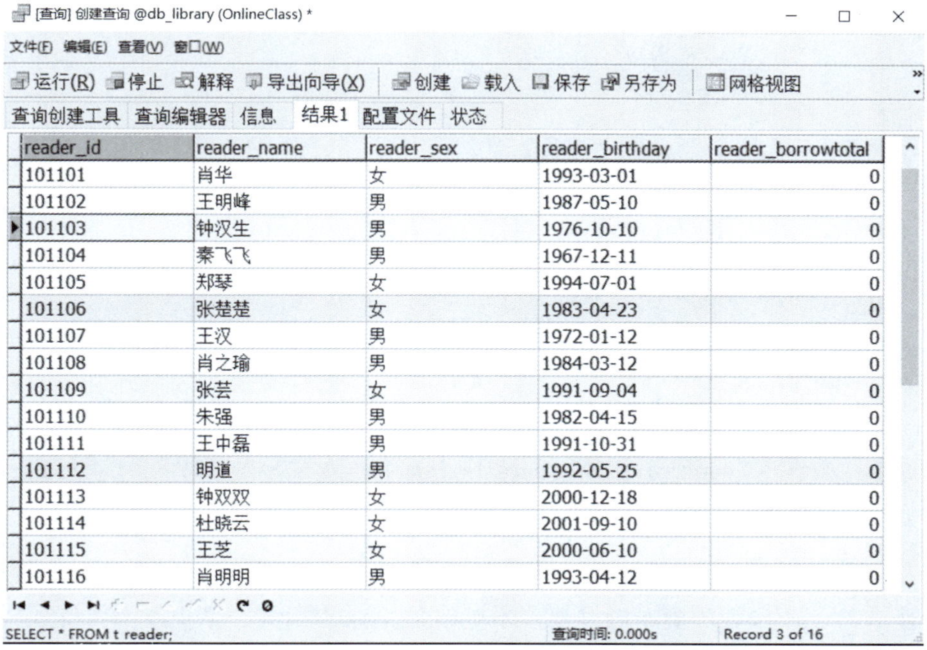

reader_id	reader_name	reader_sex	reader_birthday	reader_borrowtotal
101101	肖华	女	1993-03-01	0
101102	王明峰	男	1987-05-10	0
101103	钟汉生	男	1976-10-10	0
101104	秦飞飞	男	1967-12-11	0
101105	郑琴	女	1994-07-01	0
101106	张楚楚	女	1983-04-23	0
101107	王汉	男	1972-01-12	0
101108	肖之瑜	男	1984-03-12	0
101109	张芸	女	1991-09-04	0
101110	朱强	男	1982-04-15	0
101111	王中磊	男	1991-10-31	0
101112	明道	男	1992-05-25	0
101113	钟双双	女	2000-12-18	0
101114	杜晓云	女	2001-09-10	0
101115	王芝	女	2000-06-10	0
101116	肖明明	男	1993-04-12	0

图 5.2.10 t_reader 表原始数据

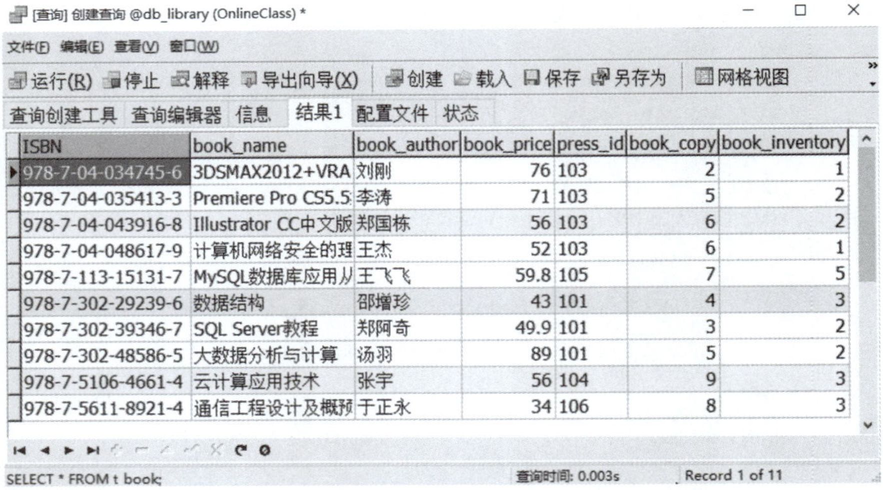

ISBN	book_name	book_author	book_price	press_id	book_copy	book_inventory
978-7-04-034745-6	3DSMAX2012+VRA	刘刚	76	103	2	1
978-7-04-035413-3	Premiere Pro CS5.5	李涛	71	103	5	2
978-7-04-043916-8	Illustrator CC中文版	郑国栋	56	103	6	2
978-7-04-048617-9	计算机网络安全的理	王杰	52	103	6	1
978-7-113-15131-7	MySQL数据库应用从	王飞飞	59.8	105	7	5
978-7-302-29239-6	数据结构	邵增珍	43	101	4	3
978-7-302-39346-7	SQL Server教程	郑阿奇	49.9	101	3	2
978-7-302-48586-5	大数据分析与计算	汤羽	89	101	5	2
978-7-5106-4661-4	云计算应用技术	张宇	56	104	9	3
978-7-5611-8921-4	通信工程设计及概预	于正永	34	106	8	3

图 5.2.11　t_book 表原始数据

3）向表 t_borrow_record 中插入数据。SQL 语句如下：

```
INSERT INTO t_borrow_record(reader_id,ISBN)
VALUES('101103','978-7-5106-4661-4');
```

可以看到插入数据成功，如图 5.2.12 所示。

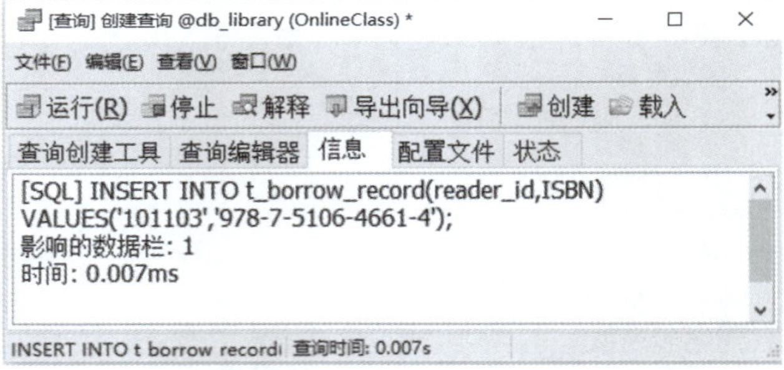

图 5.2.12　向表 t_borrow_record 中插入数据成功

4）查看触发器触发的结果。再次使用如下 SQL 语句查看 t_reader 和 t_book 表中的数据。

```
SELECT * FROM t_reader;
SELECT * FROM t_book;
```

可以看到，表 t_reader 中 reader_id 为 101103 的 reader_borrowtotal 的值由图 5.2.10 中的 0 变为 1，如图 5.2.13 所示；表 t_book 中 ISBN 号为 978-7-5106-4661-4 对应的 book_inventory 的值由图 5.2.11 中的 3 变为 2，如图 5.2.14 所示。

2. 创建更新触发器

创建一个 t_press 表的更新触发器，当更新 t_press 表中某一条记录的出版社信息后，分别查询更新前后的出版社名称。

创建更新触发器

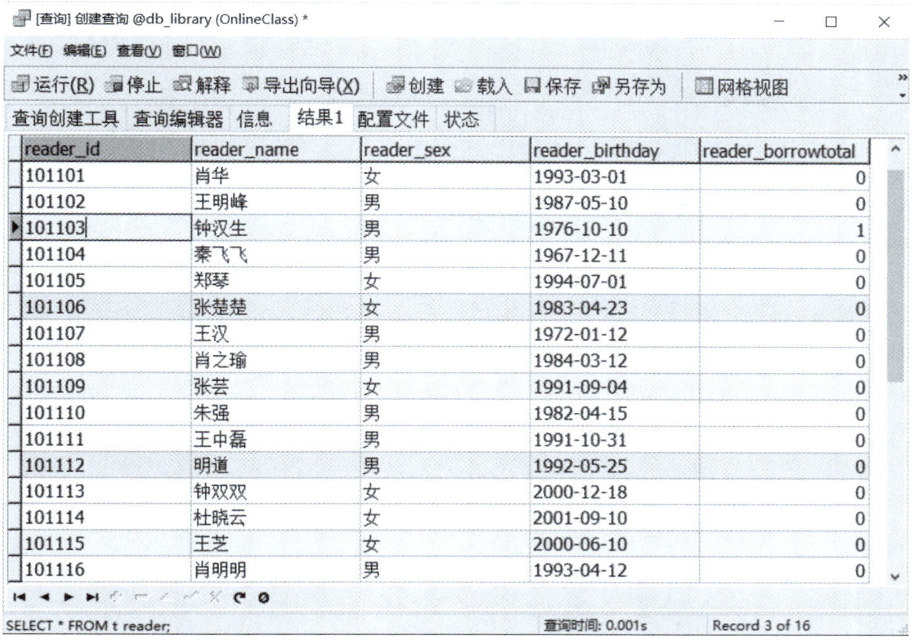

reader_id	reader_name	reader_sex	reader_birthday	reader_borrowtotal
101101	肖华	女	1993-03-01	0
101102	王明峰	男	1987-05-10	0
101103	钟汉生	男	1976-10-10	1
101104	秦飞飞	男	1967-12-11	0
101105	郑琴	女	1994-07-01	0
101106	张楚楚	女	1983-04-23	0
101107	王汉	男	1972-01-12	0
101108	肖之瑜	男	1984-03-12	0
101109	张芸	女	1991-09-04	0
101110	朱强	男	1982-04-15	0
101111	王中磊	男	1991-10-31	0
101112	明道	男	1992-05-25	0
101113	钟双双	女	2000-12-18	0
101114	杜晓云	女	2001-09-10	0
101115	王芝	女	2000-06-10	0
101116	肖明明	男	1993-04-12	0

图 5.2.13　查看 t_reader 表中数据的变化

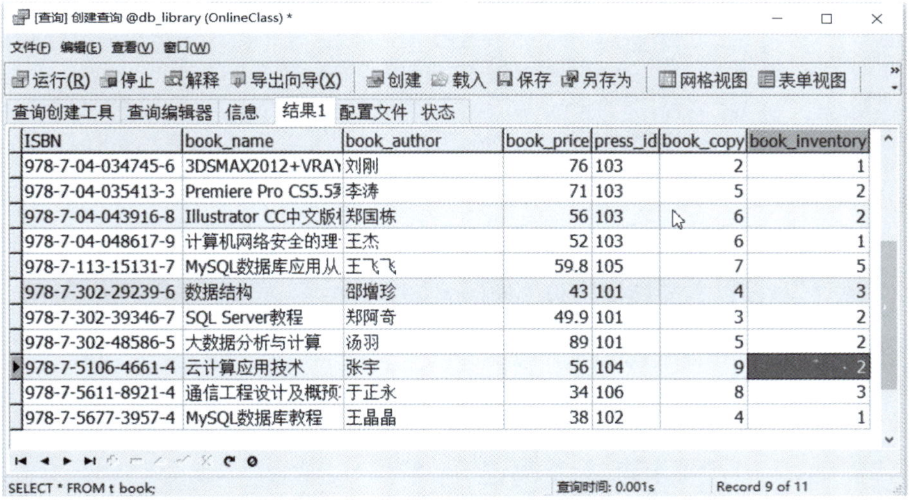

ISBN	book_name	book_author	book_price	press_id	book_copy	book_inventory
978-7-04-034745-6	3DSMAX2012+VRAY	刘刚	76	103	2	1
978-7-04-035413-3	Premiere Pro CS5.5	李涛	71	103	5	2
978-7-04-043916-8	Illustrator CC中文版	郑国栋	56	103	6	2
978-7-04-048617-9	计算机网络安全的理	王杰	52	103	6	1
978-7-113-15131-7	MySQL数据库应用从	王飞飞	59.8	105	7	5
978-7-302-29239-6	数据结构	邵增珍	43	101	4	3
978-7-302-39346-7	SQL Server教程	郑阿奇	49.9	101	3	2
978-7-302-48586-5	大数据分析与计算	汤羽	89	101	5	2
978-7-5106-4661-4	云计算应用技术	张宇	56	104	9	2
978-7-5611-8921-4	通信工程设计及概预	于正永	34	106	8	3
978-7-5677-3957-4	MySQL数据库教程	王晶晶	38	102	4	1

图 5.2.14　查看 t_book 表中数据的变化

（1）首先创建一个新表 compare。表中有两个字段——id 和 result，SQL 语句如下：

```
CREATE TABLE compare(
id INT PRIMARY KEY AUTO_INCREMENT,
result VARCHAR(10)
);
```

（2）创建触发器。创建触发器的 SQL 语句如下：

```
DELIMITER $
```

```
CREATE TRIGGER trigger_update
    AFTER UPDATE ON t_press FOR EACH ROW
  BEGIN
    IF(NEW.press_name=OLD.press_name) THEN
    INSERT INTO compare(result) VALUES(" 相同 ");
    ELSE
    INSERT INTO compare(result) VALUES(" 不同 ");
    END IF;
END $
DELIMITER;
```

说明：NEW 是指更新之后的表，OLD 是指更新之前的表。

打开 Navicat，创建一个新的查询，输入创建触发器 trigger_update 的 SQL 语句，如图 5.2.15 所示。

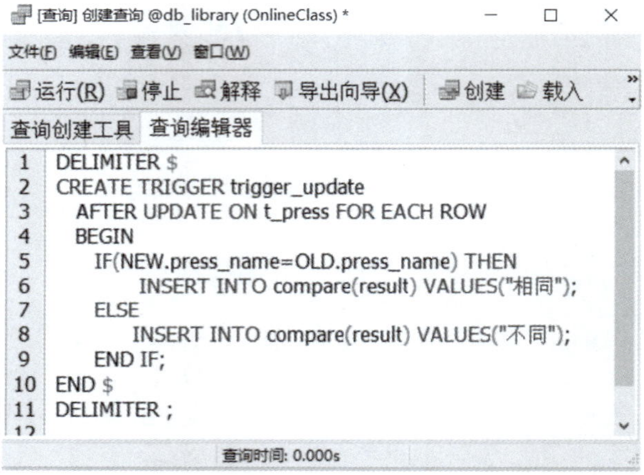

图 5.2.15　输入创建触发器 trigger_update 的 SQL 语句

单击“运行”，可以看到创建成功，如图 5.2.16 所示。

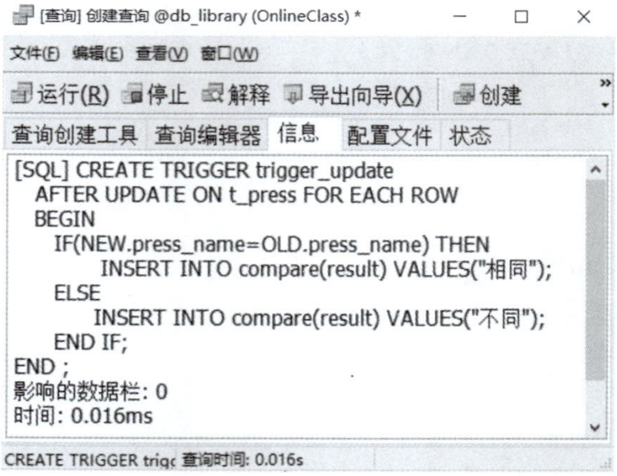

图 5.2.16　创建触发器 trigger_update 成功

（3）更新表 t_press 中的数据，SQL 语句如下：

```
UPDATE t_press
SET press_name=' 清华大学出版社 '
WHERE press_id='101';
```

可以看到更新表的数据成功，如图 5.2.17 所示。

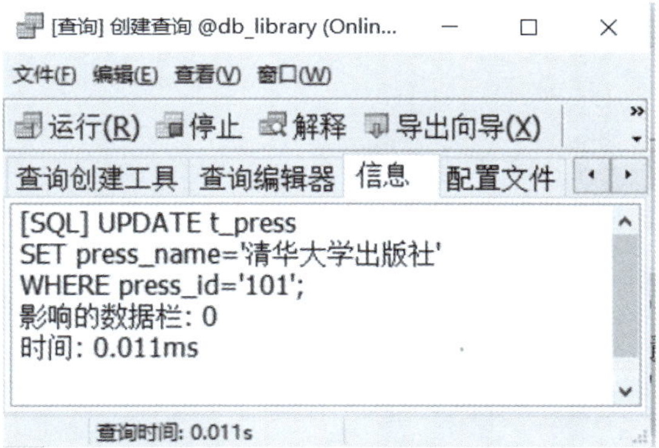

图 5.2.17　更新表 t_press 中的数据

（4）查看更新后的结果，SQL 语句如下：

```
SELECT * FROM compare;
```

可以看到表中的 result 的结果为“相同”，证明更新触发器触发成功，如图 5.2.18 所示。

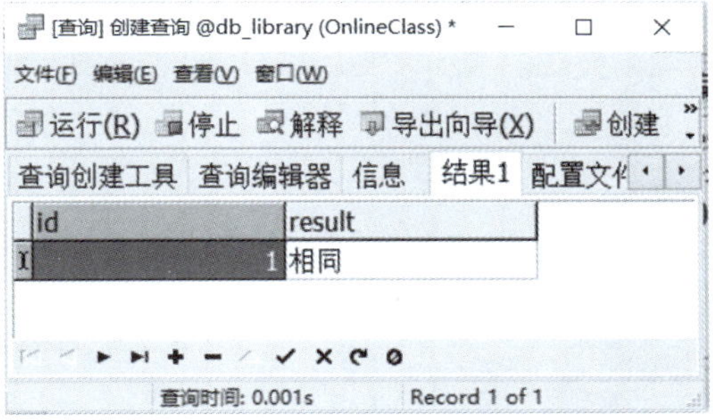

图 5.2.18　查看更新触发器触发的结果

3. 创建删除触发器

创建一个 DELETE 触发器，删除 t_reader 表中的数据时，将对应的 t_borrow_record 表中的数据删除。

创建删除触发器

（1）创建触发器。创建触发器的 SQL 语句如下：

```
DELIMITER $
CREATE Trigger trigger_delete
AFTER DELETE
    ON t_reader FOR EACH ROW
     BEGIN
        DELETE FROM t_borrow_record
```

```
        WHERE reader_id=OLD.reader_id;
      END $
DELIMITER;
```

说明：OLD 是指删除数据之前的表。

打开 Navicat，创建一个新的查询，输入创建触发器的 SQL 语句，如图 5.2.19 所示。单击“运行”，可以看到创建成功，如图 5.2.20 所示。

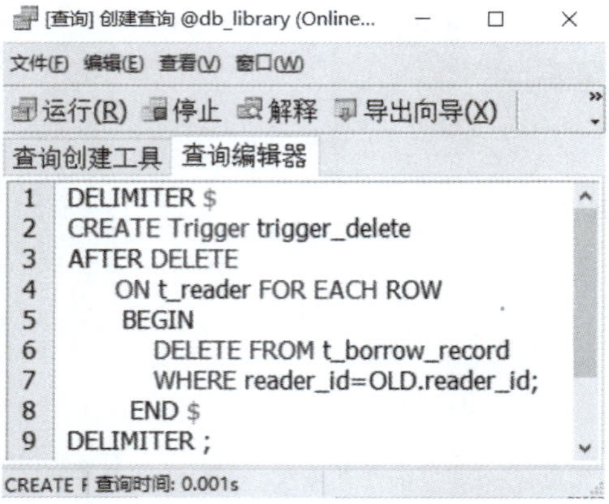

图 5.2.19　输入创建触发器 trigger_delete 的 SQL 语句

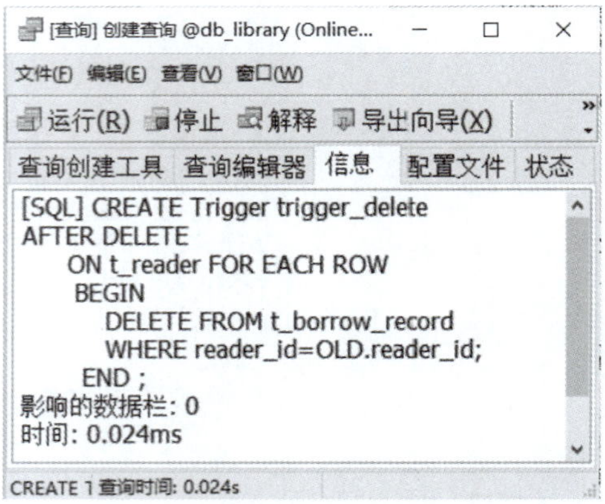

图 5.2.20　创建触发器 trigger_delete 成功

（2）查看 t_reader 表和 t_borrow_record 表中的原始数据。SQL 语句如下：

```
SELECT * FROM t_reader;
SELECT * FROM t_borrow_record;
```

表 t_reader 的原始数据如图 5.2.21 所示，表 t_borrow_record 的原始数据如图 5.2.22 所示。

reader_id	reader_name	reader_sex	reader_birthday	reader_borrowtotal
101101	肖华	女	1993-03-01	0
101102	王明峰	男	1987-05-10	0
101103	钟汉生	男	1976-10-10	1
101104	秦飞飞	男	1967-12-11	0
101105	郑琴	女	1994-07-01	0
101106	张楚楚	女	1983-04-23	0
101107	王汉	男	1972-01-12	0
101108	肖之瑜	男	1984-03-12	0
101109	张芸	女	1991-09-04	0
101110	朱强	男	1982-04-15	0
101111	王中磊	男	1991-10-31	0
101112	明道	男	1992-05-25	0
101113	钟双双	女	2000-12-18	0
101114	杜晓云	女	2001-09-10	0
101115	王芝	女	2000-06-10	0
101116	肖明明	男	1993-04-12	0

图 5.2.21　查看表 t_reader 的原始数据

borrow_id	reader_id	ISBN	Borrow_date
170101	101101	978-7-5677-3957-4	2017-01-01
170102	101101	978-7-04-035413-3	2017-02-10
170103	101103	978-7-5611-8921-4	2017-03-13
170104	101103	978-7-5106-4661-4	2017-03-13
170105	101106	978-7-302-39346-7	2017-04-12
170106	101106	978-7-302-29239-6	2017-04-12
180101	101107	978-7-5106-4661-4	2018-01-05
180102	101107	978-7-113-15131-7	2018-01-05
180103	101109	978-7-5611-8921-4	2018-02-14
180104	101109	978-7-5106-4661-4	2018-02-14
180105	101109	978-7-113-15131-7	2018-02-14
180106	101112	978-7-5106-4661-4	2018-02-20
180107	101113	978-7-302-39346-7	2018-02-20
180108	101114	978-7-302-29239-6	2018-02-20
180109	101115	978-7-5106-4661-4	2018-02-20

图 5.2.22　查看表 t_borrow_record 的原始数据

（3）删除表 t_reader 中的数据。SQL 语句如下：

```
DELETE FROM t_reader where reader_name=' 肖华 ';
```

可以看到删除数据成功，如图 5.2.23 所示。

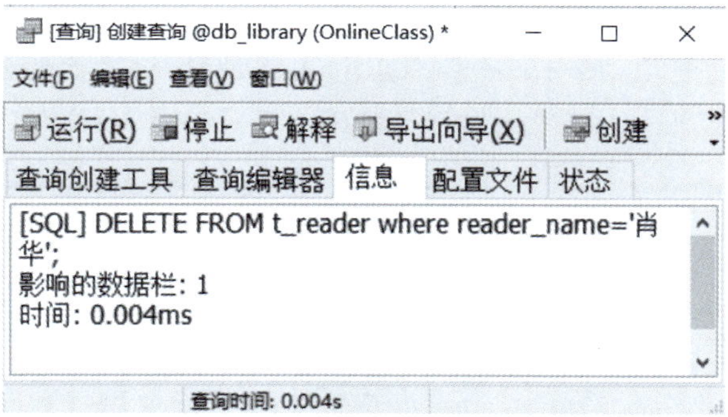

图 5.2.23　删除表 t_reader 的数据成功

（4）查看触发器触发的结果。再次使用如下的 SQL 语句查看表 t_reader 和表 t_borrow_record 中的数据。

```
SELECT * FROM t_reader;
SELECT * FROM t_borrow_record;
```

可以看到，表 t_reader 中已经没有 reader_name 为“肖华”的数据，如图 5.2.24 所示；表 t_borrow_record 中没有 reader_id 为“101101”的数据，如图 5.2.25 所示。

reader_id	reader_name	reader_sex	reader_birthday	reader_borrowtotal
101102	王明峰	男	1987-05-10	0
101103	钟汉生	男	1976-10-10	1
101104	秦飞飞	男	1967-12-11	0
101105	郑琴	女	1994-07-01	0
101106	张楚楚	女	1983-04-23	0
101107	王汉	男	1972-01-12	0
101108	肖之瑜	男	1984-03-12	0
101109	张芸	女	1991-09-04	0
101110	朱强	男	1982-04-15	0
101111	王中磊	男	1991-10-31	0
101112	明道	男	1992-05-25	0
101113	钟双双	女	2000-12-18	0
101114	杜晓云	女	2001-09-10	0
101115	王芝	女	2000-06-10	0
101116	肖明明	男	1993-04-12	0

图 5.2.24　t_reader 表已经删除 reader_name 为“肖华”的数据

borrow_id	reader_id	ISBN	Borrow_date
170103	101103	978-7-5611-8921-4	2017-03-13
170104	101103	978-7-5106-4661-4	2017-03-13
170105	101106	978-7-302-39346-7	2017-04-12
170106	101106	978-7-302-29239-6	2017-04-12
180101	101107	978-7-5106-4661-4	2018-01-05
180102	101107	978-7-113-15131-7	2018-01-05
180103	101109	978-7-5611-8921-4	2018-02-14
180104	101109	978-7-5106-4661-4	2018-02-14
180105	101109	978-7-113-15131-7	2018-02-14
180106	101112	978-7-5106-4661-4	2018-02-20
180107	101113	978-7-302-39346-7	2018-02-20
180108	101114	978-7-302-29239-6	2018-02-20
180109	101115	978-7-5106-4661-4	2018-02-20

图 5.2.25　t_borrow_record 表已经删除 reader_id 为“101101”的数据

学好触发器的关键在于脚踏实地

志存高远，脚踏实地。

——习近平勉励大学生

习主席勉励大学生时说过：志存高远，脚踏实地！意思就是我们应当怀抱高远的志向，但为了理想必须从实际出发，要一步一步慢慢实现，不能心浮气躁。对于触发器的学习也是一样的道理，把一条一条 SQL 语句弄清楚，触发器的创建自然就明白了。心怀优秀程序员的理想，脚踏实地学好数据库，不可心浮气躁哦。

项目实训

1. 创建插入触发器

（1）创建 Insert 触发器，每向 t_student 中插入一条记录后，则向 t_log 表中插入该表的表名 t_student 和插入的时间。

（2）创建一个 t_score 表的插入触发器，当向 t_score 表中插入一条数据时，在 t_student 表中自动添加一条 stu_id 对应的记录，在 t_course 表中自动添加一条 course_id 对应的记录。

2. 创建更新触发器

（1）修改表 t_student 中一个学生的生日时，向另一个表 t_backup 中插入修改前的生日与出生后的生日。

（2）创建一个 t_course 表的更新触发器，当更新 t_course 表中的某一条记录后，分别查看更新前后的课程名称。

3. 创建删除触发器

（1）删除 t_major 表中的一条记录时，将删除的这条记录插入到另一个表中。

（2）创建一个删除触发器，删除 t_major 中的数据时，将对应的 t_student 中的数据删除。

专业能力测评

专业核心能力	评价指标	自测结果
创建存储过程	1. 能创建普通的存储过程 2. 能创建带参数的存储过程 3. 能创建带控制条件的存储过程 4. 能创建函数	优□ 良□ 中□ 差□ 优□ 良□ 中□ 差□ 优□ 良□ 中□ 差□ 优□ 良□ 中□ 差□
创建触发器	1. 能创建插入触发器 2. 能创建更新触发器 3. 创建删除触发器	优□ 良□ 中□ 差□ 优□ 良□ 中□ 差□ 优□ 良□ 中□ 差□

单元测验

可登录中国大学 MOOC 网测验并获得成绩。

一、单选题（每小题 2 分）

1. 调用一个带输入参数的存储过程，正确的语句是（　　）。

   A. CALL p1("101101");　　B. CALL p1();

   C. CALL p1(@A);　　D. CALL p1("101101"," 小明 ");

2. 在创建触发器时，如果要创建删除数据之后触发的触发器，应该基于（　　）事件。

   A. ALTER　　B. INSERT　　C. UPDATE　　D. DELETE

3. 查看触发器的语句是（　　）。

   A. USE TRIGGERS　　B. VIEW TRIGGERS

   C. SELECT TRIGGERS　　D. SHOW TRIGGERS

4. 删除触发器 trigger_fg1 的语句是（　　）。

   A. DROP TRIGGER trigger_fg1

   B. ALTER TRIGGER trigger_fg1

   C. DROP * FROM trigger_fg11

   D. SELECT * FROM t_reader WHERE DROP trigger_fg1

5. 在 MySQL 中存储过程对应的关键字是（　　）。

A. TABLE　　B. VIEW　　C. PROCEDURE　　D. TRIGGER

6. 在 MySQL 中修改存储过程使用的命令是（　　）。

A. CREATE PROCEDURE　　B. ALTER PROCEDURE

C. DROP PROCEDURE　　D. MODIFY PROCEDURE

7. 在 MySQL 中表示函数的关键字是（　　）。

A. TABLE　　B. VIEW　　C. PROCEDURE　　D. FUNCTION

二、判断题（每小题 2 分）

1. 在 MySQL 中使用关键字 OUT 表示输入参数。（　　）

A. 是　　B. 否

2. 在 MySQL 中可以定义没有参数的存储过程。（　　）

A. 是　　B. 否

3. 在 MySQL 的存储过程的调用中，形式参数和实际参数要做到个数相同，类型要一一对应。（　　）

A. 是　　B. 否

4. 在 MySQL 中函数体一般都是返回 SELECT 查询语句。（　　）

A. 是　　B. 否

5. 在 MySQL 的函数的定义中，RETURNS 后面要书写函数的类型。（　　）

A. 是　　B. 否

6. 在 MySQL 的触发器创建时，关键字 ON 后面跟的是触发器的名称。（　　）

A. 是　　B. 否

7. 在 MySQL 的插入触发器中能使用的临时表是 OLD 表。（　　）

A. 是　　B. 否

8. 在 MySQL 的更新触发器中只能使用 NEW 表，不能使用 OLD 表。（　　）

A. 是　　B. 否

9. 在 MySQL 中删除触发器对应的临时表是 NEW 表。（　　）

A. 是　　B. 否

三、多选题（每小题 3 分）

1.（　　）关键字可以创建循环结构。

A. LOOP　　B. REPEAT　　C. WHILE　　D. CASE

2. 在以下语句段中，变量 b 的取值可能是（　　）。

```
DECLARE b CHAR(3);
CASE  a
  WHEN  1  THEN
    SET  b = ' 一月 ';
  WHEN  2  THEN
```

```
    SET b = '二月';
ELSE
    SET b=' 参数错 ';
END CASE;
```

A．" 参数错 "　　B．" 一月 "　　C．" 二月 "　　D．NULL

3．在 MySQL 的存储过程中提供的程序控制结构有（　　）。

A．顺序结构　　B．分支结构　　C．循环结构　　D．嵌套结构

4．MySQL 的触发器类型主要有（　　）。

A．INSERT　　B．UPDATE　　C．DELETE　　D．SELECT

5．在 MySQL 的触发器中，Trigger_Time 主要有（　　）。

A．BEFORE　　B．INSERT　　C．AFTER　　D．DELETE

单元 6　数据库的管理

单元导读

数据库的管理主要包括事务的管理、权限的设置、数据库的备份与恢复以及日志的管理。事务的管理主要涉及事务的提交与回滚。数据库要根据不同的用户角色赋予创建、查询、插入、修改与删除等权限。为了保障数据的安全，要养成良好的备份习惯，如果数据丢失或损坏，则可以进行恢复操作。当数据库意外损坏或出现性能的瓶颈时，可通过日志文件查看原因，并据此采取合理的措施。

教学目标

- 掌握事务的提交与回滚操作
- 掌握权限的设置方法
- 掌握数据库的备份与恢复方法
- 掌握查看日志的方法

任务 1　管理事务

任务描述

当涉及多表操作的时候，如需保证数据的修改从一个一致性状态变更为另一个一致性状态，需要了解事务（Transaction）的概念，学会通过事务控制语句进行数据修改的一致性操作。在事务控制语句的基础上，了解事务隔离的 4 种级别以及实现事务隔离级别的锁机制。

任务要求

在向借阅表 t_borrow_record 插入一条借书记录时，t_book 库存对应的图书数量自动减 1，读者借阅的图书数量自动加 1，如果判断库存的图书数量小于等于 0，则将事务回滚，不能向借阅表 t_borrow_record 插入记录，库存数量不能减 1，借书量也不能加 1。

相关知识

6.1.1　事务的 4 个特性

MySQL 中提供了多种存储引擎，如 InnoDB、MyISAM、MEMORY 等，其中 InnoDB 支持事务，MyISAM、MEMORY 等不支持事务。支持事务需满足四个基本特性：原子性（Atomicity）、一致性（Consistency）、隔离性（Isolation）和持久性（Durability）。

1. 原子性

事务中所有的操作视为一个原子单元，对于事务进行的数据修改操作只能完全提交或者完全回滚，即事务中包含的每个操作要么全做，要么全不做。

2. 一致性

事务在完成时，必须使得所有的数据从一种一致性状态转换到另一种一致性状态，所有的变更都必须应用于事务的修改，以此保证数据的完整性。

一致性状态指的是数据库只包含成功事务提交的结果。不一致状态指的是发生数据库系统运行故障等因素时，有些事务尚未完成就被迫中断，这些未完成事务对数据库所做的修改有一部分已写入物理数据库，此时数据库就处于不一致状态。

3. 隔离性

一个事务中的操作语句所做的修改必须隔离于其他事务所做的修改。在进行事务查看数据时数据所处的状态，只能是被另一个并发事务修改之前的状态或者被另一并发事务修改之后的状态，即当前事务不会查看由另一个并发事务正在修改的数据。

简而言之，一个事务内部的操作及使用的数据对其他并发事务是隔离的，并发执行的各个事务之间不能相互干扰。

4. 持久性

事务完成以后，所做的修改对数据的影响是永久的，接下来进行其他操作或者系统故障，都不能对其执行结果有任何影响。

勤于思考就能学好事务

学而不思则罔，
思而不学则殆！
——《论语》

事务的 4 个特性很抽象，同学们一定要结合具体的操作去理解。在学习事务的过程中一定要勤于思考，比如事务的提交与回滚到底解决了什么问题？

6.1.2 MySQL 事务控制语句

在 MySQL 数据库中，可以使用 BEGIN 开始事务，通过 COMMIT 结束事务，在开始事务至结束事务期间，可通过 ROLLBACK 回滚事务。MySQL 通过 SET AUTOCOMMIT、START TRANSACTION、COMMIT、ROLLBACK 等语句支持本地事务。

语法：

```
START TRANSACTION | BEGIN [WORK]
COMMIT [WORK] [AND [NO] CHAIN] [[NO] RELEASE]
ROLLBACK [WORK] [AND [NO] CHAIN] [[NO] RELEASE]
SET AUTOCOMMIT = {0 | 1}
```

说明：

- START TRANSACTION、BEGIN 语句可以开始一项新的事务。
- COMMIT、ROLLBACK 语句用来定义提交、回滚事务。
- CHAIN、RELEASE 语句用来定义在事务提交或回滚之后的操作，CHAIN 会立即启动一个新事务，并且和刚才的事务具有相同的隔离级别，RELEASE 则会断开和客户端的连接。
- SET AUTOCOMMIT 可以修改当前连接的提交方式，如果设置了 SET AUTOCOMMIT=0，则设置之后的所有事务都需要通过明确的命令进行提交或者回滚。

注意：如果采用默认设置，则 MySQL 中的事务是默认提交的。当需要对某些语句进行事务控制时，可使用 START TRANSACTION 或 BEGIN 开始一个事务，此时，事务结束以后，能够直接回到自动提交的方式。

6.1.3 MySQL 事务隔离级别

事务控制的出发点是解决数据变更的一致性问题，但事务的并发会带来一系列常见的问题：

1. 脏读

事务 A 读取了事务 B 更新的数据，然后 B 执行回滚，那么 A 读取到的数据是脏数据。例如，某一时刻图书《MySQL 数据库教程》库存量为 1，小王开始通过事务 B 走借书流程并将该书的库存量改为 0，但并未提交事务。此时，小张通过事务 A 读取到图书《MySQL 数据库教程》的库存量为 0。随后，事务 B 发生了异常而回滚，图书《MySQL 数据库教程》回滚到 1。最终，小张通过事务 A 读取到的图书《MySQL 数据库教程》库存量 0 即为脏数据，事务 A 进行了一次脏读。

2. 不可重复读

事务 A 多次读取同一数据，事务 B 在事务 A 多次读取的过程中，对数据作了更新并提交，导致事务 A 多次读取同一数据时结果不一致。

例如，某一时刻小张通过事务 A 读取到图书《MySQL 数据库教程》库存量为 1，由于本次事务执行时间较长，故还未提交事务 A。此时，小王开始通过事务 B 走借书流程，将图书《MySQL 数据库教程》库存量改为 0 并提交了事务。随后，小张在事务 A 中，再次读取到图书《MySQL 数据库教程》库存量时，发现值变成了 0。类似事务 A 这种在同一事务中，前后读取的值不同的情况，称为不可重复读。

3. 幻读

当事务不是独立执行时发生的一种现象，例如 A 事务对一个表中的数据进行了修改，这种修改涉及表中的全部数据行。同时，B 事务也修改这个表中的数据，这种修改是向表中插入一行新数据。那么，以后就会发生操作 A 事务的用户发现表中还有没有修改的数据行，就好像发生了幻觉一样。

例如，某一时刻库存量为 1 的图书有 3 种，小李正通过事务 A 将库存量为 1 的这 3 种图书库存量改为 0。此时，小王通过事务 B 借阅了 1 本当前库存量为 2 的图书并完成了事务 B 的提交，由此新产生了一种库存量为 1 的图书。随后，事务 A 的操作用户小李发现表中还有库存量为 1 的数据行，好像发生了幻觉，这种情况就是幻读。

为了解决事务并发带来的问题，引入了事务隔离级别的概念，事务隔离级别有 4 种：READ_UNCOMMITTED、READ_COMMITTED、REPEATABLE_READ、SERIALIZABLE。

（1）READ_UNCOMMITTED。该级别是事务最低的隔离级别，它允许另外一个事务看到这个事务未提交的数据。它会导致脏读、不可重复读和幻读的出现。

（2）READ_COMMITTED。该级别保证一个事务修改的数据提交后才能被另外一个事务读取，即另外一个事务不能读取该事务未提交的数据。它可以避免脏读，但不可重复读和幻读仍然会出现。

（3）REPEATABLE_READ。该级别保证一个事务相同条件下前后两次获取的数据是一致的，是 MySQL 默认的事务隔离级别。它可以避免脏读、不可重复读，但不可避免幻读。

（4）SERIALIZABLE。该级别将事务处理为顺序执行，能解决上述所有事务并发带来的问题，但缺点是会拖慢执行速度。

6.1.4 锁机制

为了解决事务并发所带来的问题，保证数据的一致性，需对并发执行的不同事务进行控制，由此产生了锁机制。锁机制的目的是为实现 MySQL 各个隔离级别提供保证。常见的锁有两种：共享锁、排它锁。

1. 共享锁（S 锁，读锁）

允许一个事务去读数据，阻止其他事务获得相同数据集的排它锁。

2. 排它锁（X 锁，写锁）

允许获得排它锁的事务更新数据，阻止其他事务取得相同数据集的共享读锁和排它写锁。

任务实施

事务的管理

在向借阅表 t_borrow_record 插入一条借书记录时，t_book 库存对应的图书数量自动减 1，读者借阅的图书数量自动加 1，如果判断库存的图书数量小于等于 0，则将事务回滚，不能向借阅表 t_borrow_record 插入记录，库存数量不能减 1，借书量也不能加 1。

具体操作步骤如下：

（1）在提交《MySQL 数据库教程》借阅申请前，查看借阅记录表、读者表、图书表的原始数据。

查看到的数据表分别如图 6.1.1 至图 6.1.3 所示。

```
mysql> #显示借阅表原始数据#
mysql> SELECT * FROM t_borrow_record;
+-----------+-----------+--------------------+-------------+
| borrow_id | reader_id | ISBN               | Borrow_date |
+-----------+-----------+--------------------+-------------+
| 170101    | 101101    | 978-7-5677-3957-4  | 2017-01-01  |
| 170102    | 101101    | 978-7-04-035413-3  | 2017-02-10  |
| 170103    | 101103    | 978-7-5611-8921-4  | 2017-03-13  |
| 170104    | 101103    | 978-7-5106-4661-4  | 2017-03-13  |
| 170105    | 101106    | 978-7-302-39346-7  | 2017-04-12  |
| 170106    | 101106    | 978-7-302-29239-6  | 2017-04-12  |
| 180101    | 101107    | 978-7-5106-4661-4  | 2018-01-05  |
| 180102    | 101107    | 978-7-113-15131-7  | 2018-01-05  |
| 180103    | 101109    | 978-7-5611-8921-4  | 2018-02-14  |
| 180104    | 101109    | 978-7-5106-4661-4  | 2018-02-14  |
| 180105    | 101109    | 978-7-113-15131-7  | 2018-02-14  |
| 180106    | 101112    | 978-7-5106-4661-4  | 2018-02-20  |
| 180107    | 101113    | 978-7-302-39346-7  | 2018-02-20  |
| 180108    | 101114    | 978-7-302-29239-6  | 2018-02-20  |
| 180109    | 101115    | 978-7-5106-4661-4  | 2018-02-20  |
+-----------+-----------+--------------------+-------------+
15 rows in set (0.00 sec)
```

图 6.1.1 显示借阅记录表原始数据

```
mysql> #显示读者表原始数据#
mysql> SELECT * FROM t_reader;
```

reader_id	reader_name	reader_sex	reader_birthday	reader_borrowtotal
101101	肖华	女	1993-03-01	0
101102	王明峰	男	1987-05-10	0
101103	钟汉生	男	1976-10-10	0
101104	秦飞飞	男	1967-12-11	0
101105	郑琴	女	1994-07-01	0
101106	张楚楚	女	1983-04-23	0
101107	王汉	男	1972-01-12	0
101108	肖之瑜	男	1984-03-12	0
101109	张芸	女	1991-09-04	0
101110	朱强	男	1982-04-15	0
101111	王中磊	男	1991-10-31	0
101112	明道	男	1992-05-25	0
101113	钟双双	女	2000-12-18	0
101114	杜晓云	女	2001-09-10	0
101115	王芝	女	2000-06-10	0
101116	肖明明	男	1993-04-12	0

```
16 rows in set (0.00 sec)
```

图 6.1.2 显示读者表原始数据

```
mysql> #显示图书表原始数据#
mysql> SELECT * FROM t_book;
```

ISBN	book_name	book_author	book_price	press_id	book_copy	book_inventory
978-7-04-034745-6	3DSMAX2012+VRAY室内效果图案例教程	刘刚	76.0	103	2	1
978-7-04-035413-3	Premiere Pro CS5.5案例教程	李涛	71.0	103	5	2
978-7-04-043916-8	Illustrator CC中文版标准教程	郑国栋	56.0	103	6	2
978-7-04-048617-9	计算机网络安全的理论与实践	王杰	52.0	103	6	1
978-7-113-15131-7	MySQL数据库应用从入门到精通	王飞飞	59.8	105	7	5
978-7-302-29239-6	数据结构	邵增珍	43.0	101	4	3
978-7-302-39346-7	SQL Server教程	郑阿奇	49.9	101	3	2
978-7-302-48586-5	大数据分析与计算	汤羽	89.0	101	5	2
978-7-5106-4661-4	云计算应用技术	张宇	56.0	104	9	4
978-7-5611-8921-4	通信工程设计及概预算	于正永	34.0	106	8	3
978-7-5677-3957-4	MySQL数据库教程	王晶晶	38.0	102	4	0

```
11 rows in set (0.00 sec)
```

图 6.1.3 显示图书表原始数据

（2）在未开启事务时，尝试借阅现存数量为 0 的图书，观察相关数据表的数据变化。提交《MySQL 数据库教程》的借阅申请，涉及操作相关数据表的 SQL 语句如下：

```
INSERT INTO t_borrow_record
VALUES('180110','101102','978-7-5677-3957-4','2018-08-06');
```

1）向表 t_borrow_record 中插入一条数据。

2）更新表 t_reader 中的数据，借阅总量加 1。

```
UPDATE t_reader
SET reader_borrowtotal = reader_borrowtotal + 1
WHERE reader_name = ' 王明峰 ';
```

3）更新表 t_book 中的数据，库存量减 1。

```
UPDATE t_book
SET book_inventory = book_inventory - 1
WHERE book_name = 'MySQL 数据库教程 ';
```

上述 SQL 代码执行完毕后，未开启事务时，借阅申请提交后，借阅记录表的数据如图 6.1.4 所示，读者表的数据如图 6.1.5 所示，图书表的数据如图 6.1.6 所示。

```
mysql> #未开启事务时，借阅申请提交后，借阅记录表的数据#
mysql> SELECT * FROM t_borrow_record;
```

borrow_id	reader_id	ISBN	Borrow_date
170101	101101	978-7-5677-3957-4	2017-01-01
170102	101101	978-7-04-035413-3	2017-02-10
170103	101103	978-7-5611-8921-4	2017-03-13
170104	101103	978-7-5106-4661-4	2017-03-13
170105	101106	978-7-302-39346-7	2017-04-12
170106	101106	978-7-302-29239-6	2017-04-12
180101	101107	978-7-5106-4661-4	2018-01-05
180102	101107	978-7-113-15131-7	2018-01-05
180103	101109	978-7-5611-8921-4	2018-02-14
180104	101109	978-7-5106-4661-4	2018-02-14
180105	101109	978-7-113-15131-7	2018-02-14
180106	101112	978-7-5106-4661-4	2018-02-20
180107	101113	978-7-302-39346-7	2018-02-20
180108	101114	978-7-302-29239-6	2018-02-20
180109	101115	978-7-5106-4661-4	2018-02-20
180110	101102	978-7-5677-3957-4	2018-08-06

16 rows in set (0.00 sec)

图 6.1.4　未开启事务时，借阅申请提交后，借阅记录表的数据

```
mysql> #未开启事务时，借阅申请提交后，读者表的数据#
mysql> SELECT * FROM t_reader;
```

reader_id	reader_name	reader_sex	reader_birthday	reader_borrowtotal
101101	肖华	女	1993-03-01	0
101102	王明峰	男	1987-05-10	0
101103	钟汉生	男	1976-10-10	0
101104	秦飞飞	男	1967-12-11	0
101105	郑琴	女	1994-07-01	0
101106	张楚楚	女	1983-04-23	0
101107	王汉	男	1972-01-12	0
101108	肖之瑜	男	1984-03-12	0
101109	张芸	女	1991-09-04	0
101110	朱强	男	1982-04-15	0
101111	王中磊	男	1991-10-31	0
101112	明道	男	1992-05-25	0
101113	钟双双	女	2000-12-18	0
101114	杜晓云	女	2001-09-10	0
101115	王芝	女	2000-06-10	0
101116	肖明明	男	1993-04-12	0

16 rows in set (0.00 sec)

图 6.1.5　未开启事务时，借阅申请提交后，读者表的数据

```
mysql> #未开启事务时，借阅申请提交后，图书表的数据#
mysql> SELECT * FROM t_book;
```

ISBN	book_name	book_author	book_price	press_id	book_copy	book_inventory
978-7-04-034745-6	3DSMAX2012+VRAY室内效果图案例教程	刘刚	76.0	103	2	1
978-7-04-035413-3	Premiere Pro CS5.5案例教程	李涛	71.0	103	5	2
978-7-04-043916-8	Illustrator CC中文版标准教程	郑国栋	56.0	103	6	2
978-7-04-048617-9	计算机网络安全的理论与实践	王杰	52.0	103	6	1
978-7-113-15131-7	MySQL数据库应用从入门到精通	王飞飞	59.8	105	7	5
978-7-302-29239-6	数据结构	邵增珍	43.0	101	4	3
978-7-302-39346-7	SQL Server教程	郑阿奇	49.9	101	3	2
978-7-302-48586-5	大数据分析与计算	汤羽	89.0	101	5	2
978-7-5106-4661-4	云计算应用技术	张宇	56.0	104	9	4
978-7-5611-8921-4	通信工程设计及概预算	于正永	34.0	106	8	3
978-7-5677-3957-4	MySQL数据库教程	王晶晶	38.0	102	4	-1

11 rows in set (0.00 sec)

图 6.1.6　未开启事务时，借阅申请提交后，图书表的数据

从图 6.1.6 可以看到，在未开启事务时，借阅申请提交后，最后一行记录出现了库存量为负的情形。此时，即使不执行第 3 步（图书库存减 1）操作，数据库中的数据也会出现问题。当此次借阅不成功时，首先，借阅记录表不应新增记录；然后，读者表中借阅图书数量不应加 1。

对于以上问题，通过开启事务，就能在进行到第 3 步发现图书库存量为 0 时，停止借

阅流程，并通过回滚（ROLLBACK）撤销前 2 步的操作。

（3）开启事务，尝试在进行到第 3 步时，人工终止借阅流程，观察相关表的数据变化。

开启事务（BEGIN），执行借阅记录表新增记录和读者表中借阅图书数量加 1 的 SQL 代码，再执行回滚（ROLLBACK）操作，观察借阅记录表和读者表相较图 6.1.1 至图 6.1.3 的原始数据是否发生了变化，执行过程如图 6.1.7 至图 6.1.9 所示。

```
mysql> INSERT INTO t_borrow_record
    -> VALUES('180110','101102','978-7-5677-3957-4','2018-08-06');
Query OK, 1 row affected (0.00 sec)

mysql> UPDATE t_reader
    -> SET reader_borrowtotal = reader_borrowtotal + 1
    -> WHERE reader_name = '王明峰';
Query OK, 0 rows affected (0.00 sec)
Rows matched: 0  Changed: 0  Warnings: 0

mysql> UPDATE t_book
    -> SET book_inventory = book_inventory - 1
    -> WHERE book_name = 'MySQL 数据库教程';
Query OK, 0 rows affected (0.01 sec)
Rows matched: 0  Changed: 0  Warnings: 0

mysql> ROLLBACK;
Query OK, 0 rows affected (0.01 sec)
```

图 6.1.7　开启事务，观察回滚过程

```
mysql> SELECT * FROM t_borrow_record;
+-----------+-----------+-------------------+-------------+
| borrow_id | reader_id | ISBN              | Borrow_date |
+-----------+-----------+-------------------+-------------+
| 170101    | 101101    | 978-7-5677-3957-4 | 2017-01-01  |
| 170102    | 101101    | 978-7-04-035413-3 | 2017-02-10  |
| 170103    | 101103    | 978-7-5611-8921-4 | 2017-03-13  |
| 170104    | 101103    | 978-7-5106-4661-4 | 2017-03-13  |
| 170105    | 101106    | 978-7-302-39346-7 | 2017-04-12  |
| 170106    | 101106    | 978-7-302-29239-6 | 2017-04-12  |
| 180101    | 101107    | 978-7-5106-4661-4 | 2018-01-05  |
| 180102    | 101107    | 978-7-113-15131-7 | 2018-01-05  |
| 180103    | 101109    | 978-7-5611-8921-4 | 2018-02-14  |
| 180104    | 101109    | 978-7-5106-4661-4 | 2018-02-14  |
| 180105    | 101109    | 978-7-113-15131-7 | 2018-02-14  |
| 180106    | 101112    | 978-7-5106-4661-4 | 2018-02-20  |
| 180107    | 101113    | 978-7-302-39346-7 | 2018-02-20  |
| 180108    | 101114    | 978-7-302-29239-6 | 2018-02-20  |
| 180109    | 101115    | 978-7-5106-4661-4 | 2018-02-20  |
+-----------+-----------+-------------------+-------------+
15 rows in set (0.00 sec)
```

图 6.1.8　回滚后，借阅记录表的数据与图 6.1.1 相对比，未发生变化

```
mysql> SELECT * FROM t_reader;
+-----------+-------------+------------+-----------------+--------------------+
| reader_id | reader_name | reader_sex | reader_birthday | reader_borrowtotal |
+-----------+-------------+------------+-----------------+--------------------+
| 101101    | 肖华        | 女         | 1993-03-01      |                  0 |
| 101102    | 王明峰      | 男         | 1987-05-10      |                  0 |
| 101103    | 钟汉生      | 男         | 1976-10-10      |                  0 |
| 101104    | 秦飞飞      | 男         | 1967-12-11      |                  0 |
| 101105    | 郑琴        | 女         | 1994-07-01      |                  0 |
| 101106    | 张楚楚      | 女         | 1983-04-23      |                  0 |
| 101107    | 王汉        | 男         | 1972-01-12      |                  0 |
| 101108    | 肖之瑜      | 男         | 1984-03-12      |                  0 |
| 101109    | 张芸        | 女         | 1991-09-04      |                  0 |
| 101110    | 朱强        | 男         | 1982-04-15      |                  0 |
| 101111    | 王中磊      | 男         | 1991-10-31      |                  0 |
| 101112    | 明道        | 男         | 1992-05-25      |                  0 |
| 101113    | 钟双双      | 女         | 2000-12-18      |                  0 |
| 101114    | 杜晓云      | 女         | 2001-09-10      |                  0 |
| 101115    | 王芝        | 女         | 2000-06-10      |                  0 |
| 101116    | 肖明明      | 男         | 1993-04-12      |                  0 |
+-----------+-------------+------------+-----------------+--------------------+
16 rows in set (0.00 sec)
```

图 6.1.9　回滚后，读者表的数据与图 6.1.2 相对比，未发生变化

上述过程显示，当发现所借图书库存量为 0 时，能通过回滚（ROLLBACK）操作撤销本次事务未提交的数据变更请求。

当所借图书库存量大于 0 时，应将图书表中的对应图书库存量减 1，并执行提交（COMMIT）操作，执行过程如图 6.1.10 至图 6.1.13 所示。

```
mysql> #开启一个事务#
mysql> BEGIN;
Query OK, 0 rows affected (0.00 sec)

mysql> INSERT INTO t_borrow_record
    -> VALUES('180110','101102','978-7-5677-3957-4','2018-08-06');
Query OK, 1 row affected (0.00 sec)

mysql> UPDATE t_reader
    -> SET reader_borrowtotal = reader_borrowtotal + 1
    -> WHERE reader_name = ' 王明峰';
Query OK, 0 rows affected (0.00 sec)
Rows matched: 0  Changed: 0  Warnings: 0

mysql> UPDATE t_book
    -> SET book_inventory = book_inventory - 1
    -> WHERE book_name = 'MySQL 数据库教程';
Query OK, 0 rows affected (0.00 sec)
Rows matched: 0  Changed: 0  Warnings: 0

mysql> COMMIT;
Query OK, 0 rows affected (0.00 sec)
```

图 6.1.10　开启事务，观察提交过程

```
mysql> SELECT * FROM t_borrow_record;
```

borrow_id	reader_id	ISBN	Borrow_date
170101	101101	978-7-5677-3957-4	2017-01-01
170102	101101	978-7-04-035413-3	2017-02-10
170103	101103	978-7-5611-8921-4	2017-03-13
170104	101103	978-7-5106-4661-4	2017-03-13
170105	101106	978-7-302-39346-7	2017-04-12
170106	101106	978-7-302-29239-6	2017-04-12
180101	101107	978-7-5106-4661-4	2018-01-05
180102	101107	978-7-113-15131-7	2018-01-05
180103	101109	978-7-5611-8921-4	2018-02-14
180104	101109	978-7-5106-4661-4	2018-02-14
180105	101109	978-7-113-15131-7	2018-02-14
180106	101112	978-7-5106-4661-4	2018-02-20
180107	101113	978-7-302-39346-7	2018-02-20
180108	101114	978-7-302-29239-6	2018-02-20
180109	101115	978-7-5106-4661-4	2018-02-20
180110	101102	978-7-5677-3957-4	2018-08-06

```
16 rows in set (0.00 sec)
```

图 6.1.11 提交成功后，借阅记录表中插入了一条借阅记录

```
mysql> SELECT * FROM t_reader;
```

reader_id	reader_name	reader_sex	reader_birthday	reader_borrowtotal
101101	肖华	女	1993-03-01	0
101102	王明峰	男	1987-05-10	1
101103	钟汉生	男	1976-10-10	0
101104	秦飞飞	男	1967-12-11	0
101105	郑琴	女	1994-07-01	0
101106	张楚楚	女	1983-04-23	0
101107	王汉	男	1972-01-12	0
101108	肖之瑜	男	1984-03-12	0
101109	张芸	女	1991-09-04	0
101110	朱强	男	1982-04-15	0
101111	王中磊	男	1991-10-31	0
101112	明道	男	1992-05-25	0
101113	钟双双	女	2000-12-18	0
101114	杜晓云	女	2001-09-10	0
101115	王芝	女	2000-06-10	0
101116	肖明明	男	1993-04-12	0

```
16 rows in set (0.00 sec)
```

图 6.1.12　提交成功后，读者表中王明峰的在借图书数量多了 1 本

```
mysql> SELECT * FROM t_book;
```

ISBN	book_name	book_author	book_price	press_id	book_copy	book_inventory
978-7-04-034745-6	3DSMAX2012+VRAY室内效果图案例教程	刘刚	76.0	103	2	1
978-7-04-035413-3	Premiere Pro CS5.5案例教程	李涛	71.0	103	5	2
978-7-04-043916-8	Illustrator CC中文版标准教程	郑国栋	56.0	103	6	2
978-7-04-048617-9	计算机网络安全的理论与实践	王杰	52.0	103	6	1
978-7-113-15131-7	MySQL数据库应用从入门到精通	王飞飞	59.8	105	7	5
978-7-302-29239-6	数据结构	邵增珍	43.0	101	4	3
978-7-302-39346-7	SQL Server教程	郑阿奇	49.9	101	3	2
978-7-302-48586-5	大数据分析与计算	汤羽	89.0	101	5	2
978-7-5106-4661-4	云计算应用技术	张宇	56.0	104	9	4
978-7-5611-8921-4	通信工程设计及概预算	于正永	34.0	106	8	3
978-7-5677-3957-4	MySQL数据库教程	王晶晶	38.0	102	4	0

```
11 rows in set (0.00 sec)
```

图 6.1.13　提交成功后，图书表中数据结构这本书的外借数量少了 1 本

当读者借阅库存量大于 0 的图书时，通过提交（COMMIT）操作，能成功实现借阅记录表、读者表、图书表相关记录的变更。

（4）用一个存储过程来表示整个事务的执行过程。

SQL 语句如下：

```
DELIMITER $
CREATE PROCEDURE proc_commit(IN bId CHAR(6), IN rId char(6),IN bookId CHAR(17),
    IN bDate DATE,OUT inv1 INT)
BEGIN
  START TRANSACTION;
     INSERT INTO t_borrow_record
   VALUES(bId, rId, bookId, bDate);
     UPDATE t_reader
   SET reader_borrowtotal = reader_borrowtotal + 1
   WHERE reader_id= rId;
     UPDATE t_book
   SET book_inventory = book_inventory - 1
   WHERE ISBN =bookId;
     SELECT book_inventory INTO inv1
   FROM t_book WHERE ISBN=bookId;
      IF inv1>0 THEN
        COMMIT;
      ELSE
        ROLLBACK;
    END IF;
END $
DELIMITER;
```

说明：输入参数 bId 表示借阅流水号，rId 表示读者编号，bookId 表示图书编号，bDate 表示借阅日期；输出参数 inv1 保存当前图书的库存量。

调用存储过程，SQL 语句如下：

```
CALL proc_commit('180110','101102','978-7-5677-3957-4','2018-08-06')
```

调用存储过程可以发现，如果判断库存量大于 0，则执行提交事务，借阅成功；如果

库存小于 0，则执行事务的回滚，借阅失败。

项目实训

对数据库 db_student 下的数据表执行以下事务的操作：

将学生学号为“1631607101”的 C 语言成绩加 20 分，如果发现加 20 分后的成绩大于 100 分，则执行事务的回滚操作，否则提交事务。

任务 2　管理权限

任务描述

MySQL 数据库中，通常存放着很多重要的数据，如读者的借还记录或读者的在借图书数量等，为了确保这些数据的安全性和完整性，需要为不同的数据库用户分配不同的操作权限，以保证数据的可靠性。

MySQL 数据库中主要包含两种用户：超级管理员和普通用户。超级管理员拥有 MySQL 软件提供的一切权限；普通用户只拥有创建用户时所赋予的权限。本任务将学习 MySQL 所提供的权限管理机制。

任务要求

超级管理员给协助图书馆管理数据库的张同学开通 db_library 数据库 t_book 表的查询权限，以便张同学能够处理一些日常的数据查询需求，为数据库的超级管理员减轻一部分工作负担。

相关知识

6.2.1　MySQL 数据库的权限表

安装 MySQL 时会自动生成一个名为 mysql 的数据库，该数据库下存放的都是关于权限的表。其中，最重要的表有 user 表、db 表、table_priv 表、columns_priv 表、procs_priv 表等。本任务将依次介绍这几个涉及权限管理的系统表以及各表的主要字段。

1. user 表

user 表总共有约 40 个字段（不同的 MySQL 版本，该表的字段数不同），这些字段大致分成 4 类，分别是用户字段、权限字段、安全字段、资源控制字段。

（1）用户字段。user 表中包含着 3 个字段，用以判断用户是否能够登录成功，这些字段的含义见表 6.2.1。

表 6.2.1　用户字段

字段名	含义
Host	主机名
User	用户名
Password	密码

说明：

- 用户登录时，首先要判断这 3 个字段是否匹配，匹配则允许登录。
- 创建用户时，也是设置这 3 个字段的值。
- 修改用户密码时，实际也是修改了 user 表的 Password 字段的值。

（2）权限字段。user 表中存在着诸多以“priv”字符串结束的字段，这些字段能够确定用户的权限，其中常用字段见表 6.2.2。

表 6.2.2　权限字段

字段名	含义
Grant_priv	是否有 Grant 权限
Shutdown_priv	是否有停止 mysql 服务的权限
Super_priv	是否有超级权限
Execute_priv	是否有执行存储过程和函数的权限

说明：

- 权限字段大致分为 2 类：高级管理权限和普通权限。
- 高级管理权限指的是关闭服务权限、超级权限、加载用户等管理数据库的操作。
- 普通权限指的是查询权限、修改权限等操作。
- 这些字段只有 N 和 Y 两个选项，为安全起见默认值都设为 N。
- 对这些权限的管理可以使用 GRANT 语句，也可以通过 UPDATE user 表的这些列来实现。

（3）安全字段。user 表拥有 4 个安全字段，安全字段用来设置安全相关的属性，其具体内容可参考表 6.2.3。

表 6.2.3　安全字段

字段名	含义
ssl_type	支持 ssl 标准加密的字段
ssl_cipher	支持 ssl 标准加密的字段
x509_issuer	支持 x509 标准的字段
x509_subject	支持 x509 标准的字段

说明：

- ssl 用于加密，不过一般的发行版本不支持 ssl。

● x509 标准可以用来标识用户。

（4）资源控制字段。user 表中的资源控制字段用来分配某用户连接 MySQL 数据库时可以使用的资源，其字段含义见表 6.2.4。

表 6.2.4　资源控制字段

字段名	含义
max_questions	每小时允许执行多少次查询
max_updates	每小时允许执行多少次更新
max_connections	每小时允许建立多少连接
max_user_connections	单个用户可以同时具有的连接数

说明：这些字段默认值为 0，表示没有限制。

2. db 表与 host 表

user 表主要用于确定用户是否允许连接，但并不是允许连接后就能操作所有数据库。需要用 db 表、host 表来规定某个用户操作相关数据库的权限，db 表与 host 表结构基本类似，这两张表所拥有的字段大致可以分为用户字段和权限字段两种。

（1）用户字段。db 表的用户字段包含了 3 个字段，具体含义见表 6.2.5。

表 6.2.5　db 表的用户字段

字段名	含义
Host	主机名
User	用户名
Db	数据库名

host 表是 db 表的拓展，包含两个字段，其含义见表 6.2.6。

表 6.2.6　host 表的用户字段

字段名	含义
Host	主机名
Db	数据库名

说明：

● 在查找用户权限时，首先查找的是 db 表，若未查到 Host 值，则再查找 host 表。

● 通常情况下，host 表较少被用到，因为 db 表一般就满足需要了。

（2）权限字段。db 表和 host 表中，权限字段基本相同，主要包含某用户的增、删、查、改、赋权、建临时表、建视图等一系列操作权限。注意，db 表比 host 表多了 Create_routine_priv（创建存储过程或函数）、Alter_routine_priv（修改存储过程或函数）两个权限。

3. tables_priv 表与 columns_priv 表

db 表和 host 表虽然可以确定用户是否有权对某一数据库进行操作，但无法确定对哪些表以及表中的哪些记录进行操作。要设置对哪些表与表中的哪些记录进行操作，需要通过 tables_priv 表和 columns_priv 表来实现。其中 tables_priv 表用来对单个表进行权限设置，columns_priv 表用来对单条记录（列）进行权限设置。tables_priv 表和 columns_priv 表的主要字段见表 6.2.7。

表 6.2.7 tables_priv 表与 columns_priv 表主要字段

字段名	含义
Host	主机名
Db	数据库名
User	用户名
Table_name	表名
Column_name	可以对哪些数据列进行操作
Table_priv	对表进行操作的权限（select、insert、update、delete、create、drop、grant、references、index、alter）
Column_priv	对记录（列）进行操作的权限（select、insert、update、references）
Timestamp	修改权限的时间
Grantor	权限的设置者

说明：Column_priv 字段仅存在于 columns_priv 表中，该字段用来表示可以对哪些字段列进行操作。

注意：MySQL 的用户权限分配是按照 user 表、db 表、tables_priv 表、columns_priv 表的顺序进行的。如果 user 表中某一权限的值为 Y，就不需要检查其后的表了；如果 user 表中某一权限的值为 N，则依次往后检查每一张表。

4. procs_priv 表

procs_priv 表用于对存储过程和存储函数进行权限设置，包含的字段见表 6.2.8。

表 6.2.8 procs_priv 表主要字段

字段名	含义
Host	主机名
Db	数据库名
User	用户名
Routine_name	存储过程 / 存储函数的名字
Routine_type	标识它是 FUNCTION（存储函数）还是 PROCEDURE（存储过程）
Proc_priv	拥有的权限（Execute、Alter Routine、Grant）
Timestamp	更新时间
Grantor	权限的设置者

6.2.2 MySQL 权限管理

在 MySQL 的 user 表中，存放着各种类型的权限。权限管理指的是登录到 MySQL 数据库服务器时，需要进行权限校验，当拥有相应的权限时，方可进行该权限对应的具体操作。正确地为 MySQL 数据库的用户设置恰当的权限，对 MySQL 数据库的平稳运行至关重要。MySQL 的各种权限见表 6.2.9。

表 6.2.9　MySQL 的权限

权限名称	对应 user 表的列	权限范围
CREATE	Create_priv	创建新的数据库和表
DROP	Drop_priv	删除现有数据库和表
GRANT OPTION	Grant_priv	将已经授予给该用户自己的权限再授予其他用户
ALTER	Alter_priv	重命名和修改表结构
DELETE	Delete_priv	通过 DELETE 命令删除现有数据
INDEX	Index_priv	创建和删除表索引
INSERT	Insert_priv	通过 INSERT 命令插入数据
SELECT	Select_priv	通过 SELECT 命令选择数据
UPDATE	Update_priv	通过 UPDATE 命令修改现有数据
CREATE VIEW	Create_view_priv	创建视图
SHOW VIEW	Show_view_priv	查看视图或了解视图如何执行
ALTER ROUTINE	Alter_routine_priv	修改或删除存储函数及函数
CREATE ROUTINE	Create_routine_priv	创建存储过程及函数
EXECUTE	Execute_priv	执行存储过程
FILE	File_priv	执行 SELECT INTO OUTFILE 和 LOAD DATA INFILE 命令
CREATE TEMPORARY TABLES	Create_tmp_table_priv	创建临时表
LOCK TABLES	Lock_tables_priv	阻止对表的访问 / 修改
CREATE USER	Create_user_priv	创建新的 MySQL 账户
PROCESS	Process_priv	通过 SHOW PROCESSLIST 命令查看其他用户的进程
RELOAD	Reload_priv	执行刷新和重新加载 MySQL 所用各种内部缓存的特定命令
REPLICATION CLIENT	Repl_client_priv	复制从服务器和主服务器的位置
REPLICATION SLAVE	Repl_slave_priv	读取用于维护复制数据库环境的二进制日志文件
SHOW DATABASE	Show_db_priv	查看服务器上所有数据库的名字
SHUTDOWN	Shutdown_priv	关闭 MySQL 服务器
SUPER	Super_priv	执行某些强大的管理功能，例如通过 KILL 命令删除用户进程

对用户的权限操作管理主要分为 4 个方面：授权、查看权限、取消权限、刷新权限。

1. 授权

授权指为用户赋予一定的权限。在 MySQL 数据库中，对用户授权是通过 GRANT 语句来实现的。

语法：

```
GRANT priv_type [(column_list)] ON table
TO user [IDENTIFIED BY [PASSWORD] 'password'] [,user [IDENTIFIED BY [PASSWORD] 'password']]
...
[WITH with-option[with_option]...]
```

说明：

- 如果是新创建的用户可以设置密码。
- WITH 关键字之后有 5 个可选项：
    - grant option：表示被授权的用户可以将这些权限赋予给别的用户。
    - max_queries_per_hour [count]：设置每小时可以允许执行 count 次查询。
    - max_updates_per_hour [count]：设置每小时可以允许执行 count 次更新。
    - max_connections_per_hour [count]：设置每小时可以建立 count 次连接。
    - max_user_connections [count]：设置单个用户可以同时具有 count 个连接数。
- 如果希望赋予一个用户所有权限，可通过语句“GRANT all privileges ON [database-name.table-name] TO 'username'@'hostname' WITH grant option;”来实现。其中，username 表示用户名，hostname 表示主机名。

2. 查看权限

在为用户授权完成后，可在 user 表中的数据记录中查看相应的用户权限。除此以外，还可通过 SHOW GRANTS 语句来查看权限。

语法：

```
SHOW GRANTS FOR 'hostname'@'hostname';
```

说明：username 表示用户名，hostname 表示主机名。

3. 取消权限

取消权限与授权正好相反，表示收回用户被授予的某些权限。在 MySQL 数据库中，可通过 REVOKE 语句来实现权限的回收。

语法：

```
REVOKE priv_type [(column_list)] ON table
FROM user1 [IDENTIFIED BY [PASSWORD] 'password']
...
[,user2 [IDENTIFIED BY [PASSWORD] 'password']]
```

说明：如需回收全部权限，可通过语句“REVOKE all privileges,grant optionFROM 'username'@'hostname';”来实现。

4. 刷新权限

在 MySQL 数据库中进行用户权限变更后，如未立即生效，可通过刷新权限实现权限更新。

语法：

```
FLUSH PRIVILEGES;
```

任务实施

管理权限

超级管理员给协助图书馆管理数据库的张同学开通 db_library 数据库 t_book 表的查询权限，以便张同学能够处理一些日常的数据查询需求，为数据库的超级管理员减轻一部分工作负担。

具体操作如下：

（1）通过 root 账户登录 MySQL 数据库后，为张同学创建用户，SQL 语句如下：

```
CREATE USER 'zhangtongxue' IDENTIFIED BY '123456';
```

创建结果如图 6.2.1 所示。

```
mysql> CREATE USER 'zhangtongxue' IDENTIFIED BY '123456';
Query OK, 0 rows affected (0.01 sec)
```

图 6.2.1　为张同学创建用户

说明：

- 该语句创建的是可远程访问数据库的用户，与“CREATE USER 'zhangtongxue'@'%' IDENTIFIED BY '123456';”语句作用相同。
- 如需创建仅本地访问数据库的用户，可通过“CREATE USER 'zhangtongxue'@'localhost' IDENTIFIED BY '123456';”语句实现。

（2）为张同学分配 db_library 库中 t_book 表的查询权限，以便张同学能够协助完成图书基本信息的查询工作。SQL 语句如下：

```
GRANT SELECT ON db_library.t_book TO 'zhangtongxue'@'%'
IDENTIFIED BY '123456';
```

具体操作方式如图 6.2.2 所示。

```
mysql> GRANT SELECT ON `db_library`.`t_book` TO 'zhangtongxue'@'%' IDENTIFIED BY '123456';
Query OK, 0 rows affected, 1 warning (0.00 sec)
```

图 6.2.2　为张同学分配 t_book 表的查询权限

说明：也可为张同学分配该表的其他权限——插入 INSERT、修改 UPDATE、删除 DELETE、创建 CREATE，如果是所有权限，将 SELECT 换成 ALL PRIVILEGES 即可实现。

（3）刷新权限，以保证上述的操作顺利生效，如图 6.2.3 所示。

```
mysql> FLUSH PRIVILEGES;
Query OK, 0 rows affected (0.01 sec)
```

图 6.2.3　刷新权限

（4）退出超级管理员账户，然后以张同学的身份登录系统，并查看 db_library 库中

t_book 表的数据，如图 6.2.4 所示。

```
mysql> SELECT user();
+--------------------------+
| user()                   |
+--------------------------+
| zhangtongxue@localhost   |
+--------------------------+
1 row in set (0.00 sec)

mysql> SELECT * FROM `db_library`.`t_book`;
+-------------------+--------------------------------+-------------+------------+----------+-----------+----------------+
| ISBN              | book_name                      | book_author | book_price | press_id | book_copy | book_inventory |
+-------------------+--------------------------------+-------------+------------+----------+-----------+----------------+
| 978-7-04-034745-6 | 3DSMAX2012+VRAY室内效果图案例教程 | 刘刚        |       76.0 | 103      |         2 |              1 |
| 978-7-04-035413-3 | Premiere Pro CS5.5案例教程       | 李涛        |       71.0 | 103      |         5 |              2 |
| 978-7-04-043916-8 | Illustrator CC中文版标准教程     | 郑国栋      |       56.0 | 103      |         6 |              2 |
| 978-7-04-048617-9 | 计算机网络安全的理论与实践       | 王杰        |       52.0 | 103      |         6 |              1 |
| 978-7-113-15131-7 | MySQL数据库应用从入门到精通      | 王飞飞      |       59.8 | 105      |         7 |              5 |
| 978-7-302-29239-6 | 数据结构                       | 邵增珍      |       43.0 | 101      |         4 |              3 |
| 978-7-302-39346-7 | SQL Server教程                 | 郑阿奇      |       49.9 | 101      |         3 |              2 |
| 978-7-302-48586-5 | 大数据分析与计算               | 汤羽        |       89.0 | 101      |         5 |              2 |
| 978-7-5106-4661-4 | 云计算应用技术                 | 张宇        |       56.0 | 104      |         9 |              4 |
| 978-7-5611-8921-4 | 通信工程设计及概预算           | 于正永      |       34.0 | 106      |         8 |              3 |
| 978-7-5677-3957-4 | MySQL数据库教程                | 王晶晶      |       38.0 | 102      |         4 |              1 |
+-------------------+--------------------------------+-------------+------------+----------+-----------+----------------+
11 rows in set (0.00 sec)
```

图 6.2.4　以张同学身份登录数据库并查看 t_book 表的数据

说明："select user();" 命令表示查询当前登录用户。由于是在本机操作的该语句，故显示 "@localhost"。

（5）尝试查询 db_library 库中 t_reader 表数据或删除 t_book 表中 ISBN 为 "978-7-5677-3957-4" 的记录，执行情况如图 6.2.5 所示。

```
mysql> SELECT user();
+--------------------------+
| user()                   |
+--------------------------+
| zhangtongxue@localhost   |
+--------------------------+
1 row in set (0.00 sec)

mysql> SELECT * FROM `db_library`.`t_reader`;
ERROR 1142 (42000): SELECT command denied to user 'zhangtongxue'@'localhost' for table 't_reader'
mysql> DELETE FROM `db_library`.`t_book` where ISBN = '978-7-5677-3957-4';
ERROR 1142 (42000): DELETE command denied to user 'zhangtongxue'@'localhost' for table 't_book'
```

图 6.2.5　系统拒绝了张同学查询 t_reader 表与删除 t_book 表中记录的请求

（6）如果超级管理员不再需要张同学的协助，取消张同学的查询权限并删除张同学的账号。具体操作如图 6.2.6 所示。

```
mysql> select user();
+----------------+
| user()         |
+----------------+
| root@localhost |
+----------------+
1 row in set

mysql> #收回张同学的查询权限#
    -> revoke select on *.* from zhangtongxue;
Query OK, 0 rows affected

mysql> #删除张同学用户#
    -> use mysql;
Database changed
mysql> delete from user where User = 'zhangtongxue';
Database changed

mysql> select * from user where User = 'zhangtongxue';
Empty set
```

图 6.2.6　超级管理员收回张同学的查询权限并删除张同学账户

说明：删除张同学的账户后，发现 MySQL 库中 user 表的数据已无“zhangtongxue”用户。

由外而内地分析数据表是学好权限的关键

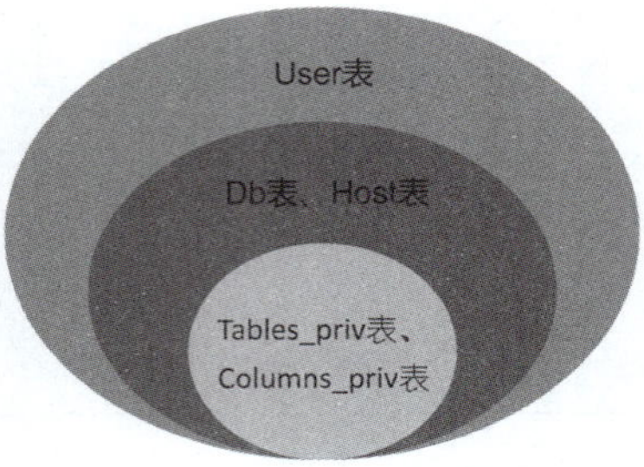

抽丝剥茧

——《清平山堂话本·蓝桥记》

抽丝剥茧形容分析事物极为细致，而且一步一步很有层次。数据库管理权限涉及的这些表，对于用户控制数据的步骤而言，就是一个层次性很明显的过程，所以同学们在学习的过程中要一层一层仔细地分析每一个表的用途。

项目实训

授予权限与收回权限

（1）创建一个用户 xiaoming，给他授权数据库 db_student 下的 t_student 插入数据与修改数据的权限。

（2）用户 xiaoming 登录，查看设置的插入与修改数据的权限。

（3）尝试进行删除的操作，看能否实现。

（4）收回给用户 xiaoming 赋予的插入与修改权限。

（5）再次尝试进行插入与修改操作，看能否实现。

任务 3　备份与恢复数据库

任务描述

在数据库实际使用过程中，存储介质故障、用户的误操作、服务器的彻底瘫痪都是不可预见的，因此可能造成数据丢失的严重后果。为了规避数据丢失的风险，数据库管理员应定期对 MySQL 数据库进行数据备份，以便数据丢失后及时进行数据恢复。

任务要求

本任务的要求是能利用两种方式对数据库进行正确地备份与恢复：

（1）利用 DOS 命令窗口备份与恢复数据库。

（2）利用图形管理工具 Navicat 备份与恢复数据库。

相关知识

6.3.1　MySQL 数据库的备份

俗话说：“硬件有价，数据无价。”这句话的含义是数据非常宝贵，如果数据丢失，损失会十分惨重。因此，数据库管理员应根据实际的业务设计合理的数据库备份与恢复策略，以提高数据的可靠性。

造成数据损失的原因有很多，主要有以下几方面：

（1）存储介质故障：保存数据库文件的磁盘设备损坏，用户没有数据库备份导致数据彻底丢失。

（2）用户的错误操作：如误删除了某些重要数据，甚至整个数据库。

（3）服务器的彻底瘫痪：如数据库服务器彻底瘫痪，系统需要重建。

备份数据是数据库维护中一种常见的操作，备份后的数据文件可用于数据库发生故障后的数据恢复。数据库的备份是一项持续性的工作，备份的状况会直接影响事故发生后数据恢复程度的好坏。

数据库备份与恢复常用的方法有 3 种：

（1）通过复制数据文件实现数据备份。

（2）通过 mysqldump 命令实现数据备份。

（3）通过图形界面工具 Navicat 或者 Workbench 实现数据备份。

用好数据的关键在于备份与恢复

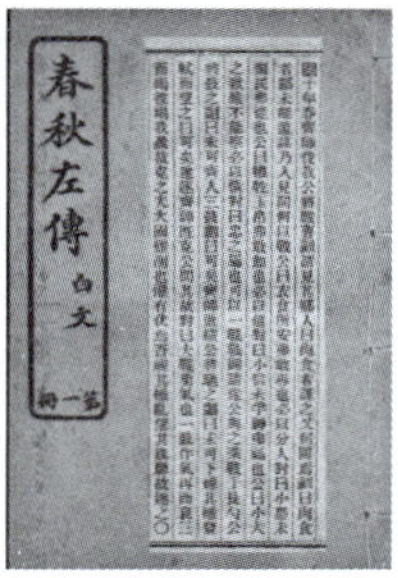

居安思危，
思则有备，
有备无患。
——《左传》

人在安宁的环境下要思考会面临的危机；如果思考了将要面临的危机，就会提前进行准备；提前有所准备，就不会担心。这句话同样适用于数据库管理工作。平时在使用数据库时，一定要养成备份的习惯，如果数据发生故障，立马可以进行数据的恢复操作。

1. 通过复制数据文件实现数据备份

虽然 MySQL 是一种关系型数据库，数据存放在表里面，表与表之间能设置关联关系，但是 MySQL 服务器中的数据文件在操作系统中，其本质是基于磁盘的文本文件。因此最简单有效的备份方式是把数据文件复制到指定位置。MySQL 服务器的数据文件在服务器运行时，一直处于打开状态，故直接复制数据文件的方式并不能随时随地进行。

如果希望通过该方式备份数据，需要了解以下 3 个方面内容：

（1）通过复制数据文件实现数据备份的方式，仅适用于存储引擎为 MyISAM 的表，不适合存储引擎为 InnoDB 的表。

（2）在 Windows 操作系统下，MySQL 数据库的数据文件通常存放在以下 3 个路径之一处。

1）C:\mysql\data。

2）C:\Program Files\MySQL\MySQL Server 5.7\Data。

3）C:\Documents and Settings\All User\Application Data\MySQL\MySQL Server5.7\ data。

注意：应根据实际安装的 MySQL 版本确定具体的文件夹名。

（3）必须停止 MySQL 数据库服务器后再进行数据备份，否则备份的数据可能不完整。

2. 通过 mysqldump 命令实现数据备份

除了直接复制数据文件进行备份的方式以外，还可以通过 mysqldump 命令进行数据备份。该命令会生成一个 SQL 脚本，该脚本包含数据库所必需的所有命令，如 CREATE TABLE、INSERT 等。使用 mysqldump 命令，主要有以下 3 种形式。

（1）备份一个数据库。当仅需对某一个数据库中的一张或多张表进行备份时，可按此操作方式进行备份，其语法为：

```
mysqldump -u username -p dbname table1 table2…tablen
>backupname.sql
```

说明：

- username 表示用户名。
- dbname 表示需要备份的数据库。
- table1 至 tablen 表示需要备份指定数据库下的表，若不填写 talbe1 至 tablen，则默认备份指定数据库下的所有表。
- backname 表示生成的备份 SQL 文件的文件名。

（2）备份多个数据库。若需要备份的数据库不止一个且无需备份所有数据库时，可以按照备份多个数据库的语法进行操作，免去逐一手动操作进行备份数据库的麻烦。

```
mysqldump -u username -p
--databases db1 db2 … dbn
>backupname.sql
```

说明：

- databases 选项用于设置所备份的数据库，即备份几个数据库，参数后面所有名字参量都被看作数据库名。

● db1 至 dbn 表示需要备份哪些数据库。

（3）备份所有数据库。如果希望一次性备份全部数据库时，可按备份所有数据库的语法进行操作。该方式的优点是操作简便，缺点是可能耗费较长时间且并非所有备份的数据都有用。

```
mysqldump -u username -p --all-databases
>bakname.sql
```

说明：--all-databases 表示备份全部数据库。

通过图形界面管理工具备份数据库将会在“任务实施”中具体操作。

6.3.2 MySQL 数据库的恢复

数据库恢复是指对保存在数据库中丢失的数据进行抢救和恢复的技术。通常数据库的恢复是基于备份文件（直接复制的数据文件或 SQL 文件）进行的。

MySQL 数据库恢复的常用方法有两种：

（1）通过复制数据文件进行数据恢复。

（2）通过 mysql 命令实现数据恢复。

（3）通过图形界面工具 Navicat 或者 Workbench 实现数据恢复。

1. 通过复制数据文件实现数据恢复

上一节介绍了如何通过复制数据文件进行备份，该操作完成后，能得到相应的备份文件，通过该备份文件，就能进行数据的还原。通过复制数据文件进行还原的方式需要注意以下两点。

（1）前后两个数据库的主版本号要相同（主版本号指版本号的第一位，如 5.5.1 和 5.7.1 的主版本号都是 5）。

（2）通过复制数据文件实现数据还原的方式，仅适用于存储引擎为 MyISAM 的表，不适合存储引擎为 InnoDB 的表。

2. 通过 mysql 命令实现数据恢复

在实际应用中，通过复制数据文件实现数据还原的方式用得较少，更常见的是通过 mysql 命令实现数据的还原。该方式通过 mysqldump 命令得到的 SQL 文件进行，其本质是执行该 SQL 以实现数据库、表的生成以及数据到对应表的插入。通过 mysql 命令实现数据还原的语法如下：

```
mysql -u username -p [dbname]
<bakname.sql
```

说明：dbname 用来指定数据库的名称，指定数据库时还原该数据库下的表，不指定时表示还原备份文件中的所有数据。

通过图形界面管理工具恢复数据库将会在“任务实施”中具体操作。

6.3.3 导出文件

数据库管理员有时需要将 MySQL 数据库中的数据导入到其他的数据库中。导出操作指的是将数据从 MySQL 数据库表里复制到文本文件中，用于后续数据的导入操作。

实现 MySQL 数据的导出，常见的方式有以下 3 种。

1. 利用 SELECT ……INTO OUTFILE 导出文本文件

该方式可实现将数据库对象表的内容导出成一个文本文件，其语法如下：

```
SELECT [filename]
FROM tablename [WHERE condition]
INTO outfile 'filename'[option];
```

说明：

- 上述语句由 2 部分构成，第 1 部分为前 2 行，其含义为查出需要导出的数据；第 2 部分为第 3 行，表示通过 filename 指定将查询到的数据导出到哪个文件名的文本文件下。
- option 常用值，见表 6.3.1。

表 6.3.1 option 取值

option 取值	说明
FIELDS TERMINATED BY ' 字符串 '	设置字符串为字段之间的分隔符，可以为单个或多个字符，默认值是“\t”
FIELDS ENCLOSED BY ' 字符 '	设置字符来括住字段的值，只能为单个字符，默认情况下不使用任何符号
FIELDS OPTIONALLY ENCLOSED BY ' 字符 '	设置字符来括住 CHAR、VARCHAR 和 TEXT 等字符型字段，默认情况下不使用任何符号
FIELDS ESCAPED BY ' 字符 '	设置转义字符，默认值是“\”
LINES STARTING BY ' 字符串 '	设置每行开头的字符，默认情况下无任何字符
LINES TERMINATED BY ' 字符串 '	设置每行的结束符，默认值是“\n”

2. 利用 mysqldump 命令导出文本文件

本任务前面介绍了通过 mysqldump 命令来备份数据库的操作方式，其实 mysqldump 命令还可用于导出表的操作，其语法如下：

```
mysqldump -u username -p password -t filedir dbname tablename[option]
```

说明：

- 上述语句由两部分构成，第 1 部分为 password 及之前的内容，其含义为以用户名和密码进行登录（注意此处要以 root 进行登录）；第 2 部分为 -t 及之后的内容，表示通过参数 filedir 指定导出到哪个目录下，参数 dbname 和 tablename 代表导出哪一个数据库的哪些表。
- option 常用值见表 6.3.2。

表 6.3.2 option 取值

option 取值	说明
FIELDS TERMINATED BY=' 字符串 '	设置字符串为字段的分隔符，默认值是“\t”
FIELDS OPTIONALLY ENCLOSED BY=' 字符 '	通过设置的字符来括住 CHAR、VARCHAR 和 TEXT 等字符型字段，默认情况下不使用任何字符

续表

option 取值	说明
FIELDS ENCLOSED BY =' 字符 '	设置括上字段值的字符符号，默认不使用任何字符
LINES TERMINATED BY=' 字符串 '	设置每行的结束符，默认值是“\n”

3. 利用 mysql 命令导出文本文件

本任务前面通过 mysql 命令来备份数据库的操作方式，其实 mysql 命令还可用于导出表的操作，其语法为：

```
mysql -u root -p -e "select * from tablename" dbname>backname.txt
```

说明：上述语句意为将 tablename 表里的全部数据导出到 backname 文本文件里。

6.3.4 导入文件

将数据库中的表导出得到文本文件后，可以根据该文本文件进行数据的导入。数据文件的导入主要有两种方式：

（1）利用“LOAD DATA INFILE”语句。

（2）利用 mysqlimport 语句。

1. 利用“LOAD DATA INFILE”语句导入文件

该方式可实现将导出的文本文件导入到数据库的表，其语法如下：

```
LOAD DATA[local] INFILE filename INTO table tablename [option]
```

说明：

- local 表示在本地计算机中查找待导入的文本文件。
- filename 指的是该文本文件的路径及文件名。
- tablename 表示导入的表的名称。
- option 值见表 6.3.3。

表 6.3.3 option 取值

option 取值	说明
FIELDS TERMINATED BY ' 字符串 '	设置字段的分隔符为字符串对象，默认值为“\t”
FIELDS ENCLOSED BY ' 字符 '	设置括上字段值的字符符号，默认不使用任何符号
FIELDS OPTIONALLY ENCLOSED BY ' 字符 '	设置括上 CHAR、VARCHAR、TEXT 等字段值的字符符号，默认不使用任何符号
FIELES ESCAPED BY ' 字符 '	设置转义字符的字符符号，默认使用“\”字符
LINES STARTING BY' 字符	设置每行打头的字符符号，默认不使用任何符号
LINES TERMINATED BY ' 字符串 '	设置每行结束的字符串符号，默认使用“\n”字符串
IGNORE n LINES	忽略文件的前 n 行记录
（字段列表）	根据字段列表中的字段和顺序加载数据
SET column=expr	设置列的转换条件，相应的列要经过转换后再加载

2. 利用 mysqlimport 语句导入文件

该方式与“LOAD DATA INFILE”作用类似，也能够将导出的文本文件导入到数据库的表里，其语法格式如下：

```
mysqlimport -u username -p password [--local] dbname filename[option]
```

说明：上述语句由 2 部分构成，第 1 部分为 password 及之前的内容，其含义为以用户名和密码进行登录（注意此处要以 root 进行登录）；第 2 部分为 [--local] 及之后的内容，表示从 filename 的文本文件导入到 dbname 数据库中。option 值见表 6.3.4。

表 6.3.4 option 取值

option 取值	说明
FIELDS TERMINATED BY=' 字符串 '	设置字段的分隔符为字符串对象，默认“\t”
FIELDS ENCLOSED BY=' 字符 '	设置括上字段值的字符，默认不使用任何符号
FIELDS OPTIONALLY ENCLOSED BY=' 字符 '	设置括上 CHAR、VARCHAR、TEXT 等字段值的字符，默认不使用任何符号
FIELDS ESCAPED BY=' 字符 '	设置转义字符
LINES TERMINATED BY=' 字符串 '	设置每行结束的字符串，默认“\n”
IGNORE LINES=n	忽略文件的前 n 行记录

任务实施

1. 利用 DOS 命令窗口备份与恢复数据库

备份与恢复数据库

（1）对数据库 db_library 下的数据表 t_reader 进行备份与恢复。

备份数据表 t_reader 的代码如下所示，将备份的文件保存在 D 盘下的 db_backup 目录下，并命名为 t_reader.sql。

```
mysqldump –u root –p db_library t_reader
>d:\db_backup\t_reader.sql
```

备份数据库的具体操作步骤如下：

1）按 +R 组合键，输入 CMD 并按回车键，打开 DOS 命令窗口，如图 6.3.1 所示。

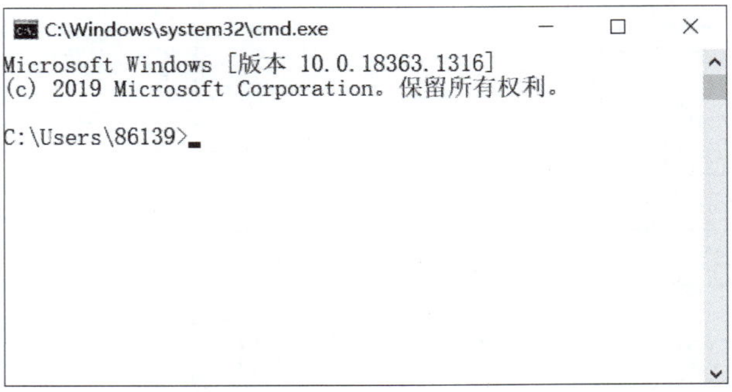

图 6.3.1 DOS 命令窗口

2）切换到 mysqldump 命令所在的目录下，本环境为 C:\Program Files\MySQL\MySQL Server 5.7\bin，输入 cd C:\Program Files\MySQL\MySQL Server 5.7\bin，如图 6.3.2 所示。

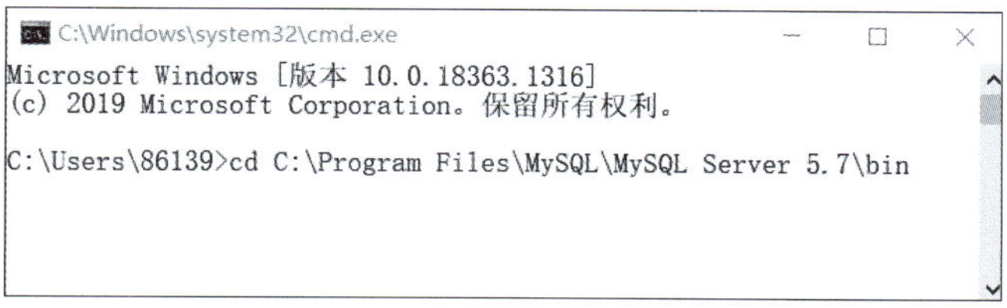

图 6.3.2　切换到 mysqldump 所在的目录

3）输入备份数据库的代码，如图 6.3.3 所示，按回车键，输入 root 对应的密码，则备份成功。可以看到 db_backup 目录下有一个文件 t_reader.sql，如图 6.3.4 所示。

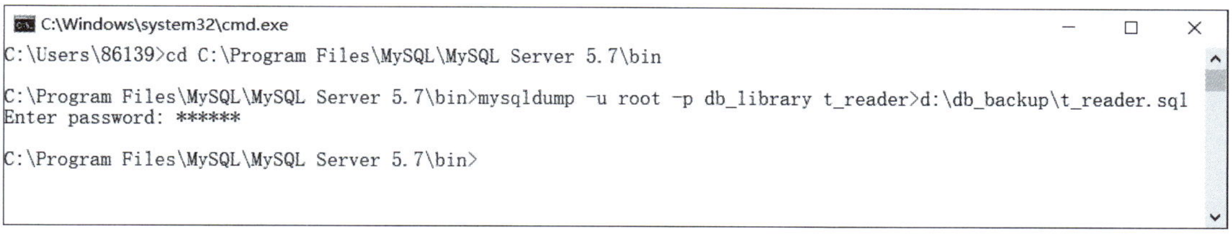

图 6.3.3　执行备份数据表 t_reader

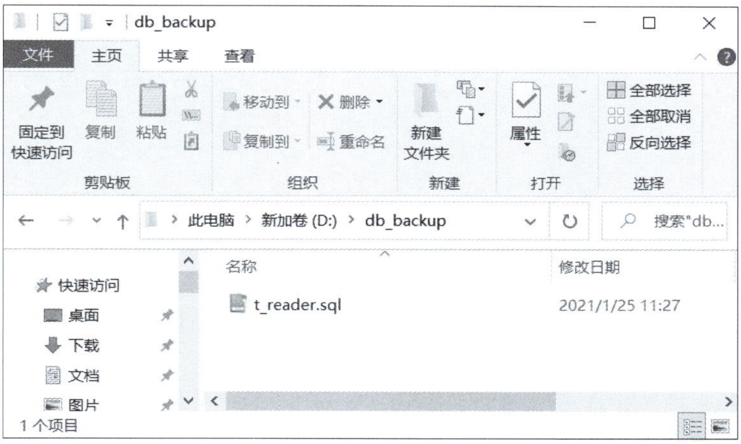

图 6.3.4　查看备份的 t_reader.sql 文件

恢复数据库的操作步骤如下：

1）先创建一个空的数据库 temp，如图 6.3.5 所示。

```
CREATE DATABASE temp;
```

2）接着开始恢复。恢复数据库的代码如下：

```
mysql –u root –p temp<d:\db_backup\t_reader.sql
```

在 DOS 命令窗口输入 SQL 语句并按回车键，输入 root 账户密码，恢复成功，如图 6.3.6 所示。

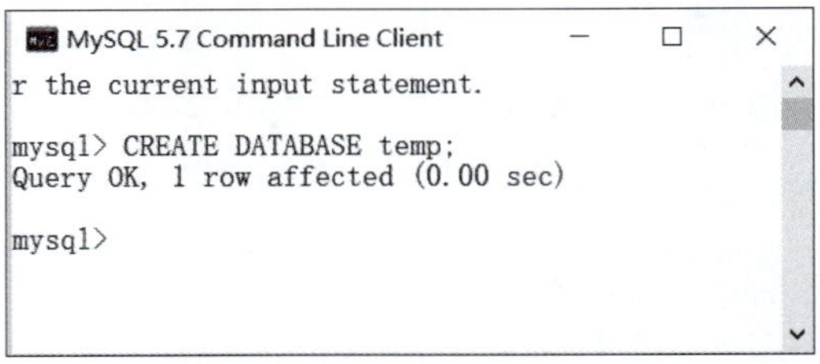

图 6.3.5　创建数据库 temp

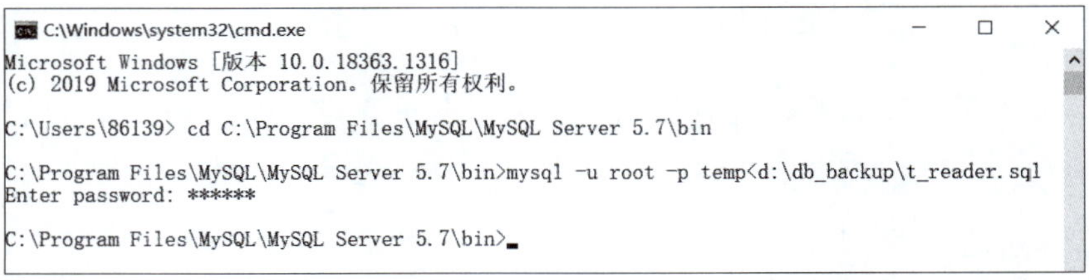

图 6.3.6　恢复数据库下的表 t_reader

3）利用 COMMAND 命令窗口打开数据库，查看恢复的结果，如图 6.3.7 所示。

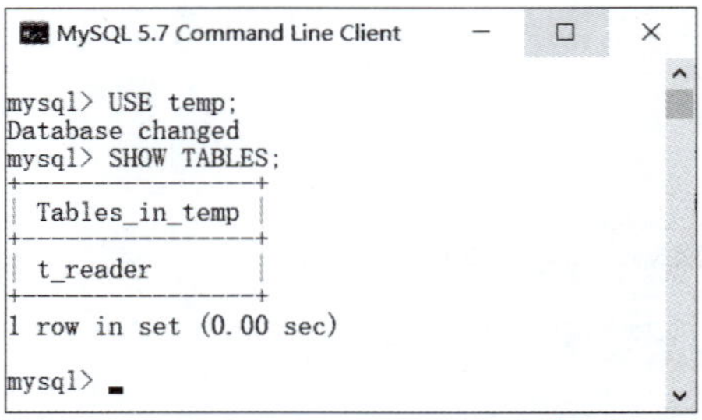

图 6.3.7　查看恢复的数据表 t_reader

（2）备份与恢复数据库 db_library。备份数据库 db_library 的代码如下所示，将备份文件保存在 D 盘下的 db_backup 目录下，并命名为 db_library.sql。

```
mysqldump –u root –p db_library >d:\db_backup\db_library.sql
```

操作执行的结果如图 6.3.8 所示。

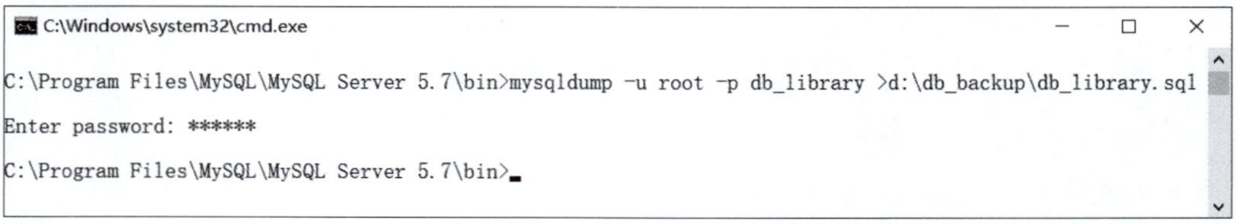

图 6.3.8　执行备份数据库 db_library 的操作

从以下几步恢复数据库 db_library：

1）先创建一个空的数据库 db_library1，代码如下：

```
CREATE DATABASE db_library1;
```

创建的结果如图 6.3.9 所示。

```
MySQL 5.7 Command Line Client

mysql> CREATE DATABASE db_library1;
Query OK, 1 row affected (0.00 sec)

mysql>
```

图 6.3.9　创建数据库 db_library1

2）接着使用如下代码进行恢复。

```
mysql –u root –p db_library1<d:\db_backup\ db_library.sql
```

执行的结果如图 6.3.10 所示。

```
C:\Windows\system32\cmd.exe

C:\Program Files\MySQL\MySQL Server 5.7\bin>mysql -u root -p db_library1<d:\db_backup\db_library.sql
Enter password: ******

C:\Program Files\MySQL\MySQL Server 5.7\bin>
```

图 6.3.10　执行恢复数据库 db_library 的操作

3）打开 MySQL 的 COMMAND 命令窗口，使用 USE db_library1 选择数据库，然后使用 SHOW TABLES 查看当前数据库的数据表，如图 6.3.11 所示。

```
MySQL 5.7 Command Line Client

mysql> CREATE DATABASE db_library1;
Query OK, 1 row affected (0.00 sec)

mysql> USE db_library1;
Database changed
mysql> SHOW TABLES;
+-----------------------+
| Tables_in_db_library1 |
+-----------------------+
| t_age_group           |
| t_book                |
| t_book1               |
| t_book2               |
| t_borrow_record       |
| t_borrow_record2      |
| t_press               |
| t_press1              |
| t_press2              |
| t_reader              |
| t_reader1             |
| t_reader2             |
| t_return_record       |
| t_return_record1      |
| view_after90          |
+-----------------------+
```

图 6.3.11　查看恢复的数据库 db_library

（3）备份数据库 db_library 和 db_student。备份数据库 db_library 和 db_student 的代码如下所示，将备份的文件保存在 D 盘的 db_backup 目录下，命名为 db_libstu1.sql。

```
mysqldump –u root –p --databases  db_library db_student
```

```
>d:\ db_backup\db_libstu1.sql
```

执行的结果如图 6.3.12 所示。

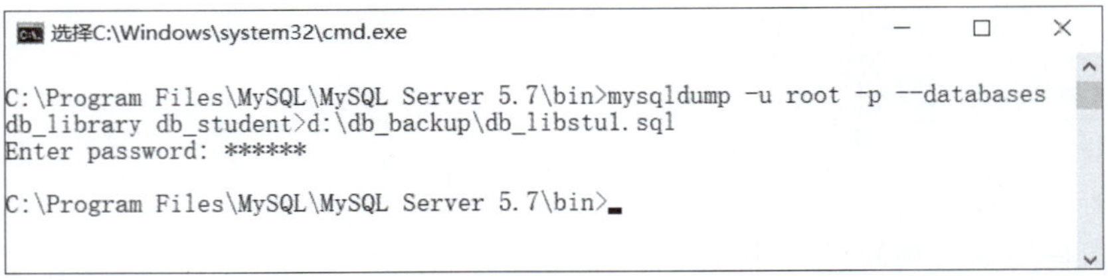

图 6.3.12　执行备份 db_library 和 db_student 的操作

通过以下步骤恢复数据库 db_library 和 db_student：

1）因为已经有数据库 db_library 和 db_student，如果要恢复数据库，先删除两个数据库，再执行恢复。删除的结果如图 6.3.13 所示。

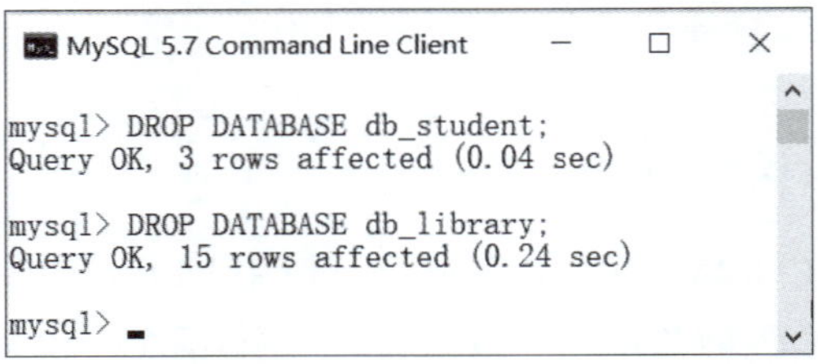

图 6.3.13　删除数据库 db_library 和 db_student

2）恢复数据库 db_library 和 db_student 的代码如下：

```
mysql –u root –p <d:\db_backup\ db_libstu1.sql
```

执行的结果如图 6.3.14 所示。

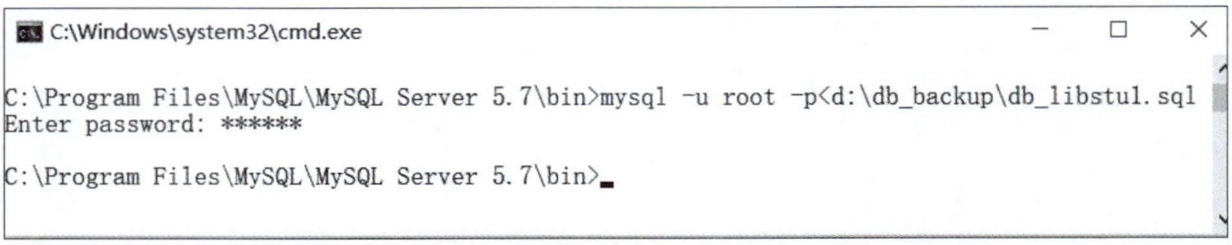

图 6.3.14　执行恢复数据库 db_library 和 db_student 的操作。

3）打开 MySQL 的 COMMAND 命令窗口，利用 SHOW DATABASES 查看恢复的结果，如图 6.3.15 所示。

2. 利用 Navicat 备份与恢复数据库

用 Navicat 备份数据库 db_library 下的两个数据表 t_borrow_record 和 t_return_record。具体操作步骤如下：

（1）选择需要备份的数据表，如图 6.3.16 所示。

（2）单击右键，选择“转存 SQL 文件”，如图 6.3.17 所示。

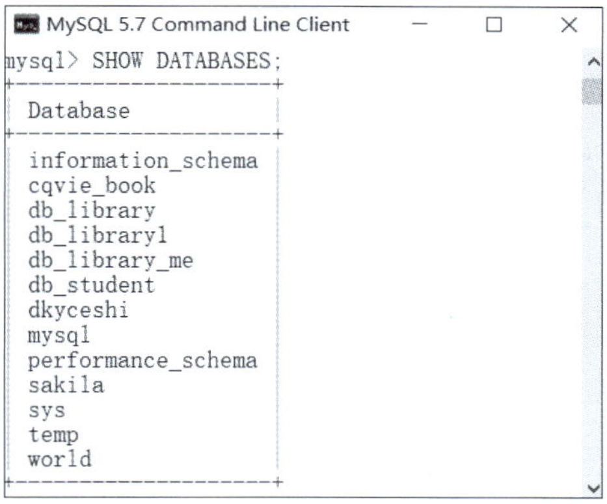

图 6.3.15 查看恢复数据库 db_library 和 db_student 的结果

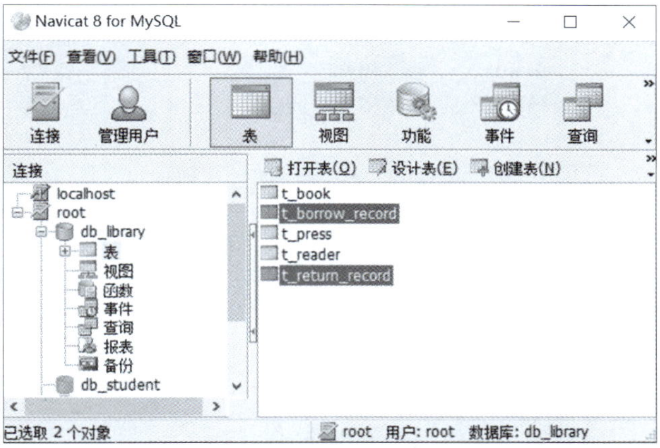

图 6.3.16 按住 Ctrl 键，选中需要备份的 2 张表

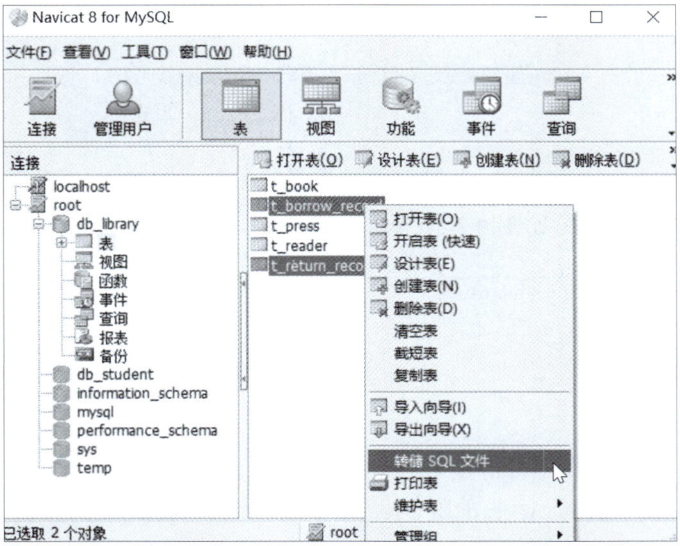

图 6.3.17 右击其中 1 张表，选择转储 SQL 文件

（3）选择转存文件 t_record.sql 存放的位置，如图 6.3.18 所示。可以看到备份成功，如图 6.3.19 所示。

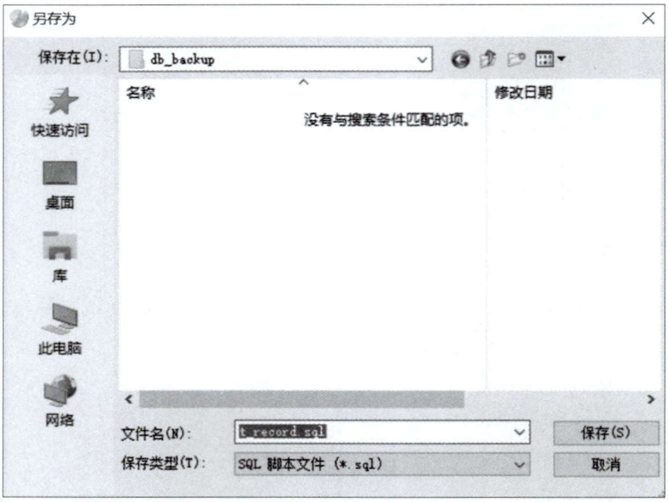

图 6.3.18　将备份的 SQL 文件保存到指定文件夹下

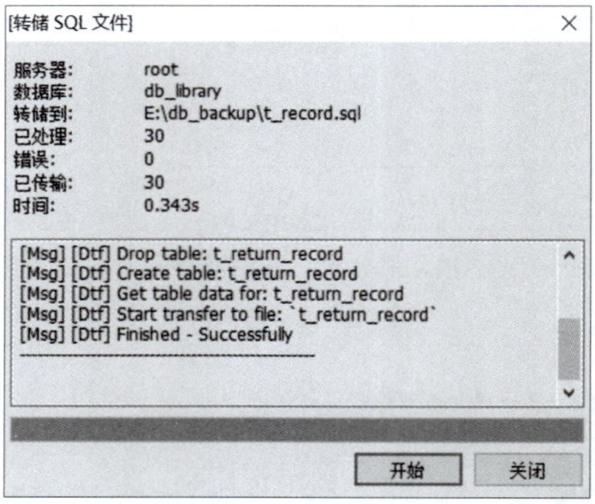

图 6.3.19　备份成功

（4）查看备份的文件，如图 6.3.20 所示。

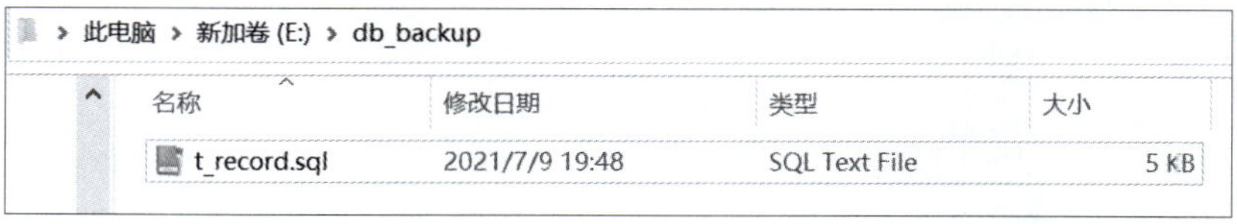

图 6.3.20　查看备份的文件

（5）查看原表 t_borrow_record 和 t_return_record 两个表的数据，删除借还记录表前，其表结构及数据如图 6.3.21 和图 6.3.22 所示。

```
mysql> SELECT * FROM t_borrow_record;
+-----------+-----------+--------------------+-------------+
| borrow_id | reader_id | ISBN               | Borrow_date |
+-----------+-----------+--------------------+-------------+
| 170101    | 101101    | 978-7-5677-3957-4  | 2017-01-01  |
| 170102    | 101101    | 978-7-04-035413-3  | 2017-02-10  |
| 170103    | 101103    | 978-7-5611-8921-4  | 2017-03-13  |
| 170104    | 101103    | 978-7-5106-4661-4  | 2017-03-13  |
| 170105    | 101106    | 978-7-302-39346-7  | 2017-04-12  |
| 170106    | 101106    | 978-7-302-29239-6  | 2017-04-12  |
| 180101    | 101107    | 978-7-5106-4661-4  | 2018-01-05  |
| 180102    | 101107    | 978-7-113-15131-7  | 2018-01-05  |
| 180103    | 101109    | 978-7-5611-8921-4  | 2018-02-14  |
| 180104    | 101109    | 978-7-5106-4661-4  | 2018-02-14  |
| 180105    | 101109    | 978-7-113-15131-7  | 2018-02-14  |
| 180106    | 101112    | 978-7-5106-4661-4  | 2018-02-20  |
| 180107    | 101113    | 978-7-302-39346-7  | 2018-02-20  |
| 180108    | 101114    | 978-7-302-29239-6  | 2018-02-20  |
| 180109    | 101115    | 978-7-5106-4661-4  | 2018-02-20  |
+-----------+-----------+--------------------+-------------+
15 rows in set (0.01 sec)
```

图 6.3.21　删除借阅记录表前的表结构及数据

```
mysql> SELECT * FROM t_return_record;
+-----------+-----------+-------------+
| return_id | borrow_id | return_date |
+-----------+-----------+-------------+
| 170302001 | 170101    | 2017-03-02  |
| 170302002 | 170102    | 2017-03-02  |
| 170503001 | 170103    | 2017-05-03  |
| 170503002 | 170104    | 2017-05-03  |
| 170612001 | 170105    | 2017-06-12  |
| 170613001 | 170106    | 2017-06-13  |
| 180226001 | 180101    | 2018-02-26  |
| 180226002 | 180102    | 2018-02-26  |
| 180314001 | 180103    | 2018-03-14  |
| 180314002 | 180104    | 2018-03-14  |
| 180314003 | 180105    | 2018-03-14  |
| 180320001 | 180106    | 2018-03-20  |
| 180321001 | 180107    | 2018-03-21  |
| 180322001 | 180108    | 2018-03-22  |
| 180323001 | 180109    | 2018-03-23  |
+-----------+-----------+-------------+
15 rows in set (0.01 sec)
```

图 6.3.22　删除归还记录表前的表结构及数据

（6）因为在数据库有两个表 t_borrow_record 和 t_return_record，先将其删除。

在 Navicat for MySQL 软件中，选中借还记录表，单击右键可选择“删除表”，如图 6.3.23 所示。

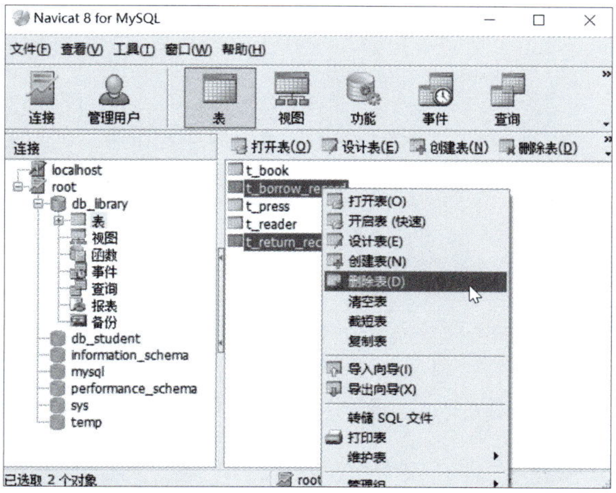

图 6.3.23　删除数据表 t_borrow_record 和 t_return_record

（7）在数据库 db_library 上单击右键，选择“运行 SQL 文件”，如图 6.3.24 所示，选择刚才备份的文件，如图 6.3.25 所示。

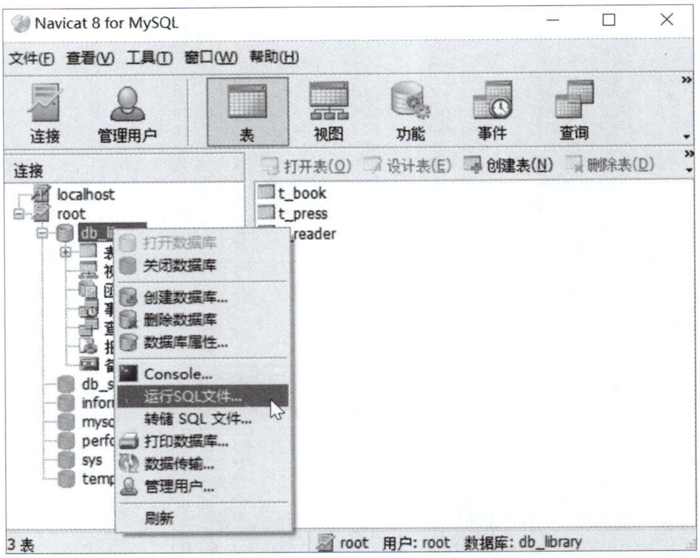

图 6.3.24　选择运行 SQL 文件

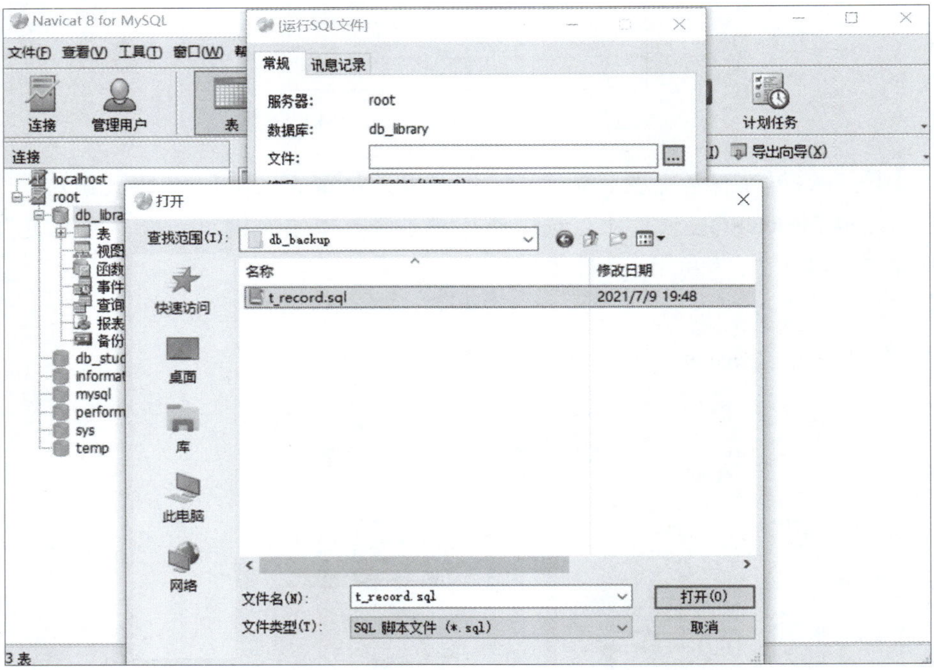

图 6.3.25　指定备份 SQL 文件的位置

（8）单击开始运行 SQL 文件，开始恢复借还记录表，如图 6.3.26 所示。借还记录表恢复成功，如图 6.3.27 所示。

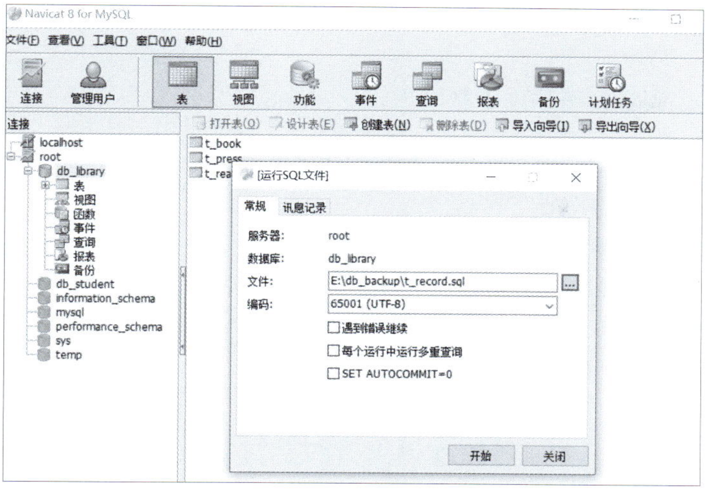

图 6.3.26　开始恢复借还记录表结构及数据

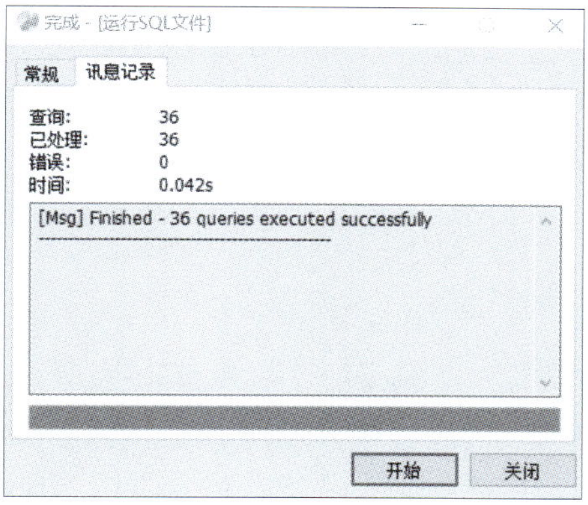

图 6.3.27　借还记录表结构及数据恢复完成

（9）借还记录表的结构及数据恢复完成后，通过查看借还记录表，可发现与其被删除前表结构及数据一致，如图 6.3.28 和图 6.3.29 所示。

```
mysql> SELECT * FROM t_borrow_record;
+-----------+-----------+-------------------+-------------+
| borrow_id | reader_id | ISBN              | Borrow_date |
+-----------+-----------+-------------------+-------------+
| 170101    | 101101    | 978-7-5677-3957-4 | 2017-01-01  |
| 170102    | 101101    | 978-7-04-035413-3 | 2017-02-10  |
| 170103    | 101103    | 978-7-5611-8921-4 | 2017-03-13  |
| 170104    | 101103    | 978-7-5106-4661-4 | 2017-03-13  |
| 170105    | 101106    | 978-7-302-39346-7 | 2017-04-12  |
| 170106    | 101106    | 978-7-302-29239-6 | 2017-04-12  |
| 180101    | 101107    | 978-7-5106-4661-4 | 2018-01-05  |
| 180102    | 101107    | 978-7-113-15131-7 | 2018-01-05  |
| 180103    | 101109    | 978-7-5611-8921-4 | 2018-02-14  |
| 180104    | 101109    | 978-7-5106-4661-4 | 2018-02-14  |
| 180105    | 101109    | 978-7-113-15131-7 | 2018-02-14  |
| 180106    | 101112    | 978-7-5106-4661-4 | 2018-02-20  |
| 180107    | 101113    | 978-7-302-39346-7 | 2018-02-20  |
| 180108    | 101114    | 978-7-302-29239-6 | 2018-02-20  |
| 180109    | 101115    | 978-7-5106-4661-4 | 2018-02-20  |
+-----------+-----------+-------------------+-------------+
15 rows in set (0.01 sec)
```

图 6.3.28　恢复借阅记录表后的表结构及数据

```
mysql> SELECT * FROM t_return_record;
+-----------+-----------+-------------+
| return_id | borrow_id | return_date |
+-----------+-----------+-------------+
| 170302001 | 170101    | 2017-03-02  |
| 170302002 | 170102    | 2017-03-02  |
| 170503001 | 170103    | 2017-05-03  |
| 170503002 | 170104    | 2017-05-03  |
| 170612001 | 170105    | 2017-06-12  |
| 170613001 | 170106    | 2017-06-13  |
| 180226001 | 180101    | 2018-02-26  |
| 180226002 | 180102    | 2018-02-26  |
| 180314001 | 180103    | 2018-03-14  |
| 180314002 | 180104    | 2018-03-14  |
| 180314003 | 180105    | 2018-03-14  |
| 180320001 | 180106    | 2018-03-20  |
| 180321001 | 180107    | 2018-03-21  |
| 180322001 | 180108    | 2018-03-22  |
| 180323001 | 180109    | 2018-03-23  |
+-----------+-----------+-------------+
15 rows in set (0.01 sec)
```

图 6.3.29　恢复归还记录表后的表结构及数据

项目实训

1. 利用 DOS 命令备份与恢复数据库

（1）备份与恢复数据库 db_student 下的 t_student 表。

（2）备份与恢复数据库 db_student。

2. 利用 Navicat 备份与恢复数据库

（1）备份与恢复 db_student 下的 t_course 表

（2）备份与恢复 db_student 下的 t_major 表和 t_grade 表。

任务 4　管理日志

任务描述

任何一款成熟的数据库管理系统，如 MySQL、SQL Server、Oracle 等，都设计有日志管理机制，用以记录数据库的运行状况、日常操作、错误等信息。在 MySQL 数据库中，有 4 种类型的日志：错误日志、查询日志、慢查询日志、二进制日志。通过分析这些日志，能让数据库管理员充分掌握 MySQL 的运行状况，了解运行过程中的报错原因，弄清数据库用户的使用情况等。

任务要求

图书管理员在一次图书清点的过程中，发现书架上摆放着的几本书在图书管理系统中无法查询到基本信息，但他清楚记得录入过所有图书信息，且明确记得其中一本书经手借阅出去过，因此他怀疑图书管理系统出现了图书基本信息丢失的状况。请根据图书管理员描述的情况查询日志，找到具体的情况进行处理。

相关知识

6.4.1　MySQL 日志相关概念

日志是 MySQL 数据库的重要组成部分。日志文件中记录着 MySQL 数据库运行期间发生的种种变化，如 MySQL 数据库的客户端连接状况、SQL 语句的执行情况和错误信息等。当数据库意外损坏或出现性能的瓶颈时，可通过日志文件查看原因，并据此采取合理的措施。

MySQL 日志主要包含错误日志、查询日志、慢查询日志、二进制日志，不同的日志用以解决不同的问题。

1. 错误日志

错误日志记录着 MySQL 服务启停及运行时的报错信息。在 MySQL 数据库中，错误日志功能默认开启且无法被禁止。

2. 查询日志

查询日志记录着 MySQL 服务的启停信息、客户端连接信息、增删查改数据记录的 SQL 语句。查询日志默认关闭，由于查询日志会记录用户的所有操作，故若开启查询日志，会占用较多磁盘空间，查询日志建议定期清理，以节省磁盘空间。

3. 慢查询日志

慢查询日志记录执行时间超过指定时间的各种操作，通过分析慢查询日志能有效定位 MySQL 各指令执行的性能瓶颈。

4. 二进制日志

二进制日志以二进制的形式记录数据库除了查询以外的各种操作，也叫变更日志，主要用于记录修改数据或有可能引起数据改变的 MySQL 语句，并且记录着语句发生时间、执行时长、操作的数据等。

解决数据库的问题要善于分析日志

具体问题，
具体分析。
——《列宁选集》

数据库运行过程中，可能出现各种各样的问题，对于不同问题，常常需要通过分析不同种类的日志进行定位与解决。

6.4.2 操作 MySQL 各种日志

操作日志主要包含 4 个方面的动作：启动日志、查看日志、停止日志、删除日志。

下面将从错误日志、查询日志、慢查询日志、二进制日志 4 种不同的日志类型出发，通过 MySQL 5.7 介绍如何操作这些日志。

1. 错误日志

由于错误日志默认开启且无法被禁止，故本任务介绍的是错误日志的查看与删除。

（1）错误日志的查看。MySQL 错误日志用于记录 MySQL 运行过程中较为严重的警告和错误信息，以及 MySQL 每次启停的详细信息。错误日志的命名通常为 hostname.err，其中 hostname 为服务器的主机名。

查看错误日志信息的方法如图 6.4.1 所示。

```
mysql> SHOW VARIABLES LIKE '%log_err%';
+---------------------------+--------------------------------+
| Variable_name             | Value                          |
+---------------------------+--------------------------------+
| binlog_error_action       | ABORT_SERVER                   |
| log_error                 | d:\wamp64\logs\mysql.log       |
| log_error_verbosity       | 2                              |
+---------------------------+--------------------------------+
3 rows in set, 1 warning (0.00 sec)
```

图 6.4.1　查看错误日志

说明：读者应根据自己的 MySQL 安装位置，确定相应的 hostname.err 所在文件夹。

（2）错误日志的删除。进入图 6.4.1 的错误日表对应文件夹下直接删除 mysql.log 文件，再通过以下命令，即可重新在同一文件夹下生成一个新的 mysql.log 文件。

```
mysqladmin -u root -p flush-logs
```

说明：在命令行中输入该语句后，根据提示输入 root 账户的密码即可执行。

2. 查询日志

查询日志常用于查看 MySQL 数据库中执行过的 SQL 语句，但因开启查询日志会占用较多磁盘空间，故应在必要的时候才启动。

（1）查询日志的启动。首先应查看查询日志是否启动，查看方式如图 6.4.2 所示。

```
mysql> SHOW VARIABLES LIKE '%general%';
+------------------+------------------------------------------------------------+
| Variable_name    | Value                                                      |
+------------------+------------------------------------------------------------+
| general_log      | OFF                                                        |
| general_log_file | d:\wamp64\bin\mysql\mysql5.7.23\data\DESKTOP-LM1ADDM.log   |
+------------------+------------------------------------------------------------+
2 rows in set, 1 warning (0.00 sec)
```

图 6.4.2　查看查询日志是否开启

说明：

- 图 6.4.2 显示当前查询日志处于关闭状态，若想开启查询日志，可通过语句“SET GLOBAL general_log = on;”实现。
- 笔者本机的查询日志存放于“d:\wamp64\bin\mysql\mysql5.7.14\data\win-10. log”，读者应根据 MySQL 实际安装位置确定查询日志的存放路径。

（2）查看查询日志。通过查询日志，可了解用户最近的操作。由于查询日志默认以文本文件的形式存储，故可以直接通过文本查看工具来查看日志的内容。图 6.4.3 给出了本机开启查询日志后的一部分记录。

说明：日志中记录着客户端的所有具体行为，如连接请求、查询、退出等。

（3）停止查询日志。查询日志启动后，可通过以下语句停止查询日志的记录。

```
SET GLOBAL general_log = off;
```

（4）删除查询日志。进入图 6.4.2 的 general_log_file 对应文件夹下直接删除 win-10.log 文件，再通过以下命令，即可重新在同一文件夹下生成一个新的 win-10.log 文件。

```
MYSQLADMIN -u root -p flush-logs
```

```
wampmysqld64, Version: 5.7.14 (MySQL Community Server (GPL)). started with:
TCP Port: 3306, Named Pipe: /tmp/mysql.sock
Time                 Id Command    Argument
2018-08-09T13:03:18.540745Z    12 Query show variables like '%general%'
2018-08-09T13:05:39.190346Z    14 Connect    root@localhost on  using TCP/IP
2018-08-09T13:05:39.190346Z    14 Query SET NAMES utf8
2018-08-09T13:05:39.190346Z    14 Init DB    db_library
2018-08-09T13:05:39.330727Z    15 Connect    root@localhost on  using TCP/IP
2018-08-09T13:05:39.330727Z    15 Query SET NAMES utf8
2018-08-09T13:05:39.330727Z    15 Init DB    db_library
2018-08-09T13:05:39.339749Z    15 Query SHOW FULL TABLES FROM `db_library` WHERE Table_type != 'VIEW'
2018-08-09T13:05:39.340753Z    15 Query SHOW FULL TABLES FROM `db_library` WHERE Table_type = 'VIEW'
2018-08-09T13:05:39.341755Z    15 Query SHOW PROCEDURE STATUS WHERE Db='db_library'
2018-08-09T13:05:39.379857Z    15 Query SHOW FUNCTION STATUS WHERE Db='db_library'
2018-08-09T13:05:39.381861Z    15 Quit
2018-08-09T13:05:52.173756Z    14 Query SET PROFILING=1
2018-08-09T13:05:52.173756Z    14 Query SHOW STATUS
2018-08-09T13:05:52.189799Z    14 Query SHOW STATUS
2018-08-09T13:05:52.202834Z    14 Query select * from t_book
2018-08-09T13:05:52.210856Z    14 Query SHOW STATUS
2018-08-09T13:05:52.213864Z    14 Query SELECT QUERY_ID, SUM(DURATION) AS SUM_DURATION FROM INFORMATION_
2018-08-09T13:05:52.233918Z    14 Query SELECT STATE AS `Status`, ROUND(SUM(DURATION),7) AS `Duration`,
2018-08-09T13:05:52.279042Z    14 Query SELECT * FROM `db_library`.`t_book` LIMIT 0
2018-08-09T13:05:52.280046Z    14 Query SHOW COLUMNS FROM `db_library`.`t_book`
2018-08-09T13:07:59.506449Z    16 Connect    root@localhost on  using TCP/IP
2018-08-09T13:07:59.506449Z    16 Query SET NAMES utf8
2018-08-09T13:07:59.506449Z    16 Init DB    db_library
2018-08-09T13:07:59.575633Z    17 Connect    root@localhost on  using TCP/IP
2018-08-09T13:07:59.575633Z    17 Query SET NAMES utf8
2018-08-09T13:07:59.575633Z    17 Init DB    db_library
2018-08-09T13:07:59.578641Z    17 Query SHOW FULL TABLES FROM `db_library` WHERE Table_type != 'VIEW'
2018-08-09T13:07:59.579645Z    17 Query SHOW FULL TABLES FROM `db_library` WHERE Table_type = 'VIEW'
2018-08-09T13:07:59.579645Z    17 Query SHOW PROCEDURE STATUS WHERE Db='db_library'
2018-08-09T13:07:59.582654Z    17 Query SHOW FUNCTION STATUS WHERE Db='db_library'
2018-08-09T13:07:59.586676Z    17 Quit
```

图 6.4.3 查看查询日志

3. 慢查询日志

慢查询指在数据库中执行时间很长的指令，因此慢查询会造成应用系统的用户体验感很差。通过分析慢查询日志，能够帮助数据库管理员和软件开发者弄清系统响应缓慢的原因，为优化性能提供依据。

（1）慢查询日志的启动。首先应查看慢查询日志是否启动，查看方式如图 6.4.4 所示。

```
mysql> show variables like '%slow%';
+---------------------------+--------------------------------------------------+
| Variable_name             | Value                                            |
+---------------------------+--------------------------------------------------+
| log_slow_admin_statements | OFF                                              |
| log_slow_slave_statements | OFF                                              |
| slow_launch_time          | 2                                                |
| slow_query_log            | OFF                                              |
| slow_query_log_file       | d:\wamp64\bin\mysql\mysql5.7.14\data\win-10-slow.log |
+---------------------------+--------------------------------------------------+
5 rows in set
```

图 6.4.4 查看慢查询日志是否开启

说明：

- 图 6.4.4 表格中的第 4 行显示当前慢查询日志处于关闭状态，若想开启慢查询日志，可通过语句“set global slow_query_log = on;”实现。
- 本机的慢查询日志存放于“d:\wamp64\bin\mysql\mysql5.7.14\data\win-10-slow.log”，读者应根据 MySQL 实际安装位置确定慢查询日志的存放路径。

（2）查看慢查询日志。为了演示慢查询日志的记录情况，在 MySQL 数据库中执行该查询语句“select sleep(10);”。该语句的含义是直接让当前的查询等待 10 秒钟，以此营造出慢查询的效果。该语句执行后，可观察到慢查询日志中新增了刚才的查询内容，如图 6.4.5 所示。

```
wampmysqld64, Version: 5.7.14 (MySQL Community Server (GPL)). started with:
TCP Port: 3306, Named Pipe: /tmp/mysql.sock
Time                 Id Command    Argument
# Time: 2018-08-09T13:47:02.365243Z
# User@Host: root[root] @ localhost [127.0.0.1]  Id:    21
# Query_time: 10.019352  Lock_time: 0.000000 Rows_sent: 1  Rows_examined: 0
use db_library;
SET timestamp=1533822422;
select sleep(10);
```

图 6.4.5　查看慢查询日志

（3）停止慢查询日志。查询日志启动后，可通过以下语句停止查询日志的记录。

```
SET GLOBAL slow_query_log = off;
```

（4）删除慢查询日志。进入图 6.4.4 中的 slow_query_log_file 对应文件夹下直接删除 win-10-slow.log 文件，再通过以下命令，即可重新在同一文件夹下生成一个新的 win-10-slow.log 文件。

```
mysqladmin -u root -p flush-logs
```

4. 二进制日志

二进制日志是 MySQL 数据库中的一种很重要的日志，它包含了所有更新过的数据或潜在更新过的数据，也包含关于每个更新数据库的语句的执行时间信息。二进制日志的目的是尽可能将数据库恢复到其故障点。

（1）启动二进制日志。首先应查看二进制日志是否启动，查看方式如图 6.4.6 所示。

```
mysql> SHOW VARIABLES LIKE '%log_bin%';
+---------------------------------+-------+
| Variable_name                   | Value |
+---------------------------------+-------+
| log_bin                         | OFF   |
| log_bin_basename                |       |
| log_bin_index                   |       |
| log_bin_trust_function_creators | OFF   |
| log_bin_use_v1_row_events       | OFF   |
| sql_log_bin                     | ON    |
+---------------------------------+-------+
6 rows in set, 1 warning (0.00 sec)
```

图 6.4.6　查看二进制日志是否开启

图 6.4.6 表格中的第 1 行显示当前二进制日志处于关闭状态。若要启动二进制日志，需修改 MySQL 5.7.X（X 表示 MySQL 版本号）文件夹下的 my.ini 文件，将“log-bin=mysql-bin”前面的分号删除，将 MySQL 重启后，即可在 MySQL 的数据文件夹下找到新生成的二进制日志文件，如图 6.4.7 所示。

（2）查看二进制日志。通过 mysqlbinlog 命令，可实现二进制文件的查看，语法如下：

```
mysqlbinlog filename.number
```

说明：

- filename 为二进制日志文件的文件名。

- number 为二进制文件的后缀。

名称	修改日期	类型	大小
db_library	2018/08/09 星期四 16:46	文件夹	
db_student	2018/08/06 星期一 19:35	文件夹	
mysql	2018/02/25 星期日 10:00	文件夹	
performance_schema	2018/02/25 星期日 10:00	文件夹	
sys	2018/02/25 星期日 10:00	文件夹	
auto.cnf	2018/02/25 星期日 10:00	CNF 文件	1 KB
ib_buffer_pool	2018/08/09 星期四 23:13	文件	1 KB
ib_logfile0	2018/08/09 星期四 23:13	文件	49,152 KB
ib_logfile1	2018/08/09 星期四 22:54	文件	49,152 KB
ibdata1	2018/08/09 星期四 23:13	文件	12,288 KB
ibtmp1	2018/08/09 星期四 23:13	文件	12,288 KB
mysql-bin.000001	2018/08/09 星期四 23:13	000001 文件	1 KB
mysql-bin.index	2018/08/09 星期四 23:13	INDEX 文件	1 KB
win-10.err	2018/08/09 星期四 23:13	ERR 文件	52 KB
win-10.log	2018/08/09 星期四 22:43	文本文档	5 KB
win-10.pid	2018/08/09 星期四 23:13	PID 文件	1 KB
win-10-slow.log	2018/08/09 星期四 22:43	文本文档	1 KB

二进制日志

图 6.4.7　开启二进制日志并重启后生成的内容

首先进入 MySQL 数据文件夹，如图 6.4.8 所示。然后再通过 mysqlbinlog 命令查看二进制日志，如图 6.4.9 所示。若无法执行 mysqlbinlog 命令，可将 data 文件夹同级的 bin 文件夹下的 mysqlbinlog.exe 复制到 data 文件夹下，再尝试执行 mysqlbinlog 命令。

```
C:\Windows\System32\cmd.exe
Microsoft Windows [版本 10.0.10586]
(c) 2015 Microsoft Corporation。保留所有权利。

C:\windows\system32>d:

D:\>cd wamp64\bin\mysql\mysql5.7.14\data

D:\wamp64\bin\mysql\mysql5.7.14\data>_
```

图 6.4.8　进入 MySQL 数据文件夹

```
C:\Windows\System32\cmd.exe
(c) 2015 Microsoft Corporation。保留所有权利。

C:\windows\system32>d:

D:\>cd wamp64\bin\mysql\mysql5.7.14\data

D:\wamp64\bin\mysql\mysql5.7.14\data>mysqlbinlog mysql-bin.000001
/*!50530 SET @@SESSION.PSEUDO_SLAVE_MODE=1*/;
/*!50003 SET @OLD_COMPLETION_TYPE=@@COMPLETION_TYPE,COMPLETION_TYPE=0*/;
DELIMITER /*!*/;
# at 4
#180809 23:13:18 server id 1  end_log_pos 123 CRC32 0xf68d552d  Start: binlog v 4, server v 5.7.14-log created 180809 23
:13:18 at startup
# Warning: this binlog is either in use or was not closed properly.
ROLLBACK/*!*/;
BINLOG '
D1psWw8BAAAAdwAAAHsAAAABAAQANS43LjE0LWxvZwAAAAAAAAAAAAAAAAAAAAAAAAAAAAAAAAAA
AAAAAAAAAAAAAAAAAAAAOWmxbEzgNAAgAEgAEBAQEEgAAXwAEGggAAAAICAgCAAAACgoKKioAEjQA
AS1VjfY=
'/*!*/;
# at 123
#180809 23:13:18 server id 1  end_log_pos 154 CRC32 0x2f5c3600  Previous-GTIDs
# [empty]
SET @@SESSION.GTID_NEXT= 'AUTOMATIC' /* added by mysqlbinlog */ /*!*/;
DELIMITER ;
# End of log file
/*!50003 SET COMPLETION_TYPE=@OLD_COMPLETION_TYPE*/;
/*!50530 SET @@SESSION.PSEUDO_SLAVE_MODE=0*/;

D:\wamp64\bin\mysql\mysql5.7.14\data>_
```

图 6.4.9　查看二进制日志

说明：笔者本机的二进制日志存放于“d:\wamp64\bin\mysql\mysql5.7.14\data”文件夹下，读者应根据 MySQL 实际安装位置确定二进制日志的存放路径。

（3）停止二进制日志。如果在 my.ini 的 [mysqld] 组中添加了 log-bin 内容，则 MySQL 服务会一直开启二进制日志功能，如需停止二进制日志功能，将 my.ini 的 [mysqld] 组里的 log-bin 内容删除并重启 MySQL 服务即可。

（4）删除二进制日志。通过 reset master、purge master logs to、purge master logs before 命令可实现二进制日志的删除，其语法分别为：

```
reset master;
```

说明：reset master 命令可删除所有二进制日志文件。

```
purge master logs to filename.number
```

说明：purge master logs to 命令可删除编号小于 number 的二进制日志文件。

```
purge master logs before 'yyyy-mm-dd hh:MM:ss'
```

说明：purge master logs before 命令可删除早于后面所指定时间的二进制日志文件。

任务实施

管理日志

图书管理员在一次图书清点的过程中，发现书架上摆放着的几本书在图书管理系统中无法查询到基本信息，但他清楚记得录入过所有图书信息，且明确记得其中一本书经手借阅出去过，因此他怀疑图书管理系统出现了图书基本信息丢失的状况。请根据图书管理员描述的情况查询日志，找到具体的情况进行处理。

分析：通过模拟超级管理员查询日志，找到删除 t_book 表中几条数据的详情，并根据日志详情，将数据补回去。

具体操作步骤如下：

（1）开启查询日志，如图 6.4.10 所示。

```
mysql> SET GLOBAL general_log = on;
Query OK, 0 rows affected (0.00 sec)
```

图 6.4.10　开启查询日志

（2）通过下列语句，删除几本指定书名的图书的基本信息。

```
DELETE FROM t_book
WHERE book_name IN ('计算机网络安全的理论与实践','MySQL 数据库应用从入门到精通','
数据结构','大数据分析与计算','云计算应用技术','通信工程设计及概预算');
```

删除完成后，t_book 表的数据如图 6.4.11 所示。

```
mysql> SELECT * FROM t_book;
+-------------------+------------------------------+-------------+------------+----------+-----------+----------------+
| ISBN              | book_name                    | book_author | book_price | press_id | book_copy | book_inventory |
+-------------------+------------------------------+-------------+------------+----------+-----------+----------------+
| 978-7-04-034745-6 | 3DSMAX2012+VRAY室内效果图案例教程 | 刘刚   |       76.0 | 103      |         2 |              1 |
| 978-7-04-035413-3 | Premiere Pro CS5.5案例教程    | 李涛        |       71.0 | 103      |         5 |              2 |
| 978-7-04-043916-8 | Illustrator CC中文版标准教程  | 郑国栋      |       56.0 | 103      |         6 |              2 |
| 978-7-302-39346-7 | SQL Server教程                | 郑阿奇      |       49.9 | 101      |         3 |              2 |
| 978-7-5677-3957-4 | MySQL数据库教程               | 王晶晶      |       38.0 | 102      |         4 |              1 |
+-------------------+------------------------------+-------------+------------+----------+-----------+----------------+
5 rows in set (0.00 sec)
```

图 6.4.11　删除语句执行完后，t_book 表的数据

（3）通过查看查询日志，了解 t_book 表数据被删的详情，如图 6.4.12 所示。

```
Time                         Id Command    Argument
2019-04-18T12:56:17.705279Z     3 Query SELECT DATABASE()
2019-04-18T12:56:17.706160Z     3 Init DB   db_library
2019-04-18T12:56:20.351592Z     3 Query delete from t_book where book_name in ('计算机网络安全的理论与实践','MySQL数据库应用
2019-04-18T12:56:45.763140Z     3 Query SELECT * FROM t_book
```

图 6.4.12　删除语句在查询日志中的记录情况

（4）根据被删的书名，通过人工方式查到这些书的基本信息并清点库存数，然后依次录入这几本书的基本信息。

项目实训

1．对数据库 db_student 下的数据表 t_student 插入一条记录，通过查看日志观察结果。
2．对数据库 db_student 下的数据表 t_course 删除几条记录，通过查看日志观察结果。
3．对数据库 db_student 下的数据表 t_major 更新几条记录，通过查看日志观察结果。

专业能力测评

专业核心能力	评价指标	自测结果
事务的管理	能正确设置事务的提交与回滚	优□　良□　中□　差□
权限的管理	能针对不同的用户设置数据库的权限	优□　良□　中□　差□
数据库的备份与恢复	1．能利用 DOS 命令窗口备份与恢复数据库 2．能利用 Navicat 备份与恢复数据库	优□　良□　中□　差□ 优□　良□　中□　差□
日志的管理	1．能正确地开启与关闭日志 2．能正确地查看日志	优□　良□　中□　差□ 优□　良□　中□　差□

单元测验

可登录中国大学 MOOC 网测验并获得成绩。

一、单选题（每小题 2 分）

1．MySQL 的事务控制语句中，关键词（　　）表示“回滚”操作。
A．COMMIT　　B．ROLLBACK
C．BEGIN　　D．END

2．MySQL 数据库的权限表中，（　　）用于存放用户的基本信息，如用户名、密码等。
A．User 表　　B．Db 表
C．Tables_priv 表　　D．Columns_priv 表

3．MySQL 数据库中，用于事务授权控制的关键词是（　　）。
A．GRANT　　B．REVOKE　　C．FLUSH　　D．SHOW

4．（　　）用于在数据库关闭状态下进行备份操作。

A．冷备份　　B．热备份　　C．温备份　　D．双机备份

5．某 SQL 语句每次执行时，都要等很久才能返回结果，为了分析其性能，应从（　　）下手检查。

A．错误日志　　B．查询日志　　C．慢查询日志　　D．二进制日志

二、判断题（每小题 2 分）

1．MySQL 的事务隔离包括 4 种级别：读未提交、读提交、可重复读、可串行化。（　　）

A．是　　B．否

2．MySQL 数据库中，将权限设为 localhost，可允许所有 ip 访问。（　　）

A．是　　B．否

3．使用 MySQL 自带的 MYSQLDUMP 备份工具，可以在业务不中断时，把表结构和数据从表中备份出来，生成 SQL 语句的文件。（　　）

A．是　　B．否

4．数据库恢复的基础是利用转储的冗余数据。（　　）

A．是　　B．否

5．MySQL 数据库中，错误日志默认开启，可手动禁用。（　　）

A．是　　B．否

三、多选题（每小题 3 分）

1．MySQL 的事务包含的特性有（　　）。

A．原子性　　B．一致性　　C．隔离性　　D．持久性

2．对数据库的权限设置有（　　）。

A．CREATE　　B．INSERT　　C．SELECT　　D．UPDATE

单元 7　图书管理系统的实现

单元导读

本单元主要展现一个图书管理系统完整的实现过程，首先要用 PowerDesigner 创建图书管理系统的 CDM，然后将其转换成 PDM，再转换成物理数据库。将数据库与图书管理系统进行连接，就可以实现图书管理系统的增、删、查、改功能。

教学目标

- 掌握使用 PowerDesigner 创建数据库的方法
- 掌握图书管理系统与 MySQL 创建连接的方法
- 掌握图书管理系统增、删、查、改功能实现的方法

任务 1　图书管理系统数据库的创建

任务描述

在开发图书管理系统项目时，通常先要进行需求分析，获得系统需要完成的功能模块，再根据功能模块，设计出每个模块的数据库概念模型，将其转换成数据库物理模型，最后去完善每一个具体的数据库表。数据库设计的过程通常采用工具 PowerDesigner 去完成。

任务要求

本任务要求能够使用 PowerDesigner 16.5 设计图书管理系统的数据库。

相关知识

7.1.1　数据库的创建步骤

按照软件规范的设计方法，将数据库设计分为 5 个阶段。

1. 需求分析

通过详细调查现实世界要处理的对象（组织、部门、企业等），充分了解原系统（手工系统或计算机系统）的工作概况，明确用户需求，确定新系统的功能。

2. 概念结构设计

概念结构能真实地反映现实世界，包括事物之间相互的联系，能满足用户对数据的处理要求，是对现实世界抽象的一个真实模型。这易于理解、易于更改，也易于向关系、网状、层次等各种数据模型转换。一般是通过 E-R 模型来描述的。

3. 逻辑结构设计

逻辑结构设计的目的是把概念设计阶段的基本 E-R 图转换成与选用的具体机器上的 DBMS 所支持的数据模型相符合的逻辑结构（包括数据库模式和外模式）。

逻辑设计有如下 3 个步骤：

（1）将概念模型（E-R 图）转换为一般的关系、网状或层次模型。

（2）将关系、网状或层次模型向特定的 DBMS 支持下的数据模型转换。

（3）对数据模型进行优化。

4. 物理结构设计

为一个给定的逻辑数据模型选取一个最适合应用环境的物理结构的过程，称为数据库的物理设计。物理设计有如下 5 个步骤：

（1）存储记录结构设计。

（2）确定数据存储安排及系统的配置。当计算机有多个磁盘时，可以将基本表或索引放在不同的磁盘上，因此需要进行适当的安排。对于系统可以配置同时使用数据库的用户数、同时打开的数据库对象数、物理块的大小、时间片的大小、数据库的大小等。

（3）访问方法的设计，如索引方法、聚集方法、HASH 方法。

（4）完整性和安全性设计。

（5）程序设计。

5. 数据库实施与维护

（1）数据库实现阶段的工作。建立实际数据库结构，试运行，装入数据。

（2）其他有关的设计工作。数据库的重新组织设计，故障恢复方案设计，安全性考虑事务控制。

（3）运行与维护阶段的工作。数据库的日常维护（安全性、完整性控制，数据库的转储和恢复），性能的监督、分析与改进，扩充新功能，修改错误。

7.1.2　图书管理系统的需求分析

本任务以一个学校的图书管理系统为例，具体的需求定义如下：

（1）借阅者（学生、教师）可以直接查阅图书信息，同时也可以查阅借阅信息。

（2）当借阅者需要借阅图书时，通过账号密码登录借阅系统，借阅模块处理借阅者的借阅及续借请求，同时修改图书馆保存的图书信息，修改被借阅的图书库存量，同时更新借阅者个人的借阅信息。

（3）借阅者直接归还图书，根据图书编码修改借阅信息。

（4）管理员可进行系统设置，如图书馆介绍信息、书架分类信息。

（5）管理员可管理借阅者信息。

（6）管理员可以修改图书信息，增加或者删除图书信息。

（7）管理员也有图书查询及图书借还操作权限。

图书管理系统的功能设计如图 7.1.1 所示。

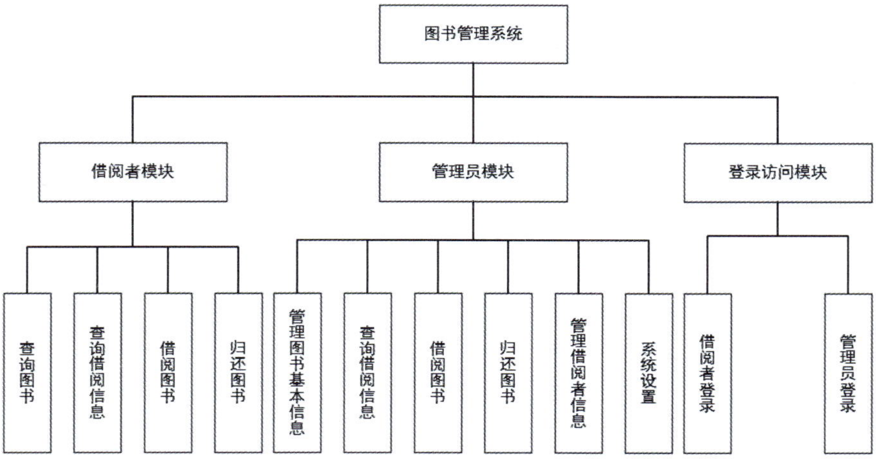

图 7.1.1　图书管理系统的功能结构图

7.1.3 PowerDesigner 工具

PowerDesigner 是一款非常全面的数据库设计工具，界面简洁，功能强大。使用 PowerDesigner 可以快速创建表，支持表与表之间建立关系，同时支持将 sql 脚本导出，且有多种导出类型任意挑选，简单实用。PowerDesigner 的界面如图 7.1.2 所示。本书环境为 PowerDesigner 16.5 版本。

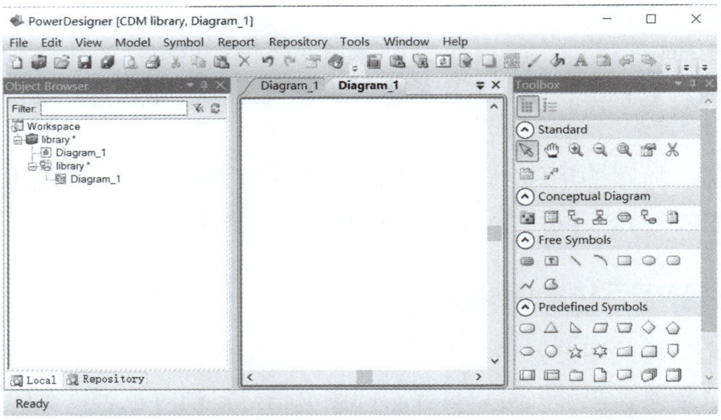

图 7.1.2 PowerDesigner 16.5 主界面

任务实施

图书管理系统数据库的创建

使用 PowerDesigner 设计图书管理系统数据库的操作步骤如下：

（1）打开 PowerDesigner，单击“File”→“New Model”，打开 New Model 对话框，如图 7.1.3 所示。选择“Model types”→“Conceptual Data Model”，在 Model name 文本框中输入“cqvie_book”，然后单击 OK 按钮。

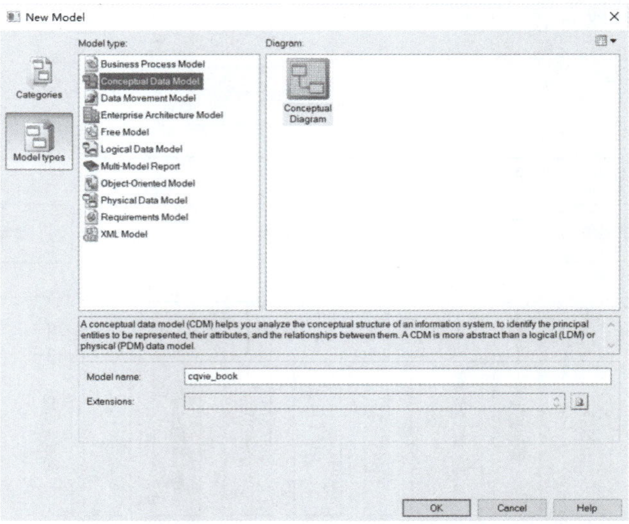

图 7.1.3 选择 Conceptual Data Model

（2）选择工具栏中的“Entity”，在图形区域创建两个新的实体，如图 7.1.4 所示。

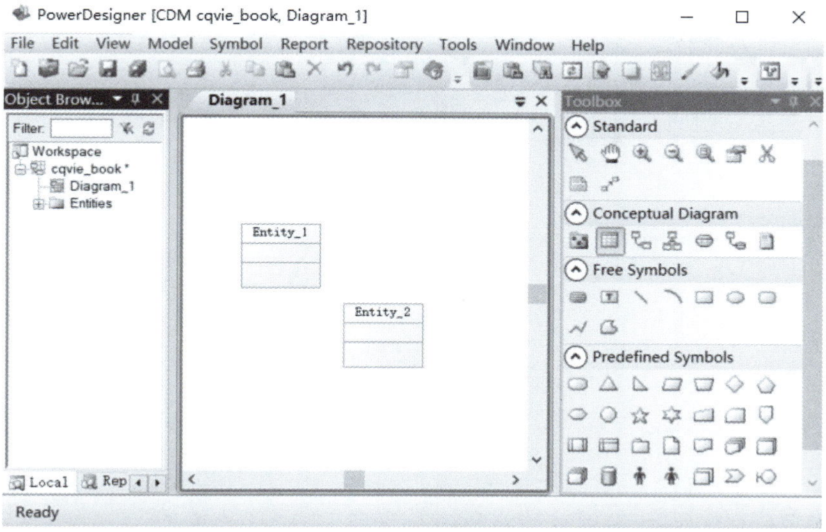

图 7.1.4　创建实体 Entity

（3）双击创建的实体，输入实体的 Name 与 Code（均为 tb_book），如图 7.1.5 所示。

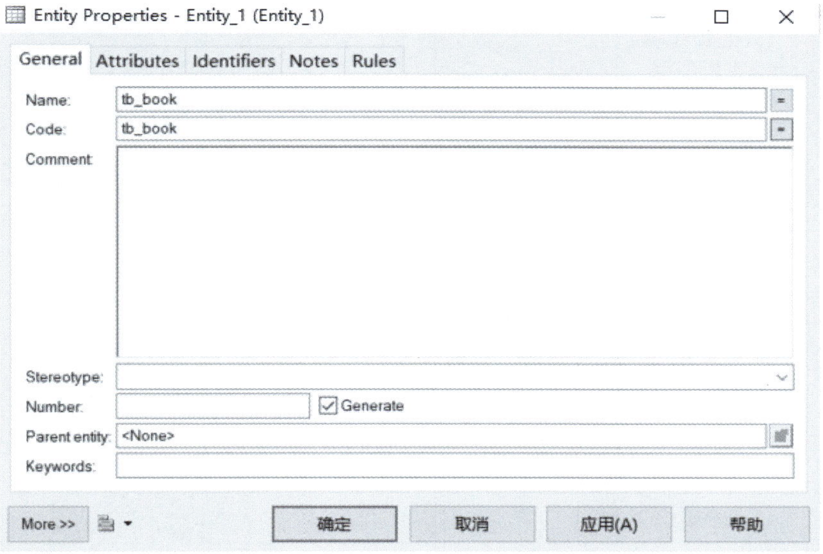

图 7.1.5　输入创建实体的 Name 和 Code

（4）单击选项卡 Attributes，输入实体对应的所有属性名称，单击“确定”按钮，如图 7.1.6 所示。再用相同的方法，创建其余的实体。

注意：在创建实体时，通常每个实体都有一个 id，如果创建不了的时候，选择“Tools”→“Model Options”→“Model Settings”，取消 Data Item 里的 Unique code 勾选。如图 7.1.7 所示。

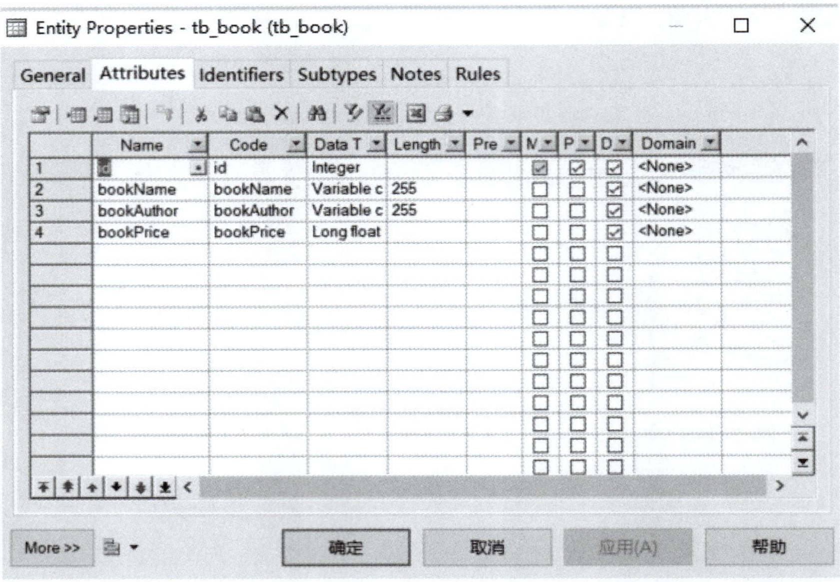

图 7.1.6　输入实体对应的属性

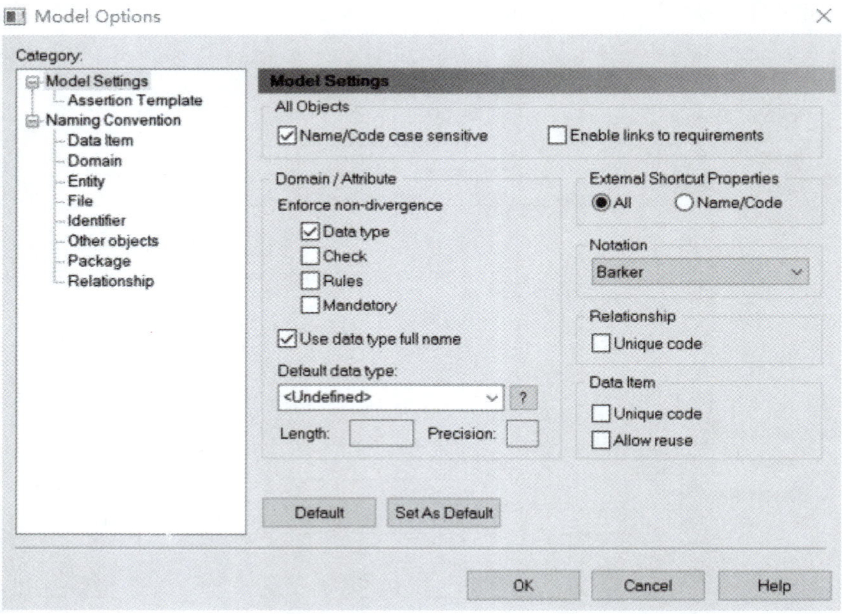

图 7.1.7　取消 Data Item 里的 Unique code 勾选

（5）实体与实体之间存在联系，比如出版社与图书就是一对多的关系，单击工具栏中的“Relationship”，连接 tb_press 和 tb_book 两个实体，双击连接线，选择 Cardinalities 为“one-many”，即一对多的关系，如图 7.1.8 所示，用相同的方法创建其他实体的联系。

（6）得到完整的 CDM，如图 7.1.9 所示。

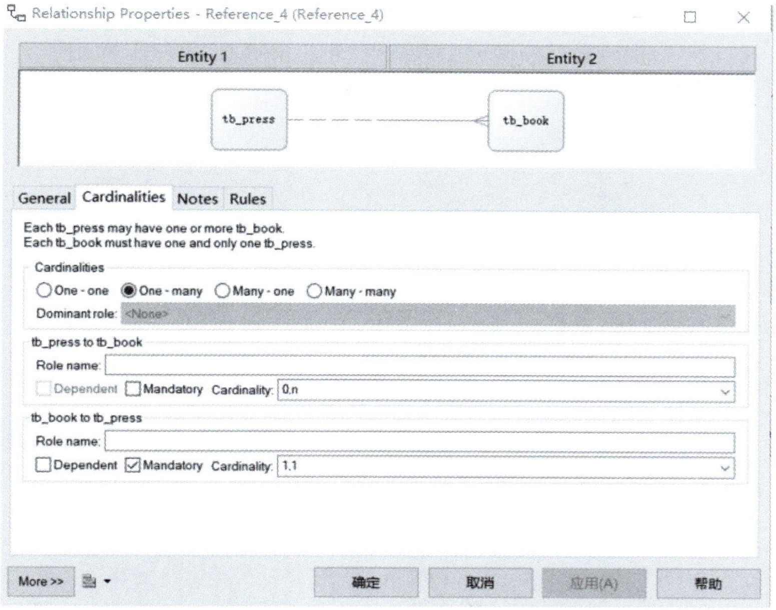

图 7.1.8　创建实体之间的属性

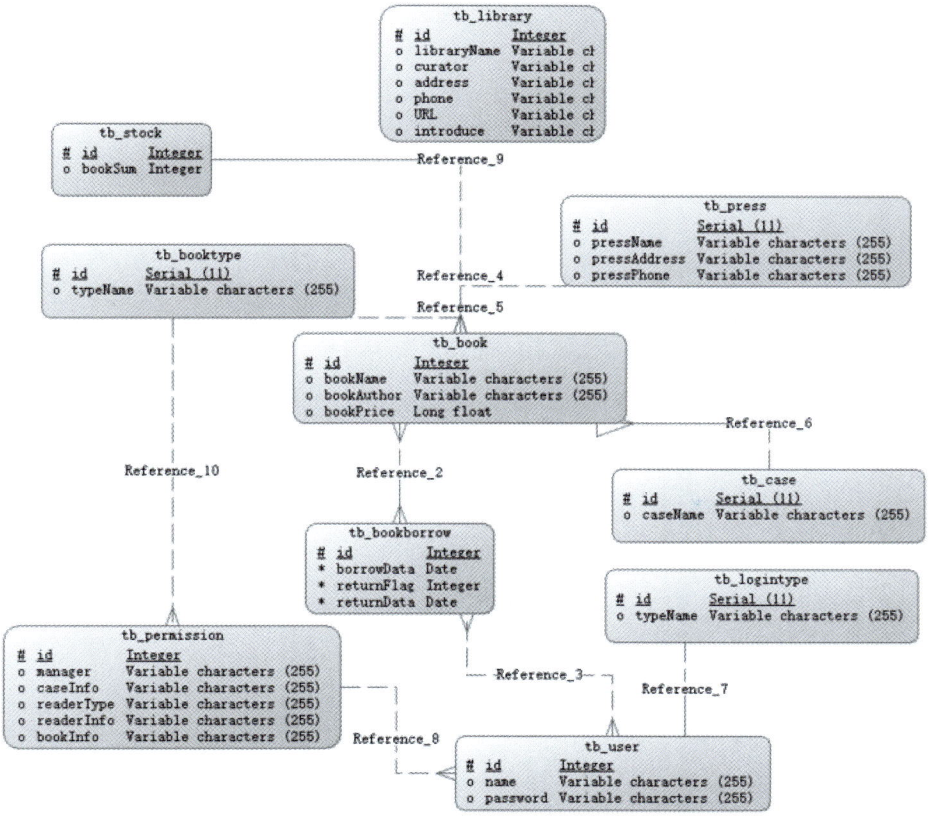

图 7.1.9　图书管理系统的 CDM

（7）当所有的实体及它们之间的联系创建完后，单击菜单栏“Tools”→“Generate Physical Data Mode”，即可产生物理数据模型。产生的物理数据模型中，有的外键可能让我们没办法理解，如图 7.1.10 所示，进行修改后，得到所示的 PDM，如图 7.1.11 所示。

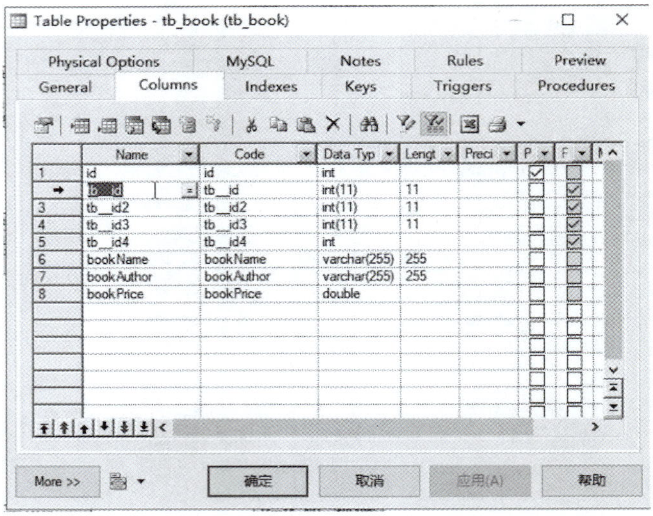

图 7.1.10　修改外键的名称

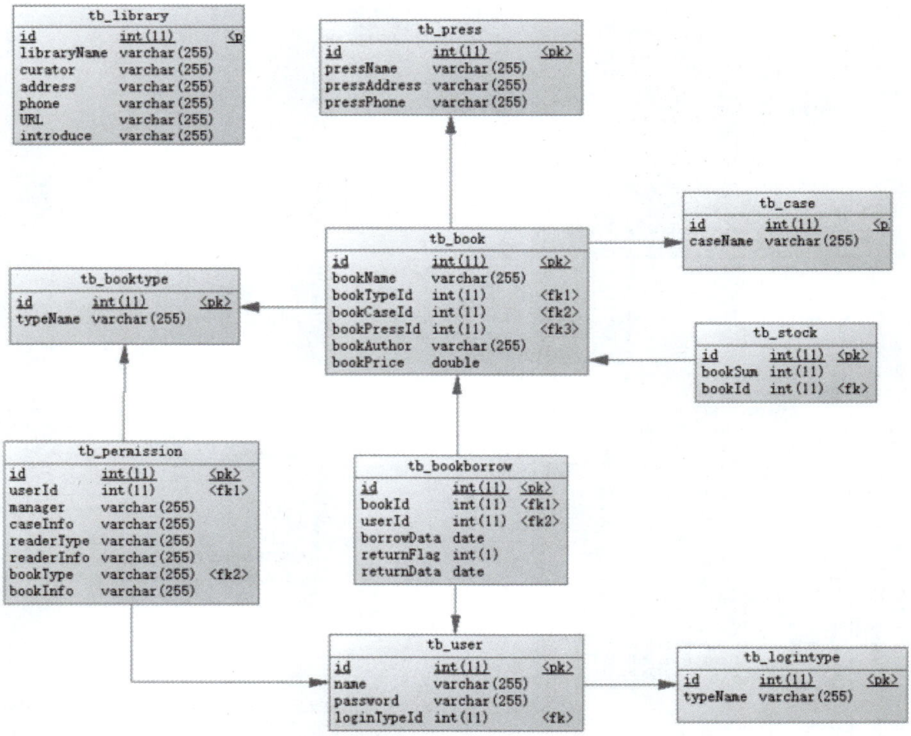

图 7.1.11　图书管理系统的 PDM

（8）单击菜单栏“Database”→“Generate Database”，将产生 crebas.sql 文件，将其保存在“C:\Users\LQK\Desktop\pd 数据库”目录下，如图 7.1.12 所示。

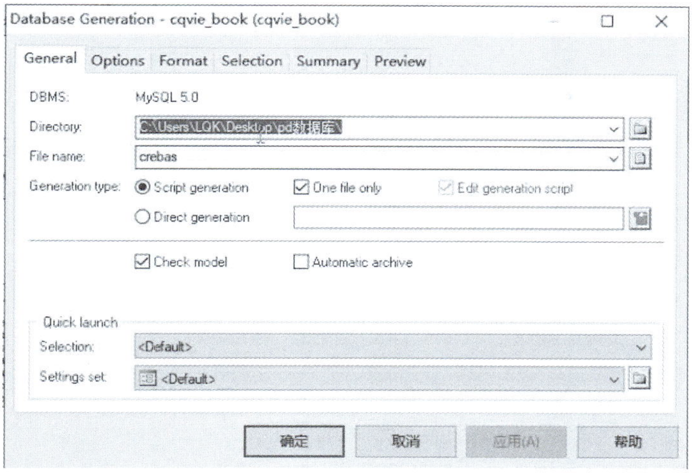

图 7.1.12　创建数据库文件 crebas.sql

（9）打开 Navicat，新建数据库 cqvie_book，选择字符集为 UTF-8，如图 7.1.13 所示。

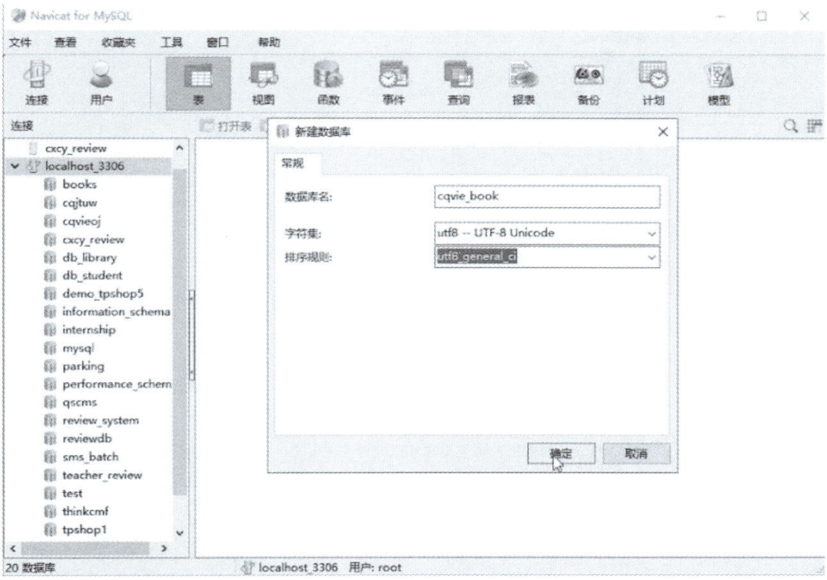

图 7.1.13　在 Navicat 中新建数据库 cqvie_book

（10）选择新建的数据库 cqvie_book，单击右键，运行产生的 SQL 文件 crebas.sql，如图 7.1.14 所示。然后就可以看到创建的数据表，如图 7.1.15 所示，再根据实际的需求进行修改即可。

（11）将修改后的数据库文件备份成 cqvie_book.sql，将在本单元任务 2 中与图书管理系统进行连接使用。

图 7.1.14　运行 SQL 文件 crebas.sql

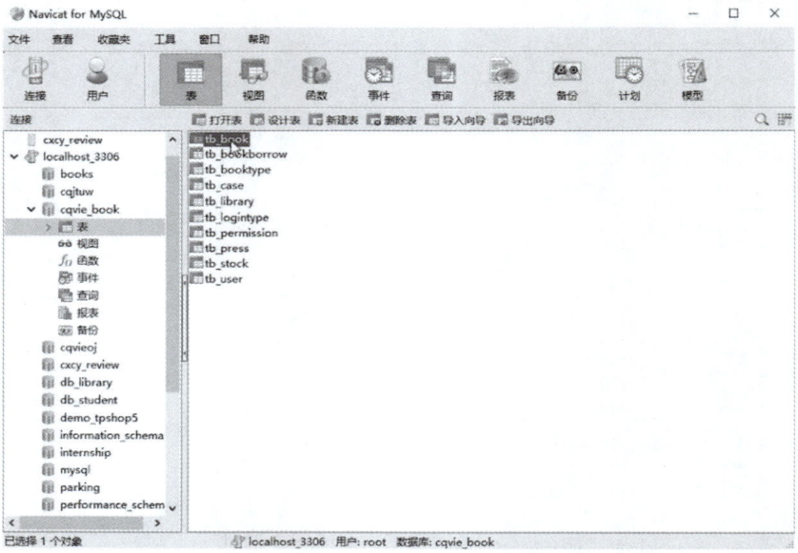

图 7.1.15　查看创建的数据表

在本图书管理系统 cqvie_book 中总共有 10 个数据表，其基本信息如下：

1）tb_book：图书基本信息。

2）tb_bookborrow：图书借阅信息。

3）tb_booktype：图书类型。

4）tb_case：图书书架。

5）tb_library：图书馆信息。

6）tb_logintype：用户类型。

7）tb_permisstion：权限设置。

8）tb_press：出版社。

9）tb_stock：图书总库存量。

10）tb_user：用户信息。

项目实训

使用 PowerDesigner 16.5 设计学生管理系统的数据库。

任务 2　图书馆系统与 MySQL 的连接

任务描述

在本单元任务 1 中，我们学习了图书管理系统数据库的创建过程，并完成了图书管理系统数据库中相关表的创建。但是，到目前为止，我们对实际数据的增删改查操作还只能通过数据库命令行或数据库管理工具进行。要想完成普通用户可使用的图书管理系统，我们还需要构建客户端，而构建客户端的重要环节就是通过后端语言（如 Java、C#、PHP）进行数据库的增删改查操作。本任务我们学习如何通过 PHP 来操作 MySQL 数据库。

任务要求

本任务要求能将图书管理系统与 MySQL 数据库 cqvie_book 进行连接。

相关知识

7.2.1　MySQL 连接的创建步骤

1. 连接 MySQL 数据库

mysqli 扩展提供了 mysqli_connect() 函数实现与 MySQL 数据库的连接。

语法：

```
mysqli mysqli_connect ( [string server [, string username [,
string password [, string dbname [, int port [, string socket]]]]]] )
```

参数据说明见表 7.2.1。

表 7.2.1　mysqli_connect() 函数参数说明

参　数	说　明
server	MySQL 服务器地址
username	用户名。默认值是服务器进程所有者的用户名
password	密码。默认值是空密码

续表

参 数	说 明
dbname	连接的数据库名称
port	MySQL 服务器使用的端口号

2. 执行 SQL 语句

要对数据库中的表进行操作，通常使用 mysqli_query() 函数执行 SQL 语句。

语法：

```
mixed mysqli_query( mysqli link, string query [, int resultmode] )
```

说明：mysqli link 是指实例化后的连接对象，string query 参数是指待执行的 SQL 语句。

如在表 tb_book 中查询信息，代码如下：

```
$result=mysqli_query($conn,"select * from tb_book");
```

如向表 tb_book 中插入一条记录，代码如下：

```
$result=mysqli_query($conn,"insert into tb_book values('MySQL 原理 ',2,1,1,' 刘勇 ',50)");
```

如对表 tb_book 更新数据，代码如下：

```
$result=mysqli_query($conn,"update tb_book set bookName='MySQL 技术 ' where id=1");
```

如要删除表 tb_book 中的数据，代码如下：

```
$result=mysqli_query($conn,"delete from tb_book where id=1");
```

如将数据指定为 utf8 编码格式，与在建立数据库时指定的数据编码格式 utf8 相统一，避免出现显示乱码，代码如下：

```
mysqli_query($conn,"set names utf8");
```

3. 以数组形式返回结果集

mysqli_fetch_array() 函数将结果集返回到数组中。

在 PHP 程序中，最常使用到的一种数据结构是数组，比如显示数据列表时，可通过循环遍历 PHP 数组依次打印每行数据。但在 MySQL 数据库中，通过 SELECT 语句查询到的结果列表的数据结构并不是 PHP 程序可以直接操作的数组结构。因此，需要调用 mysqli_fetch_array 函数将结果集返回到 PHP 数组结构中。具体语法如下：

```
array mysqli_fetch_array ( resource result [, int result_type] )
```

4. 关闭连接

使用 mysqli_close() 函数断开与 MySQL 服务器的连接。具体语法如下：

```
bool mysqli_close ( mysqli link)
```

用 mysqli_connect() 函数建立 PHP 与 MySQL 的连接后，需要调用 mysqli_close 进行关闭。为什么要关闭连接呢？这是因为 PHP 程序与 MySQL 的连接数是有限的，在访问量较大的系统中，如果用完后不及时释放连接，可能造成其他的数据库连接请求得不到及时响应。

7.2.2　PHP 环境的搭建

本书使用的是 wamp 集成环境。需要注意的是，由于 wamp 集成环境的安装程序会自动安装 MySQL 数据库，所以如果你的计算机上已经有 MySQL 数据库，建议先卸载原有的 MySQL 数据库，以免出现冲突。卸载 MySQL 前需注意备份已有的数据库。搭建 PHP 环境的具体操作步骤如下：

（1）双击安装软件 wampserver3.1.4_x64.exe，根据安装向导一步步往下安装即可。

（2）安装好后，双击桌面上的 Wampserver64，就可以运行 wamp 环境，在计算机桌面右下角有一个小图标，如果能正常运行，图标是绿色显示，否则是红色显示。

（3）点击 wamp 的运行图标，就可以看到 wamp 的组件，数据库有自带的 MySQL、PHP、Apache、phpMyAdmin 等，如图 7.2.1 所示。

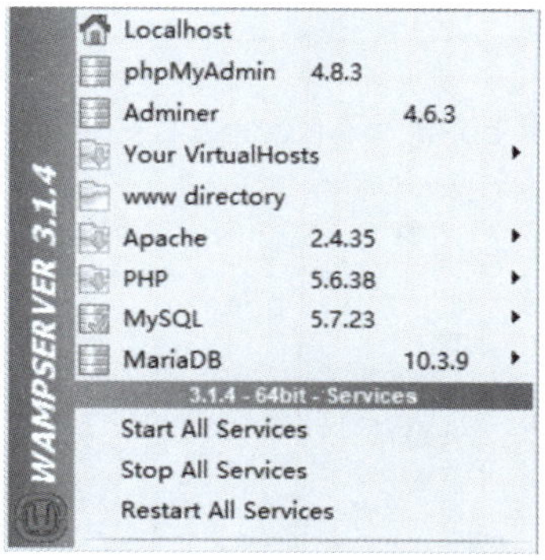

图 7.2.1　wamp 组件构成

（4）单击 PHP，打开 php.ini 文件，如图 7.2.2 所示。找到文件中的“error_reporting =E_ALL”，直接替换成“error_reporting =E_ALL & ~E_NOTICE”，PHP 环境就创建好了。

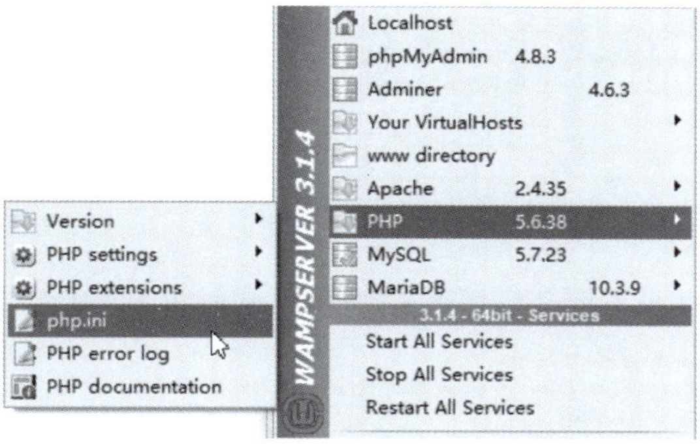

图 7.2.2　修改 php.ini 文件

任务实施

创建图书管理系统与 MySQL 连接的具体操作步骤如下：

（1）打开 Navicat，新建一个连接，创建一个图书管理系统的数据库

图书管理系统与 mysql 的连接

cqvie_book，导入在任务 1 中产生的 cqvie_book.sql 文件，就创建好了整个数据库的数据表，如图 7.2.3 所示。

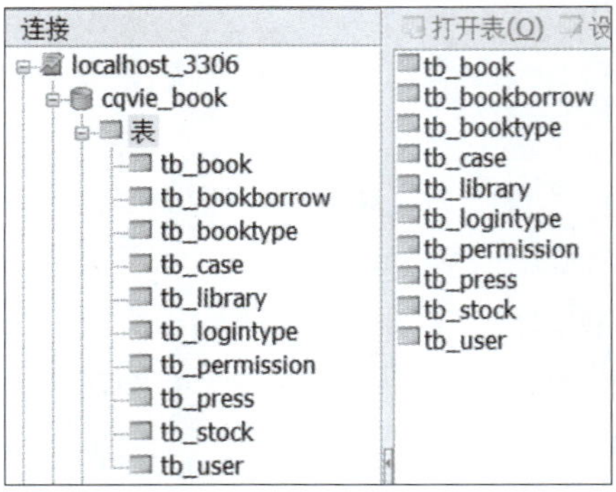

图 7.2.3　创建数据库 cqvie_book

（2）将开发的图书管理系统 book_management 复制到 wamp 安装目录下的 www 文件夹下，如图 7.2.4 所示。

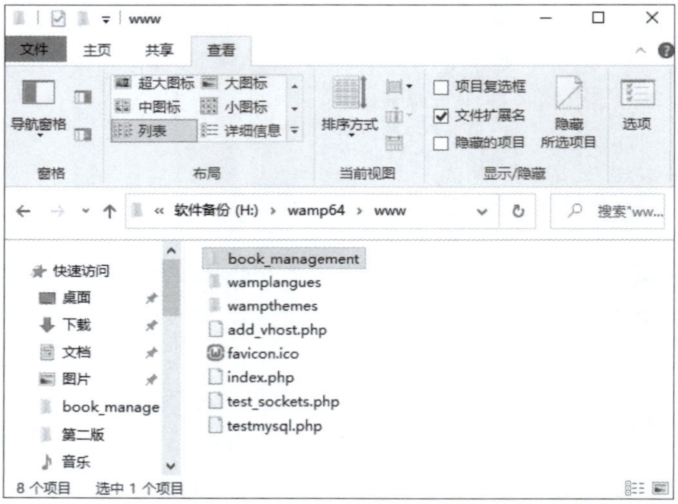

图 7.2.4　将 book_management 复制到 wamp 安装目录下的 www 文件夹下

book_management 目录主要有以下的文件与目录，如图 7.2.5 所示。

文件夹与文件分别说明如下：

- action 存放的是表单活动文件。
- css 目录下是网页的样式文件。
- data 存放的是数据库文件。
- utils 存放的是系统配置文件及工具方法。
- images 目录下是网页的图片文件。
- js 目录下主要是网页的 js 源文件。
- login.php 是登录的页面文件。

- index.php 是图书管理系统的首页文件。
- nav.php 是导航栏文件。

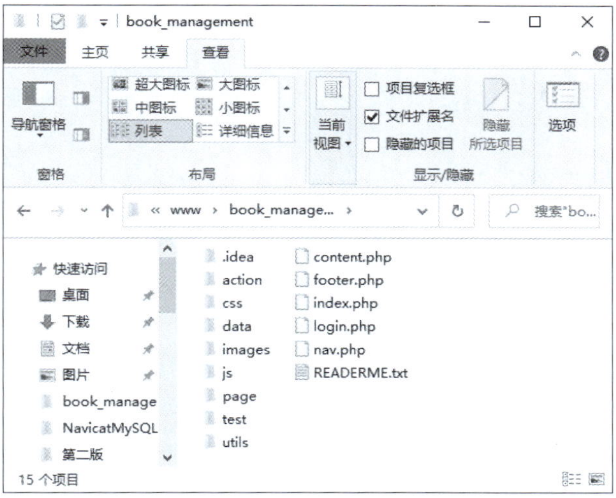

图 7.2.5　book_management 目录构成

（3）使用 Hbuilder 打开 book_management → utils 文件夹下的 sqlUtil.php 文件，可以看到查询操作的主要代码如下：

```
function query($sql){
    $conn = new mysqli("localhost","root","","cqvie_book") or die(" 连接数据库失败 !");
    $conn->query("set names utf8");
    $result = mysqli_query($conn, $sql);
    if (!$result){
        return -1;
    }
    $r = array();
    $i=0;
    while( $info = mysqli_fetch_array($result)){
        $r[$i] = $info;
        $i++;
    }
    mysqli_close($conn);
    return $r;
```

说明：

- $conn =new mysqli("localhost","root","","cqvie_book") or die(" 连接数据库失败 !"); 表示尝试以 root 为用户名、密码为空去连接本地名为 cqvie_book 的数据库，如果连接创建失败则退出程序。注意：这里的密码一定要和 Navicat 创建的 root 密码一致。
- $conn->query("set names utf8"); 表示设置数据读取的编码方式为 utf8。
- $result = mysqli_query($conn, $sql); 表示将 SQL 代码传到数据库一端去执行。
- $info = mysqli_fetch_array($result) 表示将从数据库中查询到的结果解析成 PHP 数组格式。

● mysqli_close($conn) 表示关闭连接。

（4）使用 Hbuilder 打开 book_management → action 文件夹下的 loginOK.php 文件，主要的代码如下：

```
$user = $_POST[user];
$pwd = $_POST[pwd];
$userType = $_POST[userType];
$sql = "select * from (select tb_user.*,tb_loginType.typeName
  from tb_user , tb_loginType
  where tb_user.loginTypeId = tb_loginType.id
  and tb_loginType.id = ".$userType.") as t
    where name='".$user."' and password = '".$pwd."' ";
if($info=query($sql)){
  $_SESSION[user] = $info[0][name];   // 用户名
  $_SESSION[ID] = $info[0][id];   // 用户名在数据库中的 id
  $_SESSION[loginTypeId] = $info[0][loginTypeId];   // 用户类型
  echo "<script>window.location='../index.php';</script>";
}else{
  echo "<script>alert(' 用户名和密码不匹配，重新输入 ');history.back();</script>";
// 与数据库不匹配，返回上一次页面
}
```

这段代码主要是进行登录验证的，读者主要观察查询语句的使用。

（5）在浏览器中输入“http://localhost/book_management/login.php”，就可以打开图书管理系统的登录页面，如图 7.2.6 所示。

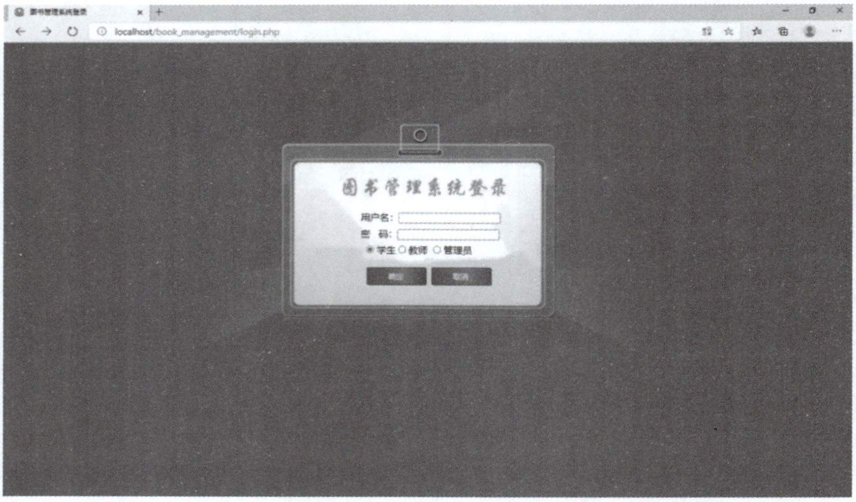

图 7.2.6　图书管理系统的登录页面

（6）打开 Navicat，查看数据库 cqvie_book 中 tb_logintype 表的数据，如图 7.2.7 所示，登录类型主要有三种：学生、教师和管理员。tb_user 表的数据如图 7.2.8 所示，小明的角色是学生，魏老师的角色是教师，admin 是管理员的角色。

id	typeName
1	学生
2	教师
3	管理员

图 7.2.7　tb_logintype 表的数据

id	name	password	loginTypeId
1	小明	123	1
2	魏老师	234	2
3	admin	345	3

图 7.2.8　tb_user 表的数据

（7）利用管理员 name 为“admin”、password 为“345”登录系统，进入图书管理系统的首页，如图 7.2.9 所示，表明图书管理系统与 MySQL 能够进行正常连接。

图 7.2.9　图书管理系统的首页

项目实训

将图书管理系统修改为学生管理系统，并与 MySQL 数据库进行连接。

任务 3　图书管理系统功能的实现

任务描述

图书管理系统有三个角色——学生、教师和管理员，每一个角色对系统有不同的操作权限。以管理员为例，管理员可进行系统设置，管理借阅者信息、图书基本信息、图书借还信息等，可对以上信息实现增、删、查、改的功能。以上的功能虽然是在系统的页面上操作的，实际上这些操作都是与数据库进行交互才能实现各个功能。

任务要求

本任务要求能对图书管理系统的功能进行增、删、查、改，观察数据库 cqvie_book 数据的变化；对 cqvie_book 数据库进行操作，观察图书管理系统的信息变化。

相关知识

7.3.1　图书管理系统前台页面设计

1. 图书管理系统前台页面设计概述

图书管理系统整个页面大致由以下模块构成。

（1）顶部模块：展示学校 Logo 及当前登录者信息。

（2）网站菜单导航模块：主要包括系统设置、读者管理、图书管理、图书借还、系统查询等。

（3）内容显示模块：主要显示查看到的读者信息、图书信息、借阅信息等。

（4）底部模块：展示网站基本信息及管理员联系渠道。

以管理员的界面为例，如图 7.3.1 所示，主要包括如下的基本模块：

（1）快速搜索模块：用于快速搜索图书信息、借阅信息等。

（2）系统设置模块：维护图书馆基本信息、管理员的增删。

（3）读者管理模块：借阅者的增删。

（4）图书管理模块：维护库存图书基本信息。

（5）图书借还模块：录入图书的借用、归还信息。

（6）系统查询模块：查询图书库存情况、图书借还情况。

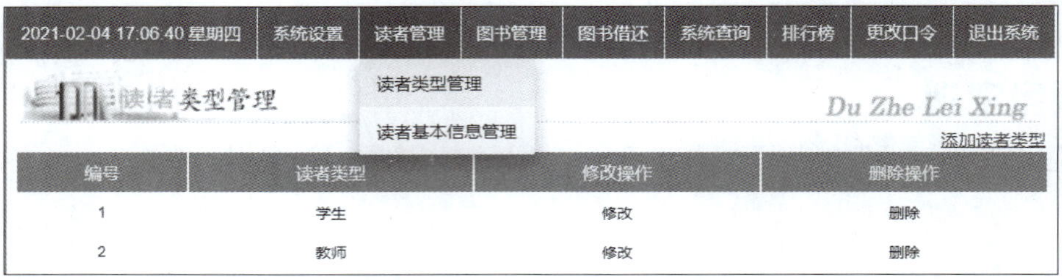

图 7.3.1　管理员的主要操作功能

2. 图书管理系统前台页面技术分析

为了保证各页面格调统一并增强页面的可维护性，应在各页面中使用引用语句来包含相同效果的展示代码，并将这类展示代码封装在单独的文件中作为公用组件。当需要修改公用组件时，只需修改诸如 nav.php、footer.php 之类的文件即可，不需要把每个模块的代码都改一遍，这样可以很大程度地提高网站开发效率，并且维护起来也非常方便。

7.3.2　添加读者类型代码分析

使用 Hbuilder 打开 book_management → action 文件夹下的 add.php 文件，添加读者的代码如下：

```
$inputName = "";
$tableCol = "";
if ($_GET[addId]=="reader"){ // 添加读者类型
    $inputName = " 读者类型名 ";
    $tableCol = "tb_loginType(typeName)";
    if ($_POST[submit]){
    include "../utils/sqlUtil.php";
    $sql = "insert into ".$tableCol." value('".$_POST[name]."') ";
    update($sql);
echo "<script>alert(' 添加成功 ');
window.opener.location.reload();
window.close();</script>";
```

分析：主要观察语句 "insert into ".$tableCol." value('".$_POST[name]."') "，就是向读者类型表中插入一条记录，显示“添加成功”，并重新加载页面。

任务实施

本任务要求能对图书管理系统的功能进行增、删、查、改，观察数据库数据的变化；对数据库进行操作，观察图书管理系统的信息变化。

图书管理系统功能的实现

（1）观察数据库 cqvie_book 中的 tb_bookType 表，数据如图 7.3.2 所示。

id	typeName
1	程序语言设计
2	数据库

图 7.3.2　tb_bookType 表的数据

（2）以管理员登录，单击图书管理系统中的“图书管理”→“图书类型管理”，如图 7.3.3 所示，可以看到界面上显示的信息与数据库中的信息一致。

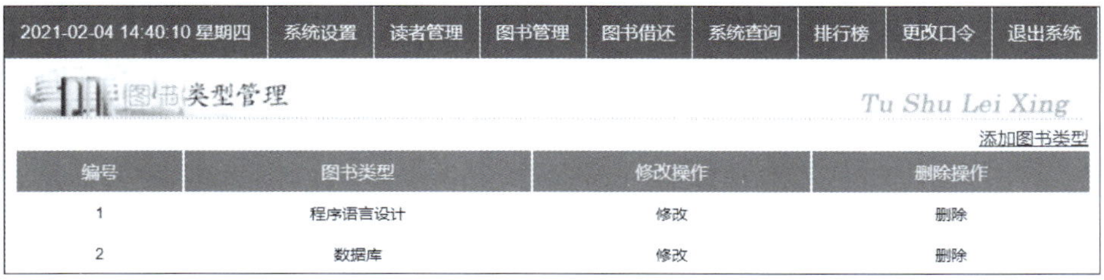

图 7.3.3　图书类型管理界面

（3）在数据库表 tb_bookType 添加一条数据：id 为“3”，typeName 为“网络技术”。保存后如图 7.3.4 所示。刷新一下图书类型管理的页面，可以看到页面上的图书类型信息发生了变化，添加了一条刚在数据库中插入的记录，如图 7.3.5 所示。

id	typeName
1	程序语言设计
2	数据库
3	网络技术

图 7.3.4　插入数据记录

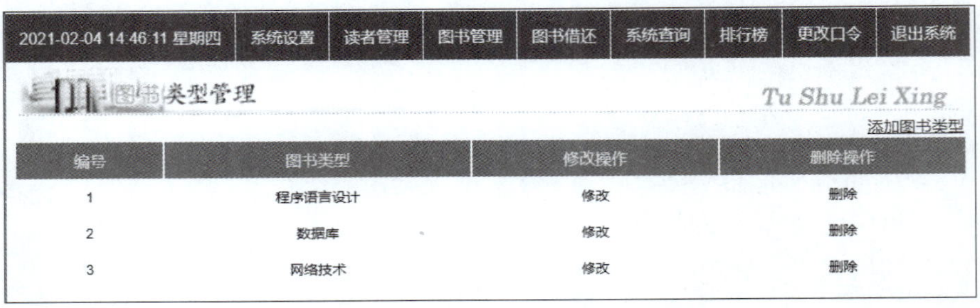

图 7.3.5　图书类型管理界面信息的变化

（4）在图书类型管理页面上单击“添加图书类型”，添加新的图书类型为“信息安全”，界面上增加了一条信息，如图 7.3.6 所示。查看数据库表 tb_bookType 的数据，也同样增加了一条记录，如图 7.3.7 所示。

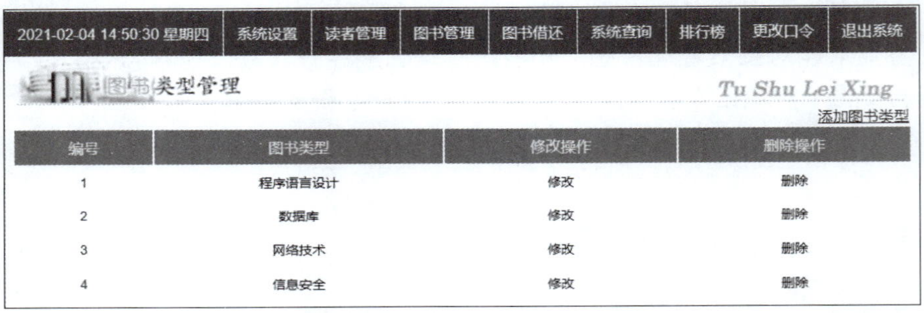

图 7.3.6　增加图书类型“信息安全”的信息

id	typeName
1	程序语言设计
2	数据库
3	网络技术
4	信息安全

图 7.3.7　数据库中增加了一条记录“信息安全”

（5）在图书类型管理页面上删除“信息安全”这条记录，界面上的这条已经没有了，再次查看数据库表 tb_bookType 的数据，“信息安全”这条记录也随之被删除，如图 7.3.8 所示。

id	typeName
1	程序语言设计
2	数据库
3	网络技术

图 7.3.8　数据库已经删除了“信息安全”的记录

通过以上信息的增加与删除，就可以观察到数据库中的数据与图书管理系统中的信息是如何进行关联的。

向着程序员的梦想大步向前吧

不积跬步，
无以至千里。
——荀子

荀子说："不积跬步，无以至千里。"意思是我们要注重点滴积累，才能取得大成就。就我们这个图书管理系统而言，要想完成它，不光要求我们熟练掌握数据库这门课程涉及的各种 SQL 语句的构建，还要求我们对后端开发方向课程（如 PHP 程序设计课）、前端开发方向课程（如前端布局设计课）的诸多知识融会贯通。因此，实际软件开发功底的提升是在长期的积累中实现的，希望同学们通过不懈努力，收获过硬的软件开发技术。

项目实训

对图书管理系统的功能进行增、删、查、改，观察学生数据库数据的变化；对学生数据库进行操作，观察学生管理系统的信息变化。

专业能力测评

专业核心能力	评价指标	自测结果
图书管理系统数据库的创建	1. 能使用 PowerDesigner 创建 CDM 模型 2. 能将 PDM 模型转换为 PDM 模型 3. 能将 PDM 模型转换为 SQL 文件 4. 利用 Navicat 导入 SQL 文件并修改数据表	优□ 良□ 中□ 差□ 优□ 良□ 中□ 差□ 优□ 良□ 中□ 差□ 优□ 良□ 中□ 差□
图书管理系统与 MySQL 的连接	1. 能安装 PHP 环境 2. 能实现图书管理系统与 MySQL 数据库的连接	优□ 良□ 中□ 差□
图书管理系统功能的实现	1. 能通过操作数据库观察系统信息的变化 2. 能通过操作系统的功能观察数据库的变化	优□ 良□ 中□ 差□ 优□ 良□ 中□ 差□

单元测验

可登录中国大学 MOOC 网测验并获得成绩。

一、单选题（每小题 2 分）

1. PHP 中，(　　) 用于将 MySQL 结果集返回到数组中。

A. mysqli_connect()　　B. mysqli_fetch_array()

C. mysqli_fetch_object()　　D. mysqli_close()

2. PHP 中，(　　) 用于实现与 MySQL 数据库的连接。

A. mysqli_connect()　　B. mysqli_fetch_array()

C. mysqli_fetch_object()　　D. mysqli_close()

3. CDM 是指（　　）。

A. 概念数据模型　B. 物理数据模型　C. 逻辑数据模型　D. 数据库模型

二、判断题（每小题 2 分）

1. 物理模型是对现实世界中问题域内的事物的描述，其常用表示形式为“实体 - 关系”图。(　　)

A. 是　　B. 否

2. 概念模型是对真实数据库的描述。数据库中的一些对象包括表、视图、字段、数据类型、长度、主键、外键、索引等。(　　)

A. 是　　B. 否

3. 利用 PowerDesigner 工具可将概念模型生成物理模型。

A. 是　　B. 否

4. 若数据库连接用完后，不使用 mysqli_close() 函数关闭连接，则会造成连接无法释放。(　　)

A. 是　　B. 否

5. 为了保证各页面格调统一并增强页面的可维护性，应在各页面中使用引用语句来包含相同效果的展示代码，如 header、footer 等。(　　)

A. 是　　B. 否

三、多选题（每小题 3 分）

1. 实体与实体之间的联系包括（　　）。

A. 一对一　B. 一对多　C. 多对多　D. 多对一

2. (　　) 都可以操作 MySQL 数据库。

A. Navicat　B. Workbench　C. phpMyAdmin　D. startUML

参考文献

[1] 王飞飞，崔洋，贺亚茹．MySQL 数据库应用从入门到精通 [M]．北京：中国铁道出版社，2014.

[2] 张淑平，覃桂敏．程序员教程 [M]．北京：清华大学出版社，2015.

[3] 付森，石亮．MySQL 开发与实践 [M]．北京：人民邮电出版社，2014.

[4] 王晶晶，徐彩云，周方，等．MySQL 数据库基础教程 [M]．长春：吉林大学出版社，2015.

[5] 郑阿奇．SQL Server 教程 [M]．3 版．北京：清华大学出版社，2015.

[6] 任进军，林海霞．MySQL 数据库管理与开发 [M]．北京：人民邮电出版社，2017.

[7] 周德伟．MySQL 数据库技术 [M]．北京：高等教育出版社，2014.

随手笔记